JN204544

TOOL
ツール活用シリーズ

電子回路シミュレータ

LTspiceXVII リファレンスブック

部品モデル作成から信号源設定まで! アナログ・パフォーマンスを調べ尽くす

青木英彦 著
Hidehiko Aoki

CQ出版社

はじめに

アナログ回路のシミュレータとしてはSPICE系のシミュレータが大半ですが，LTspiceは数あるSPICE系シミュレータの中のひとつです．LTspiceの他にHSPICE，PSpice，TINA-TI，その他ありますが，LTspice以外はいずれも有償で，体験版はあっても回路規模などの制限があります．それに比べるとLTspiceは，サポートこそないものの無償でまったく制限のなく使えるシミュレータで，大学や個人にとってはサポートがなくても制限なく他の有償のSPICE系シミュレータと同等のことができるというのは非常に魅力的です(細かな機能はシミュレータの種類により異なります)．

LTspiceは頻繁にアップデートが行われていて，アナログ・デバイセズ社の最新の製品がモデルとして提供されており，現在ではアナログ・デバイセズ社製ICのモデルも提供されています．バージョンとしては長らくLTspice IVでしたが，2016年7月にLTspice XVIIが公開され，アナログ・デバイセズ社のWebサイトでダウンロードできます．

● 本書について

上記のようなLTspiceですが，LTspiceに関する書籍は決して多いとは言えないのが現状で，大きく分けると基本的な操作方法とある回路があってLTspiceを使ってそのシミュレーションを行うにはどのようにすればよいかということを説明したもの，これにさらにマニュアル的な要素を加えたもの，部品モデルの作成に特化したものなどがあります．

初めてシミュレータを使う方は，シミュレーションの基本知識と具体的な回路を提示して，そのシミュレーションをどう行っていくのかということが説明されたような書籍で勉強していくのが適しています．一方ある程度使えるようになってくると，もっと別のことをやりたい，もっと細かく知りたいという希望が出てきます．その時に役に立つのが本書です．

本書は，すでにLTspiceを使っている方が，自分はこのような操作をしたいのだけれどもそれが手持ちの本のどこに書かれているのかわからない，ネットで調べても見つからないというような場合に，簡単調べることができるということを目的として書いた本です．それに加えて，逆引きマニュアル的に目次を構成しているので，自分が知らなかった使い方を見つけることもできます．LTspice以外のSPICEシミュレータを使っていた方が，初めてLTspiceを使うという場合にも役立ちます．

本書は大きく2つの構成になっていて，[操作編][シミュレーション編]に分かれています．最初にシミュレータが実際の設計現場でどのように活用されているのかの説明と，LTspiceのインストールから初期設定，使用する前の基礎知識をまとめています．[操作編]はまさにその名の通り，このような使い方をするにはこのような操作を行いますという説明です．[シミュレーション編]は実際の回路でシミュレーションを行うにはどうすればよいのかを具体的に説明しています．

以上の構成により，本書はLTspiceのリファレンスブックとして，LTspiceを使いこなすのに大いに役立つものと信じています．願わくはLTspiceを使うときには常に机の上に置いていただき，何かわからないことがあったらすぐに本書を手に取って調べていただき，それですぐに操作方法がわかって読者の皆さんの役に立てるならば筆者としては望外の喜びです．

最後になりましたが，執筆にあたっては至らない部分もあった筆者の原稿に対して，技術的なアドバイスをいただいた福田重夫氏，山形孝雄氏に，この場を借りてお礼申し上げます．

● LTspiceバージョン

LTspice IVとLTspice XVIIの両バージョンで動作検証を行っています．

● 動作確認OS

- Windows 7 Home Premium(64bit)
- Windows 7 Professional(32bit)
- Windows10 Home(64bit)

2017年9月　著者

CONTENTS

目次

はじめに　2

第1章
本書のねらい …… 13
SPICEシミュレータを使いこなして電子回路の性能を100%引き出す

1. アナログ回路設計におけるシミュレータの活用 ～プロの設計現場での活用～ …… 13
2. LTspiceのアナログ回路設計への適用 …… 16

第2章
LTspiceのインストールと基礎知識 …… 19
LTspiceを使うための準備をする

1. LTspice XVIIのインストール …… 19
2. LTspiceの初期設定 …… 20
3. LTspiceを使う上での基礎知識 …… 22
4. 本書の使い方 …… 23

Column(2-A)　付録CD-ROMのコンテンツ　26

第1部
操作編

第3章
回路図入力 …… 30
回路部品を配置して結線を行う

[1] 回路図を開く/保存する　30
[2] よく使う部品を配置する　31
[3] 部品を配置する　31
[4] 部品の名前，値などを編集する　32
[5] 部品の属性を編集する　33
[6] 部品または選択範囲を移動する　34
[7] 部品または選択範囲をコピーする　35
[8] 部品または選択範囲を回転/ミラー反転させる　35
[9] 部品または選択範囲を削除する　36

Column(3-A)　乗数の表し方　36

[10] 配線ラインを引く 37
[11] ラベルを付ける 37
[12] GNDを接続する 38
[13] 共通電位を接続する 38
[14] 入出力ポートのラベルを付ける 39
[15] 同じラベル名の配線をハイライトさせる 40
[16] 配線をしないでラインを接続する 40
[17] 配線をバス・ラインとして扱う 41
[18] バス・ラインから配線を引き出す 42
[19] 操作を取り消す(UNDO) 43
[20] 操作の取り消しをやめる(REDO) 43
[21] 回路図上にコメント文を置く/移動/コピー/削除する 44
[22] 回路図上に図形を描く/移動/コピー/削除する 45
[23] 回路図を拡大・縮小する 46
[24] 拡大した回路図の中心を移動する 47
[25] 回路図の大きさを図面にフィットさせる 47
[26] ネットリストを表示/出力する 48
[27] 回路図をクリップ・ボードにコピーする 48
[28] 回路図上に部品リスト(BOM)を表示させる 48
[29] 部品リスト(BOM)をクリップ・ボードにコピーする 49
[30] 用意された回路図を開く 50
[31] 回路図上のグリッドの表示/非表示を切り替える 51
[32] 回路図上の接続されていない端子の表示/非表示を切り替える 51
Column(3-B) 回路図に日本語を書き込むフリーウェアソフト"LTSJText" 52

第4章
受動部品と半導体部品 …… 54
RCLに値や属性を入れて，ICの型番を指定する
[33] 抵抗/コンデンサ/インダクタの値を設定する 54
[34] 抵抗/コンデンサ/インダクタの精度を設定する 55
[35] 抵抗の値/精度/電力定格を設定する 56
Column(4-A) LTspiceで利用できるダイオードのシンボル形状 57
[36] 抵抗の温度係数を設定する 57
[37] 個別に部品の温度を設定する 59
[38] コンデンサの等価回路を設定する 60
[39] インダクタの等価回路を設定する 61
[40] ビヘイビア抵抗を使う 62
[41] 電圧・電流に依存する抵抗を作る 62
[42] 時間とともに変化する抵抗を作る 64

[43] コンデンサ/インダクタのメーカ・型番を指定する 64
[44] ダイオード/トランジスタ/FETの型番を指定する 65
[45] アナログデバイセズ社製ICを配置する 66
[46] アナログデバイセズ社製ICの応用回路を開く 68
[47] Webサイトでアナログデバイセズ社製ICのデータシートを見る 69
[48] タイマIC 555を配置する 69
[49] ディジタル部品，フォト・トランジスタ，その他の各種部品を配置する 70

第5章
電圧源/電流源/スイッチ ……… 71

DC/AC/各種波形とスイッチを設定する

[50] 電圧源/電流源のDC電圧値/電流値を設定する 71
[51] 電圧源の内部抵抗を設定する 72
[52] 電圧源/電流源の属性を設定する 72
[53] PULSE電源の属性を指定する(パルス波) 74
Column(5-A) アクティブ・ロードとは 74
[54] SINE電源の属性を指定する(正弦波) 76
[55] SFFM電源の属性を指定する(単一周波数FM波) 78
[56] EXP電源の属性を指定する(指数関数波) 80
Column(5-B) AC電源の大きさについて 82
[57] PWL電源の属性を指定する(折れ線波形) 82
[58] PWL電源を波形ファイルで指定する 83
Column(5-C) 理想増幅器，理想減衰器，理想バッファ 84
[59] 折れ線波形を指定回数繰り返す 85
[60] 特定の条件のときのみ波形を出す電圧源を作る(トリガ機能) 86
[61] ビヘイビア電源を使う 87
[62] 三相交流を作る 89
[63] 単発の正弦波/指定した波数の正弦波を作る 90
Column(5-D) ノイズ源の作り方 90
[64] トーン・バースト波を作る 91
[65] 減衰振動波を作る 93
[66] エクスポネンシャル波を作る 94
[67] オーバーシュートのあるパルス波を作る 96
[68] リンギングのあるパルス波を作る 97
[69] 三角波/鋸歯状波を作る 99
[70] パルス波から三角波に変化する波形を作る 100
[71] 階段波を作る 101
[72] PAM波を作る 102
[73] PWM波を作る 102

Column (5-E) 電圧源の名前とラベル名(Vxxx と V(xxx)の違い) 104
[74] AM波を作る 105
[75] 折れ線波形の振幅・時間軸をスケーリングする 106
[76] 電圧制御電圧源の倍率を設定する 108
Column (5-F) シミュレーション実行で自動生成されるファイル 108
[77] 電圧制御電圧源(Epoly)を使う 109
[78] 電圧制御電流源を使う 111
[79] 電流制御電流源を使う 112
[80] 電流制御電圧源を使う 113
[81] 電圧/電流制御スイッチを使う 113
Column (5-G) 2つの電圧制御電圧源<Epoly>と<e> 114

第6章
波形ビュー ……… 117

電圧や電流の変化を波形表示させる

[82] 電圧や電流の波形を表示する 117
[83] グラフ表示の基準となるノードを変更する 118
[84] 2点間の電圧を表示する 118
[85] 電力波形を表示する 119
[86] グラフを追加する 119
[87] 表示されているグラフを消去する 120
[88] ステップ解析の複数のグラフから指定した波形だけ表示させる 121
[89] 表示されているグラフの色を変える 122
[90] 計算ポイントを点表示する 122
[91] 目盛りの最小値，最大値，ステップ幅を設定する 122
[92] リニア・スケール表示とログ・スケール表示を切り替える 125
[93] Y軸の目盛りをオート・スケールにする 125
[94] 目盛りの補助線の表示/非表示を切り替える 126
[95] X軸の変数を変更する 126
[96] Y軸の変数を編集する 127
[97] カーソル位置の値を読む 127
[98] カーソル位置のグラフの値を読む 128
[99] 波形の平均値/実効値/発熱量を読む 129
[100] グラフの選択した範囲を拡大する 130
[101] 新たにグラフ領域を追加/削除する 130
[102] グラフ上にテキスト文字を書き込む 131
[103] グラフ上に図形を描く 131
[104] グラフ上のテキスト文字・図形を移動/削除する 132
[105] グラフ表示形式を保存する 132

[106] グラフ表示形式を読み込む 133
[107] グラフ表示形式を再読み込みする 133
[108] よく使う定数/関数を定義する 134
[109] 波形ビューの波形をクリップ・ボードにコピーする 136

第7章 モデルとサブサーキット

モデルとサブサーキット 137
LTspice標準モデルにない部品を使う
[110] 登録されていないディスクリート半導体を使う 137
[111] 回路図上にモデルを直接記述する 138
Column(7-A) モデルの書式 139
[112] モデルを登録してシミュレーションできるようにする 139
[113] LTspice標準のモデル・ファイルにオリジナル・モデルを追加する 141
[114] アナログデバイセズ社製以外のモデル・パラメータを入手する 141
[115] アナログデバイセズ社製以外のOPアンプを使う 143
[116] アナログデバイセズ社製以外のOPアンプを登録する 146
[117] アナログデバイセズ社製以外のMOSFETのモデルを使う 149
[118] 既存のモデルを修正する 152
Column(7-B) トランジスタの出力特性(I_C-V_{CE}特性)とh_{FE}の関係 153
[119] 既存のトランジスタのh_{FE}を変更する 154
[120] 既存のJFETの$V_{GS(\mathrm{off})}$, I_{DSS}を変更する 155
[121] 既存のMOSFETのV_{th}, R_{on}を変更する 156
[122] 既存の定電圧ダイオードのツェナー電圧を変更する 157
[123] 新規のシンボル作成画面を開く 157
[124] 登録されているシンボルの編集画面を開く 158
Column(7-C) 計算に寄与しないモデル・パラメータ(半導体の場合) 158
[125] シンボルを描く/移動/コピー/削除する 159
[126] シンボルに接続端子を追加する/移動/コピー/削除する 159
Column(7-D) 計算に寄与しないモデル・パラメータ(RCL部品の場合) 160
[127] 接続端子のプロパティを編集する 161
[128] 編集したシンボルを保存する 161
[129] 新しいシンボルを作る 162
Column(7-E) ネットリストとは 162
[130] 登録されているシンボル形状を変更する 163
Column(7-F) サブサーキットとは 165
[131] オリジナル回路モジュールのモデル「サブサーキット」を作る 166
[132] サブサーキット用の回路を描く 167
[133] シンボルを自動生成する 168
[134] サブサーキット用の回路を保存する 169

[135] サブサーキットを読み込む　170
[136] サブサーキットのシンボル/内部回路を開く　170
[137] 編集しているシンボルの内部回路を開く　171

第8章
各種設定

各種設定……172

画面やシミュレーション環境の設定を行う

[138] ツールバー/ステータス・バー/タブの表示/非表示を切り替える　172
[139] ウィンドウ内の各画面(ペイン)の配置を変更する　172
[140] 画面の色を変更する　173
[141] “μ”を“u”で代用できるようにする　174
[142] 解析結果やグラフの表示形式を保存するフォルダを変更する　174
[143] 波形ビュー画面の各種設定を行う　176
[144] 文字フォントを変更する　177
[145] ホットキーに割り当てる機能を変更する　178

第2部
シミュレーション編

第9章
シミュレーションの準備と基本操作

シミュレーションの準備と基本操作……180

シミュレーションを行うための各種設定を行う

[146] 解析モードの選択と計算条件設定のための2つの入り口　180
Column(9-A)　設定しなくても走るDC動作点解析(.OP)　180
[147] 解析モード選択&設定ダイアログその①シミュレーション設定パネルを開く　181
[148] 解析モード選択&設定ダイアログその②SPICE Directive入力ボックスを開く　182
[149] シミュレーションを実行する　183
[150] DC動作点解析を行う(.OP)　183
[151] DCスイープ解析を行う① (.DC)　184
[152] DCスイープ解析を行う② (.DC)　186
[153] DC小信号伝達関数解析を行う① (.TF)　187
[154] DC小信号伝達関数解析を行う② (.TF)　189
[155] トランジェント解析を行う① (.TRAN)　189
[156] トランジェント解析を行う② (.TRAN)　191
[157] フーリエ解析を行う(.FOUR)　193
[158] AC小信号解析を行う① (.AC)　194
[159] AC小信号解析を行う② (.AC)　195

[160] ノイズ解析を行う① (.NOISE)　196
[161] ノイズ解析を行う② (.NOISE)　198
[162] 温度をX軸にしてDC解析を行う　199
[163] 温度をパラメータにした解析を行う　200
[164] 抵抗/コンデンサ/インダクタの値をパラメータにして解析する　202
[165] 電圧/電流の値をパラメータにして解析する　203
Column(9-B)　シミュレーション設定温度と実際　203
[166] ダイオード/トランジスタ/FETの特性をパラメータにして解析する　204
[167] 複数の抵抗/コンデンサ/インダクタの値をまとめて変化させる　204
[168] 特定条件に合致する値を求める　206
[169] 抵抗/コンデンサ/インダクタンスの値をランダムにばらつかせる　209
[170] ステータス・バーに電圧/電流/消費電力を表示する　211
[171] 配線ラインに電圧を表示する　211
[172] SPICEエラー・ログを表示する　213
[173] 線路を流れる電流を求める　213
[174] シミュレーション結果を保存する　213
[175] 保存していたシミュレーション結果を読み込む　214
[176] 計算精度を高める　215
Column(9-C)　収束性を高める　216

第10章
DC解析
DC解析 ······ 217

デジタルテスター/カーブトレーサのように直流電圧電流を求める

[177] 接続点の直流電圧や部品に流れる直流電流を求める　217
[178] 入力電圧を変化させたときの出力電圧と出力電流の変化を求める　219
[179] 正負電源電圧を変化させて各部の電圧/電流を求める　220
[180] 電流をパラメータにしてDCスイープ解析を行う　221
[181] 抵抗をパラメータにしてDCスイープ解析を行う　223
[182] 温度をパラメータにしてDCスイープ解析を行う　224
[183] 抵抗値ばらつきの動作点への影響を求める　226
[184] 入力抵抗，出力抵抗，伝達関数を求める　228
[185] ダイオードのI_F-V_F特性(温度パラメータ)を求める　229
[186] ダイオードの順方向電圧の温度特性(温度パラメータ)を求める　229
[187] 定電圧ダイオードのV_Z-I_Z特性(温度パラメータ)を求める　231
[188] 定電圧ダイオードのZ_Z(動作抵抗)-I_Z特性(温度パラメータ)を求める　233
[189] トランジスタのI_C-V_{BE}特性(温度パラメータ)を求める　234
[190] トランジスタのI_C-V_{CE}特性(I_Bパラメータ)を求める　235
[191] トランジスタのh_{FE}-I_C特性を求める　237
[192] J-FETのI_D-V_{GS}特性(温度パラメータ)を求める　238

[193] J-FETのI_D-V_{DS}特性(V_{GS}パラメータ)を求める 238
[194] MOSFETのR_{DS}-V_{GS}特性を求める 240
[195] OPアンプの最大出力電流I_{sink}とI_{source}を求める 242
Column(10-A) 定格オーバーのシミュレーション 242

第11章 トランジェント解析

トランジェント解析 244

オシロスコープのように波形を求める

[196] 初期値を設定する(.IC) 244
[197] 抵抗をパラメータにしてMOSFETのスイッチング電流波形を求める 246
[198] 遅れ時間，立ち上がり時間，立ち下がり時間，スルーレートを求める 247
[199] 電源ON時の過渡応答を求める 250
[200] 電源の平滑コンデンサの容量とリプル電圧の関係を求める 251
Column(11-A) LTspiceのヘルプをチェックしておく 252
[201] スイッチング電源の立ち上がり波形を求める 254
[202] スイッチング電源の効率を求める 255
[203] 負荷電流が変化したときのシリーズ・レギュレータの出力電圧安定度を求める 256
[204] 入力電圧が変化したときのシリーズ・レギュレータの出力電圧安定度を求める 258
[205] シリーズ・レギュレータの過電流保護回路の動作を見る 258
[206] リサージュ波形を表示する 260
[207] 高調波歪率を求める 262
[208] 周波数スペクトラムを見る 263
[209] 発振回路の波形を見る 265
[210] 発振器の周波数/周期を求める 267
[211] 整流回路の各部電圧・電流を求める 269
Column(11-B) 動作電源電圧範囲外のシミュレーション 269
[212] リレーの逆起電力を求める 270

第12章 AC小信号解析

AC小信号解析 273

ネットワーク・アナライザのように周波数特性を求める

[213] 利得位相周波数特性を求める 273
[214] 帰還抵抗をパラメータにして利得の周波数特性を求める 274
[215] OPアンプの開ループ特性を求める① 276
[216] OPアンプの開ループ特性を求める② 277
[217] 増幅回路の発振安定度を調べる 279
[218] 増幅回路の出力インピーダンスの周波数特性を求める 280
[219] 抵抗がばらついたときの差動増幅回路の$CMRR$(同相信号除去比)を求める 282
Column(12-A) 利得または位相の周波数特性の一方のみを表示するには 282

[220] 増幅回路の*PSRR*(電源電圧変動除去比)を求める 284
[221] 増幅回路のノイズを求める 285
[222] フィルタのカットオフ周波数を求める 287
[223] BPFの中心周波数とバンド幅を求める 288
[224] BPFの群遅延特性を求める 290
[225] ノッチ・フィルタ(BEF)のノッチ周波数を求める 291
[226] ノッチ・フィルタ(BEF)の周波数特性ばらつきを求める 293
Column(12-B) ネットリストの形式 294

第13章
LTspice XVIIの新機能 …… 297
LTspice XVIIで追加された機能を見る
[227] 日本語のラベルを付ける 297
[228] 回路図上に日本語のコメント文を置く 299
[229] モデル登録ファイルの保存先のパスを設定する 299
[230] シンボル・ファイルの保存先のパスを設定する 301
Column(13-A) 回路図ファイルのアイコンに回路図が表示される 302
Column(13-B) IGBTのモデル 303
[231] フローティング・ウィンドウ(ペイン)にする 304
[232] 条件設定パネルを使ってMEASURE条件を設定する(.MEAS) 305
[233] 条件設定パネルを使ってステップ条件を設定する(.STEP) 306
[234] パラメータ設定パネルを使ってパラメータを設定する(.PARAM) 307
Column(13-C) ダイオードの逆回復特性 307

Appendix
〈逆引き一覧表〉…… 310
〈シンボル一覧表〉…… 312
〈関数一覧表〉…… 314
〈演算子一覧表〉…… 316
〈部品一覧表〉…… 317
〈シミュレーション・コマンド一覧〉…… 318

＊本書の第3章～第8章は，トランジスタ技術 2016年1月号 別冊付録「バーチャル電子工房 LTspice使いこなし事典」に掲載された記事を再編集して構成しています．

第1章

SPICEシミュレータを使いこなして電子回路の性能を100%引き出す

本書のねらい

1. アナログ回路設計におけるシミュレータの活用 ～プロの設計現場での活用～

(1) シミュレーション設計の拡大とそのメリット

シミュレーション技術がまだ今のように発達していなかったころ，回路設計というのは最初に机上の設計(手設計)を行い，それを実際に組んでみて動作や特性を確認するという作業が主体で，シミュレーションはほとんど行わないか補助的に行う程度でした．それがシミュレーション技術の進歩ともにシミュレータを使った設計の比率が増えてきて，現在ではシミュレーションによる回路設計はごく当たり前に行われています．特に半導体においては，シミュレーションでほとんどすべての設計を行っています．

ではなぜそのようにシミュレーションが主体となってきたのでしょうか．それには以下のようなメリットがあるからです．

① 簡単に回路動作の確認ができる
② 回路変更，定数変更が簡単にできる
③ ばらつきや温度特性の確認が簡単にできる
④ 過電圧・過電流を与えても壊れない
⑤ 測定器がなくても簡単に特性がわかる
⑥ 測定困難箇所でも簡単に特性がわかる
⑦ 実験設備が不要

(2) 回路設計現場におけるシミュレータ活用

実際にプロの回路設計現場ではどのようにシミュレーションが行われているのでしょうか．

用途にもよりますが，メーカの設計が大学の研究室やアマチュアの製作と大きく異なるのは，安定して大量生産できなくてはいけないということです．1万台作っても100万台作っても不良品を出さずに安定して生産できなくてはいけません．

次は温度に対する動作です．製品の仕様には必ず使用温度範囲が明記されていて，その温度範囲では必ず正常に動作していなければいけません．一番過酷なのは車用の電子回路で，マイナス何十℃という極寒の地でも真夏の炎天下でも回路は正常に動作していなければいけないというのは容易にわかることと思います．

実際にシミュレーションをどのように活用するのか，以下に説明していきましょう．

① 回路の作りこみ

回路設計を行うには最初は机上の設計を行いますが，その際詳細部分まで手計算で行うのは難しいことが多く，特にAC特性や過渡特性はそれが顕著です．細かな回路の違いでどちらを採用したらよいのか，どのくらいの定数を使えばよいのか，デバイスにより特性がどう変化するのか，そのようなときにシミュレーションを行えば簡単に各種特性がわかるので，最適な回路や定数を得ることができます．

② 安定性の確認

アナログ回路を設計していると，発振させてはいけない回路が発振してしまうとか，安定に発振しなければいけない発振回路の発振が不安定になるとか，よくある話です．机上の設計でもおおよそはわかりますが，詳細な把握まで非常に難しいものです．これもシミュレーションを行うことで，実際に作る前に把握することができます．

③ ばらつきをスペックに収める

電子部品には必ずばらつきが存在します．抵抗ならば抵抗値が，コンデンサならば容量が±○%という形でばらつきます．半導体は抵抗やコンデンサよりもさらにばらつきが大きくなります．回路を構成する部品それぞれがその仕様範囲でばらついても，それらを組み合わせた回路はその回路に要求される仕様を満たさなければなりません．

ばらつき範囲を事前に手計算で求めるのはなかなか困難ですが，モンテカルロ・シミュレーションという手法を使うと，その回路がどの程度までばらつくかということを把握することができます．それによりスペックに収まるように回路を追い込むことができます．

④ 温度特性をスペックに収める

実験室内は常温ですが，仕様で定められた温度範囲の中では回路は正常に動作しなければいけません．特に半導体では特性変化が無視できるものではなく，場合によっては受動部品でも温度による特性変化が無視できない場合があり，個々の部品の温度変化を受けて回路全体の特性がどのように変化するか，シミュレーションを行うことで簡単にわかります．

⑤ 限界シミュレーション

パワー・デバイスを含む回路で実験を行っていると，ふとした拍子に過電圧や過電流が流れてそのパワー・デバイスを破壊してしまうということはめずらしくありません．このため思うように実験ができなかったり，場合によっては壊れたパワー・デバイスが破裂したりして危険を伴うこともあります．

実際の部品では破壊するような条件であっても，シミュレーションであれば破壊ということはありませんので，大きな安心感があります．このため実際の実験ではなかなかできないような限界条件でのシミュレーションも簡単に行うことができます．

⑥ 測定困難箇所の観測

実験や評価においては，回路内部の電圧・電流や各種特性がどうなるか把握したいということがよくあります．これらは測定器を使えば必ず測定できるというわけではなく，高周波回路，高速回路，微小信号回路，高インピーダンス回路などは測定が困難な場合もめずらしくありません．このようなときシミュレーションであれば，周囲の影響を受けることもなく精度よく簡単に求めることができます．

(3) シミュレーションの限界

ここまで述べてきたように良いことずくめのように見えるシミュレーションですが，それではシミュレーションだけで回路設計が完璧な回路設計ができるかというと，残念ながらそこまでには至っていないというのが現実です．欠点としては以下のようなものがあります．

① 理論モデルに限界があり，実際の部品特性を完全には表現しきれない
② モデルパラメータの精度が足りない場合がある
③ ばらつきのモデルまでは用意されていないことが多い
④ そもそもモデルが用意されていない部品も多い
⑤ シミュレーションできない特性がある(時間とともに温度が変わるような場合，発熱のシミュレーションなど)
⑥ 過電圧・過電流による破壊シミュレーションはできない

回路設計のプロはこれらのことは把握したうえで，シミュレータを使いこなしているのです．

2. LTspiceのアナログ回路設計への適用

単純に動作を確認するというだけでなく，アナログ回路として要求されるスペックに合致するかどうか，簡単な回路を例にLTspiceを使ってシミュレーションを使って確認してみましょう．

図1-1の回路は，抵抗と定電圧ダイオードを使っただけの10 V出力の簡単な定電圧回路です．この定電圧回路に求められる出力電圧のスペックは以下のとおりとします．

9.75 V(min)～10.25 V(max)　(常温)

9.5 V(min)～10.5 V(max)　(－10～＋60℃)

① 基本動作の確認(DCスイープ解析)

最初に回路としての基本動作が正しく行われているかどうかを確認します．この回路が定電圧回路であるということは，Vccを変化させてもV(out)は変化しないということが確認できればよいので，Vccを0～20 Vまでスイープさせてみます．

そのシミュレーション結果が**図1-1**のグラフです．これを見ると，VccがDzのツェナー電圧である10 Vに満たない場合はV(out)=Vccとなっていますが，Vcc＞10 Vにな

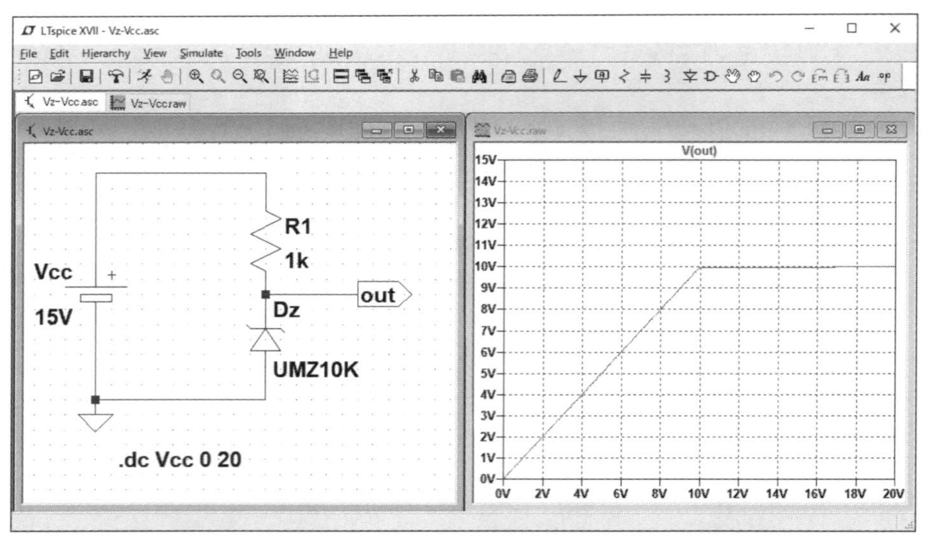

図1-1　定電圧ダイオードを用いた定電圧回路とDCスイープ解析の結果

るとVccの大きさにかかわらずV(out)=10 Vとなっていて，きちんと定電圧動作していることがわかります．

② 出力電圧の温度特性とばらつきの確認

基本動作を確認して問題なければ，次に温度特性とばらつきを確認します．今回は回路が非常に簡単なので，同時に温度特性とばらつきを確認しますが，ある程度規模が大きくなってきたら別々に行うことになります．

まずばらつきですが，定電圧ダイオードUMZ10Kの仕様はセンター9.99 V，最小値9.77 V，最大値10.21 Vになっているので，ツェナー電圧をこの3点にして，温度特性をシミュレーションしてみます．この結果が**図1-2(a)**のグラフで，さらにV(out)の詳細な値を求めたのが**図1-2(b)**です．

これより－10～＋60 ℃の範囲では，最小値は－10 ℃のときの9.51859 V，最大値は60 ℃のときの10.446 Vになっていることがわかり，ぎりぎりではありますが要求スペックを満たしていることがわかります．もしもこれが要求スペックを満たしていなかったら，高精度あるいは温度係数の小さな定電圧ダイオードに変更する必要があります．

③ ツェナー電圧以外のばらつき

定電圧ダイオードのツェナー電圧Vz以外に，電源電圧Vcc，抵抗R1もV(out)がばらつく要素になります．ただこれはやってみればわかりますが，Vzのばらつきに比べると無視できる大きさなのでここでは省略します．

以上，非常に簡単な回路で直流解析だけを行いましたが，実際の回路はこれよりもはるかに規模が大きく，用途によってトランジェント解析やAC解析が必要になったりします．

ばらつきについては，抵抗・コンデンサ・インダクタンス，さらには使用されている半導体デバイスのばらつきがありますが，これらをすべて考慮したばらつきシミュレーションは現実的には困難なため，現実可能なばらつきシミュレーションを行うことになります．これは回路やその用途，必要とされるスペックによって異なってくるため，シミュレーション技術だけでなく，電子回路全体の知識が必要となってきます．

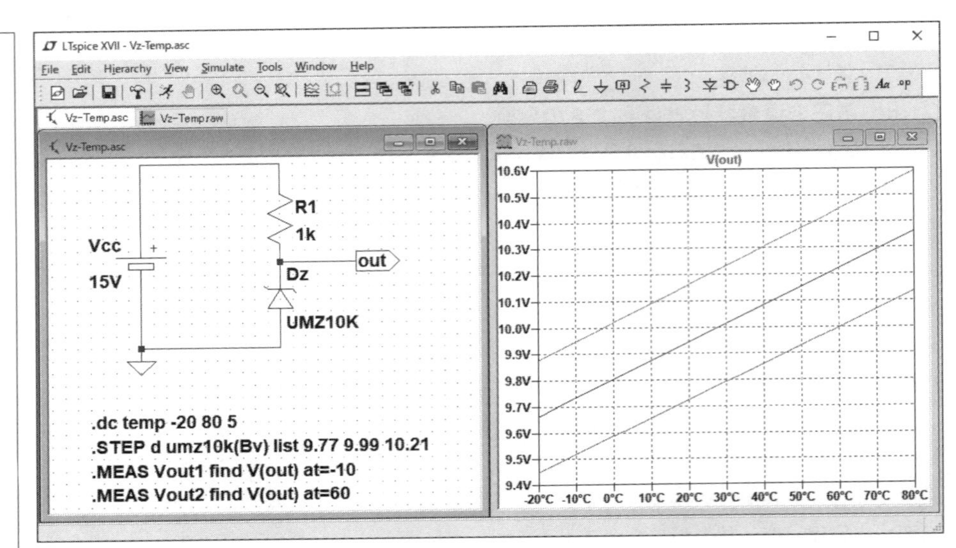

（a）回路図とグラフ

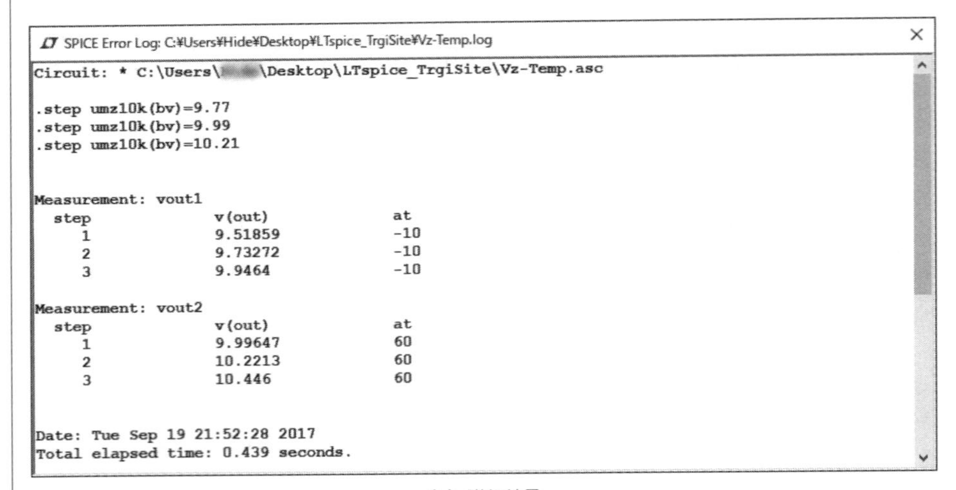

SPICE Error Log: C:¥Users¥Hide¥Desktop¥LTspice_TrgiSite¥Vz-Temp.log

```
Circuit: * C:\Users\      \Desktop\LTspice_TrgiSite\Vz-Temp.asc

.step umz10k(bv)=9.77
.step umz10k(bv)=9.99
.step umz10k(bv)=10.21


Measurement: vout1
  step              v(out)            at
     1              9.51859           -10
     2              9.73272           -10
     3              9.9464            -10

Measurement: vout2
  step              v(out)            at
     1              9.99647           60
     2              10.2213           60
     3              10.446            60


Date: Tue Sep 19 21:52:28 2017
Total elapsed time: 0.439 seconds.
```

（b）詳細結果

図1-2　定電圧ダイオードを用いた定電圧回路の温度特性とばらつき

第2章

LTspiceを使うための準備をする

LTspiceのインストールと基礎知識

1. LTspice XVIIのインストール

2019年3月時点でのLTspiceのバージョンはXVIIですが，これはアナログ・デバイセズ社のWebサイト(https://www.analog.com/jp/index.html)から最新版を入手することができます．また本書の付録CD-ROMにも収録しています．

Webサイトのトップページ(**図2-1**)にある[LTspiceソフトウェア]をクリックし，次の画面Download LTspice(**図2-2**)の[Windows7，8 and 10用ダウンロード]をクリックすると，そのままダウンロードすることができます．

適当なフォルダにダウンロードしたファイルLTspiceXVII.exeを実行すると，セキュリティ警告の画面が現れますが，そのまま実行すると**図2-3**のライセンス認証画面になるので，内容を確認して[Accept]をクリックして[Install Now]をクリックするとインストールが開始されます．

デフォルトのインストール場所は，Windows 10の場合，64 bit OSでは`C:¥Program Files¥LTC¥LtspiceXVII`，32 bit OSでは`C:¥Program Files(x86)¥LTC¥LTspiceXVII`ですが，[Browse]をクリックして必要に応じてインストール先を変更することも可能です(本書では基本的に64 bit版での表示に統一しています)．

インストールが完了すると，そのままLTspiceが立ち上がります．またスタートメニューにLTspiceが登録されるとともにデスクトップにもアイコンが置かれるので，これらによりLTspiceを立ち上げることができます．

図2-1　アナログ・デバイセズ社Webサイトのトップページ

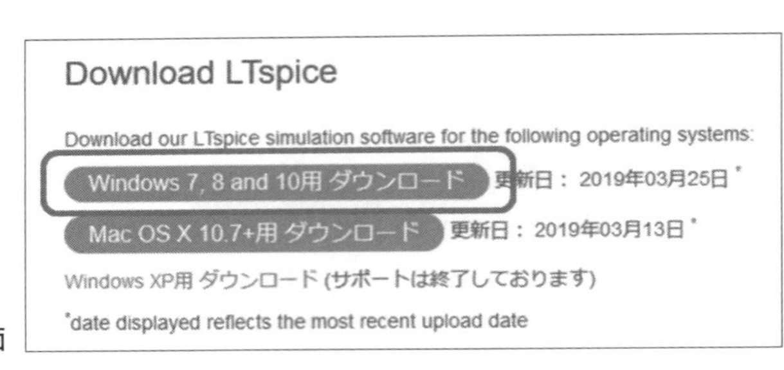

図2-2
LTspice XVIIダウンロード画面

2. LTspiceの初期設定

LTspiceはインストールが完了すれば特に何もしなくても使うことはできますが，使い勝手を考えるとある程度の設定は必要になります．

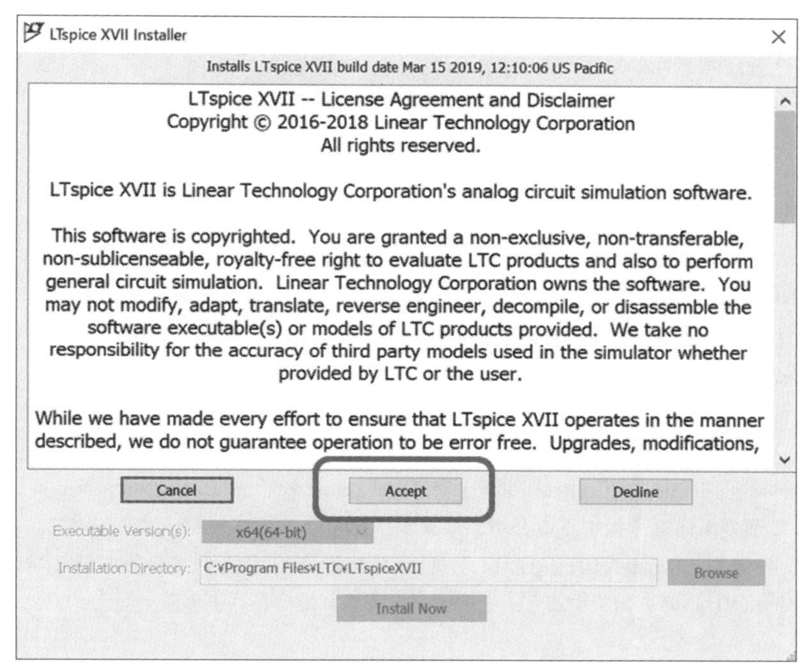

図2-3　インストールのライセンス認証画面

(1) 10^{-6}を表すのに[u]を使えるようにする

電流や容量を指定する際に10^{-6}を使う機会は多いですが，[μ]は使えないため[u]を割り当てます．この設定は，「[141]“μ”を“u”で代用できるようにする」を参照してください(第1部 第8章「各種設定」，以下同様)．この設定は実質的には必須と言えます．

(2) 色の設定をする

LTspiceでは非常に多くの色設定が可能ですので，自分の見やすい色にしておくことをお勧めします．具体的な設定方法は，「[140]画面の色を変更する」に従ってください．本書でも見やすくするために，デフォルトから色を変えています．

(3) シミュレーション結果ファイルの削除/非削除を設定する

シミュレーション回路を閉じたときに，シミュレーションを実行して自動的に生成されたファイルを削除するかどうかを設定します．

メニュー：[Tools]＞[Control Panel] →[Operation]タグ
[Automatically delete .raw files]

初級状態ではチェックが入っていないため非削除ですが，チェックを入れると削除されます．これは考え方次第ですが，筆者の場合は削除設定にしています．

(4) ツールバーのアイコンの大きさを変更する

ツールバーのアイコンの大きさが，LTspice Ⅳよりも大きくなっているので，以前の大きさに戻すには，以下の操作を行います．

メニュー：[Tools]＞[Control Panel] →[Operation]タグ →[Toolbar icon size]

Normal：中，Large：大，Yuge：特大

初期状態ではLargeになっていますが，Normalにすると以前の大きさになります．

(5) 立ち上げたときの背景画像を変更する

LTspice XVIIがリリースされたときの背景は，「LTspice XVII」という文字だったのですが，最新では別の画像になっています．この画像は以下の操作で変更することができます．

メニュー：[Tools]＞[Control Panel] →[Operation]タグ →[Background image]

ここで別の画像を選択することができます．Windowsのユーザーフォルダに，自分で任意の画像をLTspiceXVII.jpgというファイル名にして置いて，[%USERPROFILE%LTspiceXVII.jpg]を選択すると，その画像が背景画像になります．

3. LTspiceを使う上での基礎知識

LTspiceを使用するにあたって，使い方と言うよりは知識として知っておく必要のあることを以下にまとめておきます．特に回路図作成やシミュレーションに関する多くのことは，LTspiceに限らずspice系のシミュレータに共通して言えることです．

(1) 回路図作成

- GNDは必須で，ノード名は［0］．これはグローバル・ノード名として扱われる．
- 英字の大文字/小文字は区別しない．例えばシミュレーション・コマンドの［.TRAN］は，［.Tran］［.tran］でも同じ．
- シミュレーション・コマンドはその前に［.］（ドット）が付く．
- 電圧［V］，電流［A］，抵抗値［ohm］，容量値［F］，インダクタンス値［H］を表す単位は省略できる．
- 10^6は［M］ではなく，［MEG］［meg］（または［E6］［e6］）と表記する．［M］［m］は10^{-3}を表す．

- べき乗を表す［F］［f］は10^{-15}を表すので，コンデンサの容量値として「1 F」と書くと，1ファラッドではなく1 fF(1フェムトファラッド)になる(ファラッドは省略可能)．

(2) シミュレーション

- 温度を指定しない場合は，27 ℃でシミュレーションが行われる．
- SPICE Directiveやモデルパラメータの記述で行頭に＋が付いているのは，前の行に続くという意味を持っている．
- pi(π = 3.14…)，e(自然対数の底＝2.718…)，k(ボルツマン定数＝1.38…×10^{-23})，q(電子の単位電荷＝1.60…×10^{-19})は予約定数となっている．
- time(時間)，temp(温度)は予約変数となっている．

(3) 操作

- 回路図作成時に連続する操作をやめるときは，［ESC］を押すか右クリックする．
- 回路図ペイン，波形ビューペインの操作は，それぞれがアクティブ状態であること．アクティブになっていない場合はそのペインのどこかでクリックする(アクティブになっているペインによってメニューも違ってくるため，自分の行おうとしている操作対象のペインがアクティブになっていないと，そのためのメニューが出ていないということもあります)．

4. 本書の使い方

本書は基本的に全体がマニュアルのようにそれぞれが独立した項目ごとに分かれているため，一般的な書籍のように順番通り読んでいく必要はなく，自分がやりたいことを目次で探して，該当する項目を見るという使い方になります．また同じ説明であっても目次だけではカバーしきれないところもありますので，それについてはAppendix〈逆引き一覧表〉に掲載していますので，目次だけではなくそちらも探してみてください．

図2-4に本書のサンプルページを示しますが，これについて何が書かれているかを以下で説明していきます．目次にある全項目に下記がすべて記載されているわけではありませんが，その必要性に応じて記載しています．

＜タイトル＞

行いたい操作をタイトルにしています．このタイトルはそのまま目次になっているため，目次を見れば，自分のやりたいところがどこに書かれているかひと目でわかります．

<操作>

具体的な操作方法を書いています．ここに書かれている手順に従って操作することで，タイトルに書かれていることを行うことができます．[ ]で囲まれた番号は，その操作についての説明が行われている項目の番号です．

このサンプルページにはありませんが，「電圧制御電圧源〈e〉」や「ビヘイビア電圧源

[162] 温度をX軸にしてDC解析を行う

タイトル

<操作>

(1)「[151]DCスイープ解析を行う①(.DC)」において，スイープ電源に「temp」と入れて設定を行う→シミュレーション実行 …[149]

(2) SPICE Directive入力ボックスを開く …[148]

→「.OP」と入力して回路図上に置く

→SPICE Directive入力するボックスを開く

→書式に従って.TEMPコマンドを入力する

→シミュレーション実行 …[149]

<書式>

(i) .STEP TEMP [lin] <開始温度> <終了温度値> [<増加温度>]

(ii) .STEP TEMP list <温度1> [<温度2> <温度3> …]

[単位]開始温度，終了温度，増加温度，温度n：[℃]

<説明>

X軸を温度にしてDC解析を行います．前述の(1)はシミュレーション設定パネルを用いる方法です．スイープする電源として温度を意味するtempを入力します．以下の設定は，DCスイープ解析のときと同じです．

(2)は，SPICE Directiveで(i)または(ii)の書式で温度設定を行うものです．

<例>

図9-9に0℃から100℃まで1℃ステップでシミュレーションするときの設定パネルを示します(<操作>(1)による)．

<関連項目>

[148]SPICE Directive入力ボックスを開く，[149]シミュレーションを実行する，[151]DCスイープ解析を行う①，[163]温度をパラメータにした解析を行う

図2-4　本書のサンプルページ

〈bv〉」のように〈 〉で囲んでいる文字があります．これは「e」や「bv」というのがシンボル名ということを意味しています．

また**図2-4**ではありませんが，LTspice XVIIのみ，あるいはLTspice Ⅳのみでしか使えない操作方法もあります．そのような場合は，その操作方法の前に(XVII)（Ⅳ)を付けてわかるようにしています．

＜書式＞

部品やシミュレーション・コマンド，その他の書式を説明しています．書式を明示することで，応用が可能になります．表記ルールに以下のとおりです．

- 〈 〉で囲まれた部分……〈 〉を取り去って記述する．
- [ ] で囲まれた部分……省略可能．記載する場合は，[ ] を取り去って記述する．
- | で区切られている場合……区切られている複数の中のいずれかを記述する．

＜説明＞

操作方法や書式など，あるいはシミュレーションに関すること説明をしています．

＜例＞

その操作を行った例を示しています．具体的な例がないとなかなかわかりにくい場合がありますが，例を示すことで理解を助けています．

＜関連項目＞

その項目の操作に関係する主な他の項目を記載しており，[ ]で囲まれた番号がその項目番号です．その項目だけではわからないような場合に参考になります．

＜シミュレーション結果＞

前のサンプルページにはありませんが，シミュレーションを実行している場合にはその結果について簡単に説明を行っています．ただし本書の目的が回路解析ではなくLTspiceの使い方ですので，詳細な考察までは行っていません．

シミュレータ回路とシミュレータ結果のグラフのある図については，図のタイトル部分に( )で囲って，「**図x-x**○○○○(abcd.asc)」というように表記しています．この( )内「abcd.asc」というのはシミュレーション回路のファイル名で，これは本書のCD-ROMに収められています．

Column (2-A)

付録CD-ROMのコンテンツ

本書に添付されているCD-ROMには，以下の4つのフォルダがあります．具体的な使い方などは，CD-ROMに入っている「最初にお読みください.txt」をご覧ください．

(1) LTspice

アナログ・デバイセズ社のWebサイトからダウンロードしたLTspice IV，XVIIを収録しています．本書ではこのバージョンでの操作説明およびシミュレーション結果確認を行っています．実行環境は以下のとおりです．

Windows 7 Home Premium 64 bit

Windows 10 Home 64bit

Windows 8.1でも動作確認は行っていますが，すべての場合についてまでは行っていません．他のOSでは動作確認を行っていませんのでご了解ください．

最新版はアナログ・デバイセズ社のWebサイト(https://www.analog.com/jp/index.html)からダウンロードすることができます．

(2) LTSJTXT

LTspice IVの回路図に日本語入力をするフリーソフトです．使い方については，本書コラム3-B「回路図に日本語を書き込むフリーウェアソフト“LTSJText”」(p.52)と，作成元の㈱e-skettのWebサイト(http://e-skett.co.jp/)をご覧ください．

(3) Simulation Data

本書の中でシミュレーションを行っている回路図ファイル(*.asc)とグラフ表示形式を保存したファイル(*.plt)を収めています．本書の目次構成と同じフォルダ構成になっています．*.ascファイルと*.pltファイルを同じフォルダにおいておけば，*.ascの回路図をシミュレーションすると，自動的に本書にあるようなシミュレーション結果が表示されます．ただしグラフのスケールとウィンドウ(ペイン)の配置状態については*.pltファイルに保存されないので，これらについては異なって表示される場合があります．

このフォルダごとまとめてPCにコピーすると，LTspiceから読み出すことができます．コピー先はC:¥Program Files(x86)¥LTC¥LtspiceIVまたはユーザー・フォルダの下(LTspice IVの場合)，もしくはドキュメントのLTspiceXVIIフォルダの下(LTspice XVIIの場合)ですが，システムフォルダの場合はOSの違いや設定によってコピーできないこともあります．また同様に日本語のフォルダ名ではうまく読み出せないことがあるので，そのような場合はフォルダを任意の半角英数字の名前に変更してください．

(4) Symbol

LTspiceに最初から登録されているシンボルは海外製のためか，見た目に若干違和感

があるようなシンボルもあります．例えば，

- 抵抗やコンデンサのシンボルの大きさに比べてOPアンプのシンボルが小さすぎる
- トランジスタやFETのシンボルに○で囲まれたシンボルがない
- 抵抗のシンボルのギザギザの数が少ない
- 電解コンデンサのシンボルがない
- 可変抵抗器のシンボルがない

などいろいろありますが，これらについて私たちが見慣れている形状のシンボルを用意しました．用意したシンボルは**図2-A**のとおりで，シンボル・ファイル(*.asy)の形式で収録しています．

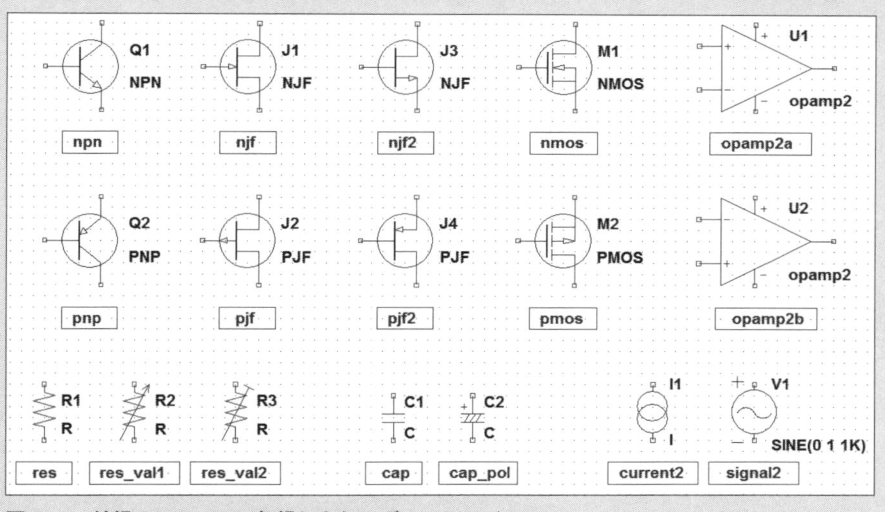

図2-A　付録CD-ROMに収録したシンボル・ファイル

第1部

操作編

LTspiceは非常に機能が多いので，基本的な操作方法はわかっていても，ふだんやらないことをしようとするとどうすればよいかわからない，以前に使ったことはあるが忘れてしまった，などということがあると思います．

そこで，第1部「操作編」では，LTspiceでこういう操作をしたいときにはどうしたらよいかという視点で，できるだけ多くの操作方法をまとめました．本書をマニュアル的に使っていただければと思います．

第3章

回路部品を配置して結線を行う
回路図入力

シミュレーションを行う回路図を作成する

本章では，回路図を入力する操作法を説明します．部品の属性(値や型番)を指定する方法は次章以降で説明します．

[1] 回路図を開く/保存する

＜操作＞

(1)新規の回路図を開く

□ツールバー：

□メニュー：[File]＞[New Schematic]

□ホットキー：[CTRL]+[N]

(2)既存の回路図を開く

□ツールバー：

□メニュー：[File]＞[Open]

□ホットキー：[CTRL]+[O]

(3)上書き保存する

□ツールバー：

□メニュー：[File]＞[Save]

□右クリック：(XVII) [File]＞[Save]

(4)名前を変えて保存する

□メニュー：[File]＞[Save As]

□右クリック：(XVII) [File]＞[Save As]

＜説明＞

回路図を開いたり保存したりする方法は，一般的なWindowsアプリケーションと同じように，[File]メニューから行うか，ツールバーでそれに対応するアイコンをクリックします．回路図を保存する際，とくに何もしないとLTspiceの実行ファイルのあるフォルダに保存されますが，数が多くなってくると見にくくなるので，回路図を保存するフォルダを別に作成してそこに保存したほうがよいでしょう(アクセス拒否になってしまう場合は，ユーザーフォルダの下に適当なフォルダを作成して，そこに保存する．OSのセキュリティ保持機能のため，書き込むことを拒否される場合があるため）．回路図ファイル自体はテキスト・ファイルですが，拡張子は .ascになります．

[2] よく使う部品を配置する

＜操作＞

□ツールバー：抵抗 ，コンデンサ ，インダクタ ，ダイオード

□メニュー：[Edit] ＞抵抗[Resistor]/コンデンサ[Capacitor]/インダクタ[Inductor]/ダイオード[Diode]

□ホットキー：抵抗[R]，コンデンサ[C]，インダクタ[L]，ダイオード[D]

＜説明＞

上記の操作を行って回路図上でクリックすると，抵抗，コンデンサ，インダクタ，ダイオードを配置することができます．配置をやめるには，右クリックか[ESC]キーを押します．

＜関連項目＞

[3]部品を配置する

[3] 部品を配置する

＜操作＞

□ツールバー： →配置したいシンボル名を選択する

□メニュー：[Edit]＞[Component] →配置したいシンボル名を選択する

□ホットキー：[F2] →配置したいシンボル名を選択する

□右クリック：(XVII) [Draft]＞[Component]

＜説明＞

各種部品(デバイス)を配置しようとする際，よく使う部品はツールバーやホットキーでダイレクトに配置できますが，それ以外のものはすべて**図3-1**の部品選択ボックスを開いてそこから選ぶことになります．配置したい部品を選択して，回路図上でクリックするとその部品を置くことができます．配置できる部品は多数登録されており，とくにアナログ・デバイセズ社製の半導体ならば個別のモデルまで登録されています．登録されている

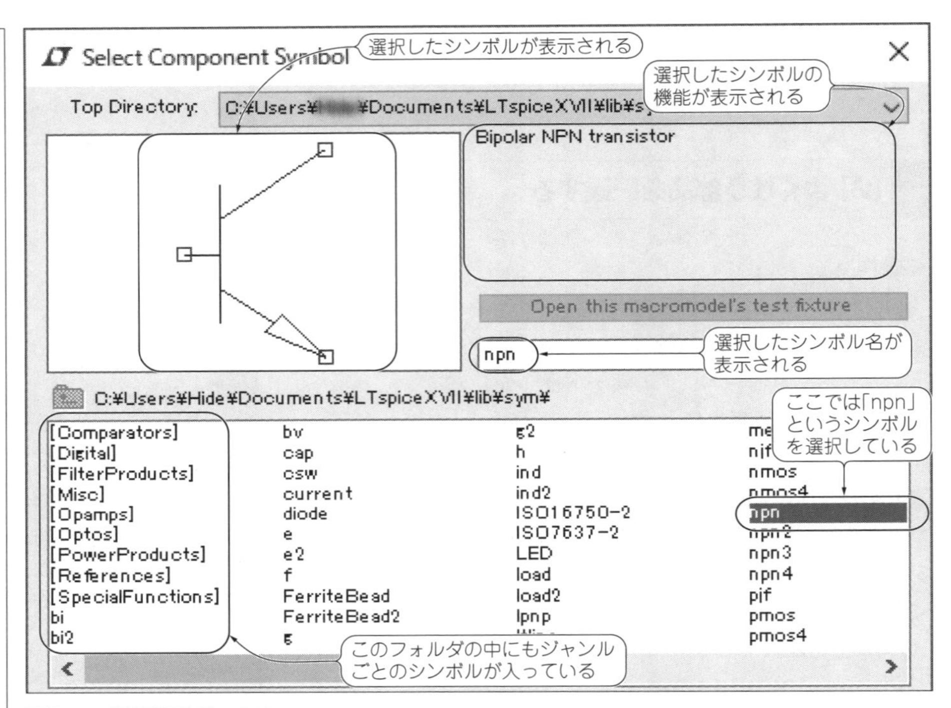

図3-1　部品選択ボックス

シンボルの種類は，Appendix＜シンボル一覧表＞を参照してください．

＜関連項目＞

[2]よく使う部品を配置する

[4] 部品の名前，値などを編集する

＜操作＞

部品の名前，値などの上でカーソルが I となっているときに，右クリックする

　→新しい名前，値などを入力する

[備考]属性エディタでも編集できる

＜説明＞

回路図上に表示されている部品(デバイス)の名前，値，型番などは，いずれも上記の操

作により簡単に編集ができます．[Vertical Text]にチェックを入れると，文字列が縦になります．最初の1文字は部品の種類により決まっていて，以下のようになっています．

抵抗：R　コンデンサ：C　インダクタ：L　相互インダクタ：K
ダイオード：D　トランジスタ：Q　JFET：J　MOSFET：M　MESFET：Z
電圧源：V　電流源：I　ビヘイビア電圧源/電流源：B
電圧制御電圧源：E　電流制御電圧源：H
電圧制御電流源：G　電流制御電流源：F
電圧制御スイッチ：S　電流制御スイッチ：W
無損失伝送線路：T　有損失伝送線路：O　一様分布RC線路：U
スペシャル・ファンクション：A　サブサーキット：X

＜関連項目＞

[5]部品の属性を編集する

[5] 部品の属性を編集する

＜操作＞

回路図上の部品の上で，[CTRL]＋右クリックする →属性エディタで部品の属性を編集する

＜説明＞

部品(デバイス)の上でカーソルが(または)となっているときに，[CTRL]＋右クリックを行うと属性エディタ(アトリビュート・エディタ)が開き，そこで部品の属性(アトリビュート)を編集することができます．**図3-2**に，抵抗の属性エディタを示します．ダブル・クリックすると[Value]の内容(R，R1，…)が編集可能になり，[Vis.]は「X」が付いた状態で[Value]で入れている内容が回路図上に表示されます．[Attribute]のそれぞれの意味は，以下のとおりです．

- Prefix ‥‥‥ 基本属性(部品の種類)
- InstName ‥‥‥ 部品の名前
- SpiceModel ‥‥‥ SPICEモデル，ライブラリ名
- Value，Value2 ‥‥‥ 値，型番など
- SpiceLine，SpiceLine2 ‥‥‥ 部品パラメータ(温度係数，精度，他)

抵抗以外の部品では，その部品の種類によってPrefixに入っている文字が違ってきます．

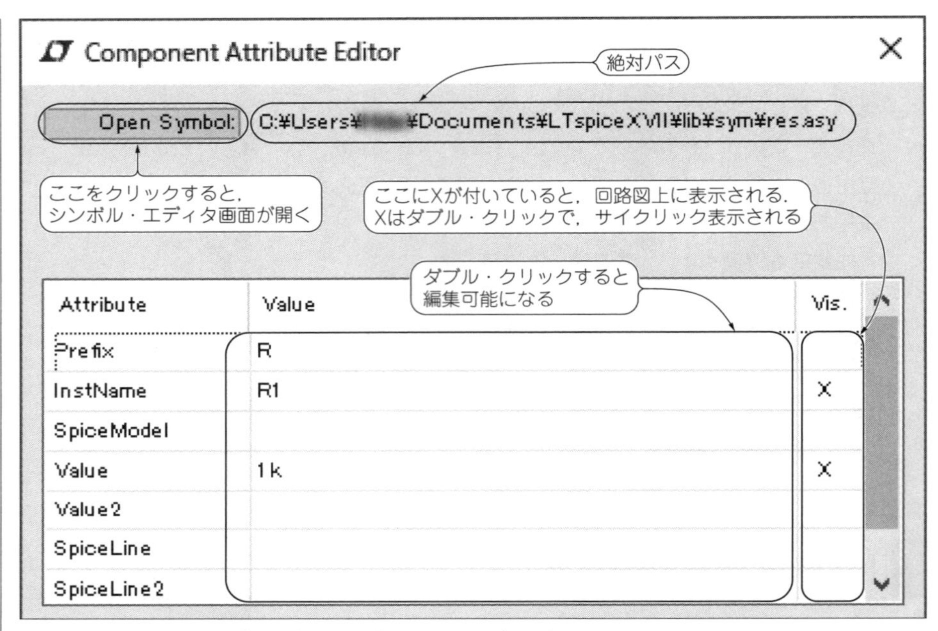

図3-2　抵抗の属性エディタ(アトリビュート・エディタ)

これについては，Appendix＜部品一覧表＞を参照してください．ただし，すべての部品でこの属性エディタが開けるわけではなく，ICやフォトカプラなどではこの画面を開くことができません．

＜関連項目＞

[4]部品の名前，値などを編集する，[33]抵抗／コンデンサ／インダクタの値を設定する，[50]電圧源／電流源のDC電圧値／電流値を設定する

[6] 部品または選択範囲を移動する

＜操作＞

(1)配線移動を伴わない移動

□ツールバー：

□メニュー：[Edit]＞[Move]

(2)配線移動を伴う移動

□ツールバー：

□メニュー：[Edit]＞[Drag]

□ホットキー：[F7]
□右クリック：(XVII)［Edit]>[Move]

□ホットキー：[F8]
□右クリック：(XVII)［Edit]>[Drag]

<説明>

上記の操作を行うと，カーソルの形があるいはに変化するので，この状態で移動したい部品の上でクリックすると，その部品を自由に移動させることができます．また，部品名や数値，型番の上でクリックすると，その部品名や数値，型番を移動させることができます．ドラッグして範囲を指定すると，その範囲を移動させることができます．右クリックまたは[ESC]キーで移動モードから抜けます．

[7] 部品または選択範囲をコピーする

<操作>

□ツールバー：
□メニュー ：[Edit]>[Duplicate]
□右クリック：(XVII)［Edit]>[Duplicate]

□ホットキー：[F6]
□ホットキー：[CTRL]+[C]

<説明>

上記のいずれかの操作を行うとカーソルがに変化するので，この状態でコピーしたい部品をクリックすると，その部品を自由にコピーできます．また，ドラッグして範囲を指定すると，その範囲をコピーできます．

[8] 部品または選択範囲を回転/ミラー反転させる

<操作>

(1)回転

□ツールバー：
□メニュー：[Edit]>[Rotate]
□ホットキー：[CTRL]+[R]

(2)ミラー反転

□ツールバー：
□メニュー：[Edit]>[Mirror]
□ホットキー：[CTRL]+[E]

<説明>

部品を選択した状態(配置，移動，コピーをしようとしている状態)で上記の操作を行うと，回転の場合は1回操作を行うごとに部品が時計回りに90°ずつ回転し，ミラー反転の場合は左右にミラー反転されます．ドラッグして範囲選択された状態でも同様です．

[9] 部品または選択範囲を削除する

<操作>

□ツールバー：✂　　□ホットキー：[F5]

□メニュー：[Edit]>[Delete]　　□ホットキー：[CTRL]+[X]

□右クリック：(XVII) [Edit]>[Delete]

<説明>

上記の操作を行うとカーソルが✂に変化するので，この状態で削除したい部品の上でクリックすると，その部品が削除されます．また，ドラッグして範囲を指定すると，その範囲を削除できます．この操作は，ラベルやコメント文，図形，さらにはシミュレーション・コマンドなど，回路図上に置かれたもののいずれも削除できます．

Column(3-A)

乗数の表し方

LTspiceでは，数値の乗数を以下のように表示します．

10^3：k　　10^6：MEG　　10^9：G　　10^{12}：T

10^{-3}：m　　10^{-6}：u　　10^{-9}：n　　10^{-12}：p　　10^{-15}：f

ただし，10^{-6}の「u」表記については，

メニュー：[Tools]>[Control Panel]>[Netlist Options]

にある[Convert 'μ' to 'u']にチェックが入っている必要があります．また，eのあとに数字を付けて乗数とすることもできます．

(例) 2000→2kまたは2e3

0.0005→0.5m，または500u，または5e-3

いずれも大文字と小文字の区別はないので，どちらで表記しても同じです．そのため10^6のつもりで「M」を使うと，10^{-3}として扱われます．

[10] 配線ラインを引く

＜操作＞

□ツールバー： □ホットキー：[F3]
□メニュー：[Edit]＞[Draw Wire] □右クリック：(XVII) [Draft]＞[Draw Wire]

＜説明＞

縦横点線のガイドの交点を配線したい始点に持っていってクリックし，次の接続点あるいは曲がる点まで移動してクリックします．これを必要な回数行います．[CTRL]キーを押しながら操作すると，斜線を引くことができます．

＜関連項目＞

[16]配線をしないでラインを接続する

[11] ラベルを付ける

＜操作＞

□ツールバー： →[ラベル名入力]
□メニュー：[Edit]＞[Label Net] →[ラベル名入力]
□ホットキー：[F4] →[ラベル名入力]
□右クリック：(XVII) [Draft]＞[Net Lavel] →[ラベル名入力]
[備考]Port Type：None

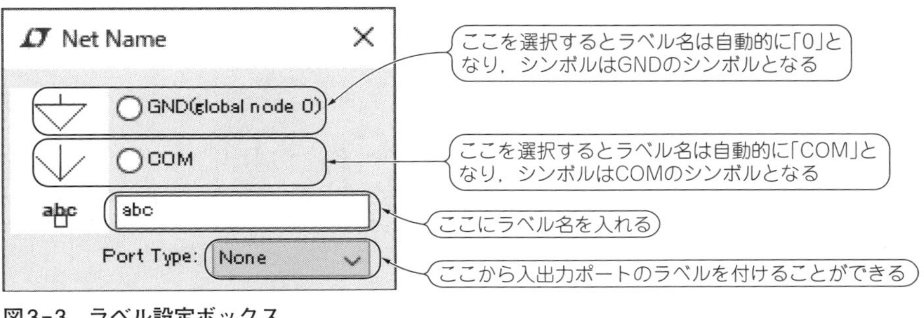

図3-3　ラベル設定ボックス

＜説明＞

上記の操作を行うと，**図3-3**のようなラベル設定ボックス(Net Name)が現れるので，ここでラベル名を入力し，ラベル名を付けたい配線部分あるいは部品の端子に置くと，そこにラベル名が付けられます．[ESC]を押すか右クリックするまで，同じラベル名を付けることができます．同じラベル名が付いていれば，回路図上は配線されていなくても，シミュレーションのときには配線された状態でシミュレーションが行われます．

＜関連項目＞

[12]GNDを接続する，[13]共通電位を接続する，[14]入出力ポートのラベルを付ける，[16]配線をしないでラインを接続する

[12] GNDを接続する

＜操作＞

□ツールバー：　　　　□ホットキー：[G]

□メニュー　：[Edit]＞[Place GND]

＜説明＞

上記の操作のほかに，「[11]ラベルを付ける」でラベル設定ボックスを出して，そこでGNDを選んでも同様に行うことができます．なお，GNDのラベル名は自動的に0になります．

＜関連項目＞

[11]ラベルを付ける，[13]共通電位を接続する

[13] 共通電位を接続する

＜操作＞

□ツールバー：　　　　□ホットキー：[F4]

□メニュー：[Edit]＞[Label Net]　　　　□右クリック：(XVII) [Draft]＞[Label Net]

＜説明＞

上記のいずれかの操作を行うと，**図3-3**のようなラベル設定ボックスが現れるので，

[COM]にチェックを入れて[OK]をクリックすると，共通電位(COM)のシンボルを配置することができます．ラベル名は自動的にCOMになります．

＜関連項目＞

[11]ラベルを付ける，[12]GNDを接続する

[14] 入出力ポートのラベルを付ける

＜操作＞

「[11]ラベルを付ける」で，Port Typeを以下のように設定する．

Input(入力ポート)，　Output(出力ポート)，　Bi-Direct(入出力ポート)

＜説明＞

ラベルは通常ラベル名が表示されるだけですが，[Port Type]でNone以外を指定すると，入力ポート，出力ポート，入出力ポートのシンボル形状にすることができます(**図3-4**)．これらは，選択状態のときに や で，回転やミラー反転をすることができます．なお，これらは入出力ポートとは言ってもシンボル形状が違っているだけで，シミュレーション的には通常のラベルと同じです．仮に，アンプの入力端子に出力ポート，出力端子に入力ポートを付けても，シミュレーションを行う上ではとくに問題はありません．

＜関連項目＞

[11]ラベルを付ける

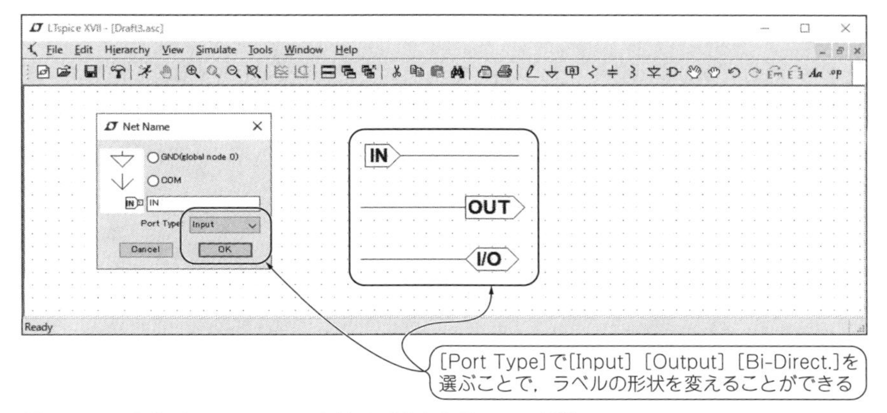

図3-4　入出力ポートのラベルを付ける設定とラベルの形状

[15] 同じラベル名の配線をハイライトさせる

<操作>

ハイライトしたい配線上にカーソルを持って行って，右クリックする．

→[Highlight Net]

<説明>

配線が複雑に入り組んでいたり，直接つながっていない配線でも同じラベル名を付けている場合は，上記の操作をすることで，その配線とラベルをハイライトすることができ，ひと目でその配線がわかります．[ESC]キーで元の色に戻ります．

<関連項目>

[11]ラベルを付ける，[16]配線をしないでラインを接続する

[16] 配線をしないでラインを接続する

<操作>

(1) [同じラベル名を付ける]

(2) ツールバー：.op →[.NODEALIASを書式にしたがって接続ラベルを指定]

<書式>

```
.NODEALIAS <node1>=<node2> [<node3>=<node4> ...]
```

<説明>

(1)の方法は，GNDや共通電位については当然のことですが，ラベル名が同じであれば回路図上は配線されていなくても，シミュレーション上は配線がつながっているものとして扱われます．(2)はSPICE Directiveを用いるもので，.NODEALIASは異なるラベル名のノードが接続されているものとみなすコマンドです．

<例>

- ラベル名「100」と「200」，「101」と「201」を接続されているものとみなす
  →.NODEALIAS 100=200 101=201
- 図3-5の(a)(b)(c)は，シミュレーション時はどれも同じ回路として扱われます(部品名が異なるということは除く)．

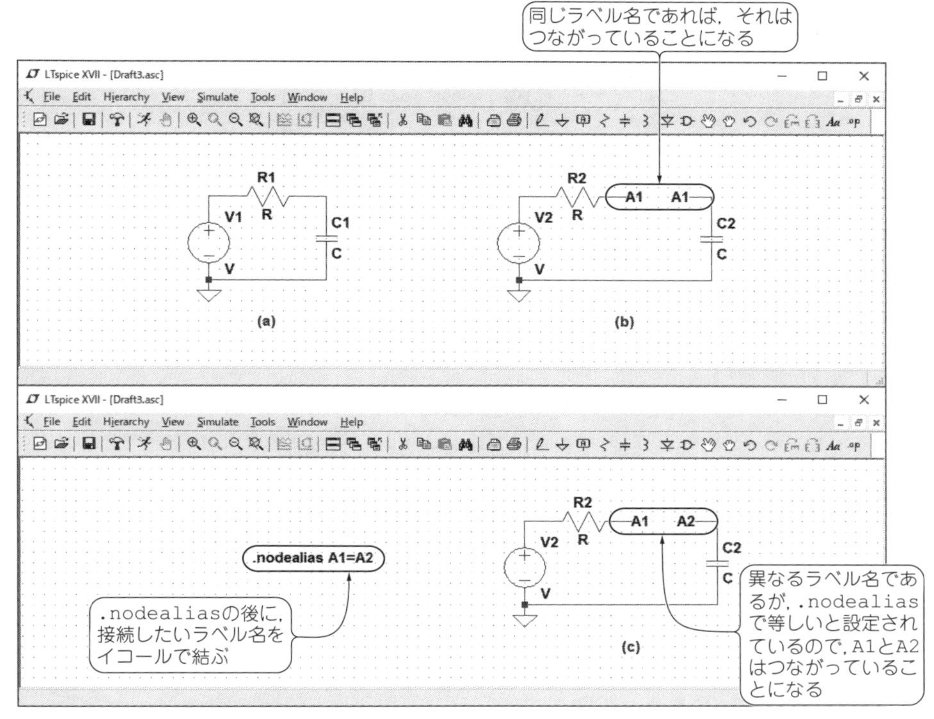

図3-5　配線をしないでラインを接続した例

＜関連項目＞

[11]ラベルを付ける，[12]GNDを接続する，[13]共通電位を接続する，[15]同じラベル名の配線をハイライトさせる

[17] 配線をバス・ラインとして扱う

＜操作＞

書式に従ってラベルを付ける

＜書式＞

ラベル名：＜名前＞[0:＜配線数-1＞]

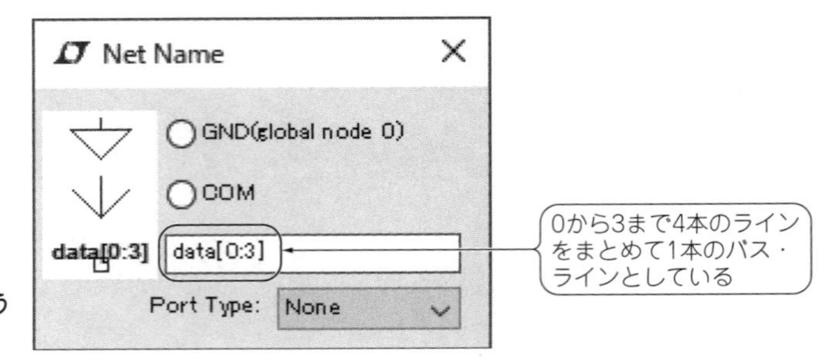

図3-6
バス・ラインとして扱う
ラベル名を付ける

＜説明＞

バス・ラインとして扱いたい配線に，書式に従ったラベル名を付けます．これだけで1本のラインが複数の配線としてみなされます．**図3-6**は，1本のラインを4本の配線としたものです．

＜例＞

- 4ビット・バス・ラインの場合(配線数4本)
  →ラベル名：`data[0:3]`

＜関連項目＞

[11]ラベルを付ける，[18]バス・ラインから配線を取り出す

[18] バス・ラインから配線を引き出す

＜操作＞

□メニュー：[Edit]＞[Place BUS Tap] →◆
□右クリック：(XVII) [Draft]＞[Place BUS Tap] →◆
　◆バス・タップをバス・ラインに置いて配線を取り出す
　　→書式に従ってラベルを付ける

＜書式＞

ラベル名：`data[<0から配線数－1までの値>]`

＜説明＞

上記の操作を行うと三角形のバス・タップが表示されるので，必要に応じてこのバス・タップを回転させて，二等辺三角形の底辺の部分がバス・ラインに重なるように置いていきます．**図3-7**では，`data[0:3]` というラベルの付いた4ビットのバス・ラインから4

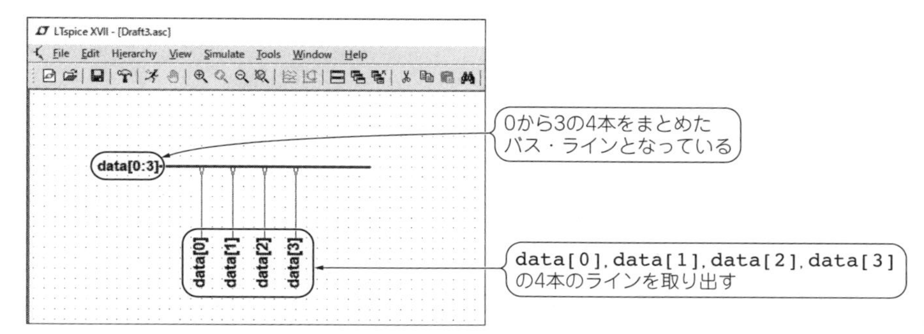

図3-7　バス・ラインから配線を取り出す

本の配線を取り出して，それぞれの配線に対してdata[0]，data[1]，data[2]，data[3]というラベルを付けた例です．

<関連項目>

[11]ラベルを付ける，[17]配線をバス・ラインとして扱う

[19] 操作を取り消す(UNDO)

<操作>

□ツールバー：

□メニュー：[Edit]＞[Undo]

□ホットキー：[F9]

□右クリック：(XVII) [Edit]＞[Undo]

<説明>

一度行った操作を取り消します．

<関連項目>

[20]操作の取り消しをやめる(REDO)

[20] 操作の取り消しをやめる(REDO)

<操作>

□ツールバー：

□ホットキー：[Shift]+[F9]

□メニュー：[Edit]＞[Redo]　　□右クリック：(XVII) [Edit]＞[Redo]

＜説明＞

一度行って取り消した操作をもう一度行います．

＜関連項目＞

[19]操作を取り消す(UNDO)

[21] 回路図上にコメント文を置く/移動/コピー/削除する

＜操作＞

(1)コメント文の配置

□ツールバー：　　□ホットキー：[T]

□メニュー：[Edit]＞[Text]

□右クリック：(XVII) [Draft]＞[Comment Txt]

[備考][Comment]にチェックが入っていること

(2)コメント文の移動

「[6]部品または選択範囲を移動する」参照

(3)コメント文のコピー

「[7]部品または選択範囲をコピーする」参照

(4)コメント文の削除

「[9]部品または選択範囲を削除する」参照

＜説明＞

上記の操作を行うと**図3-8**の画面が立ち上がるので，コメント文を入力します．これらはシミュレーション上では関係しません．なお，日本語は入力できません(LTspice XVIIでは可能)．削除する場合は，通常の部品の削除と同じ操作を行います．

＜関連項目＞

[6]部品または選択範囲を移動する，[7]部品または選択範囲をコピーする，[9]部品または選択範囲を削除する，[148]SPICE Directive入力ボックスを開く

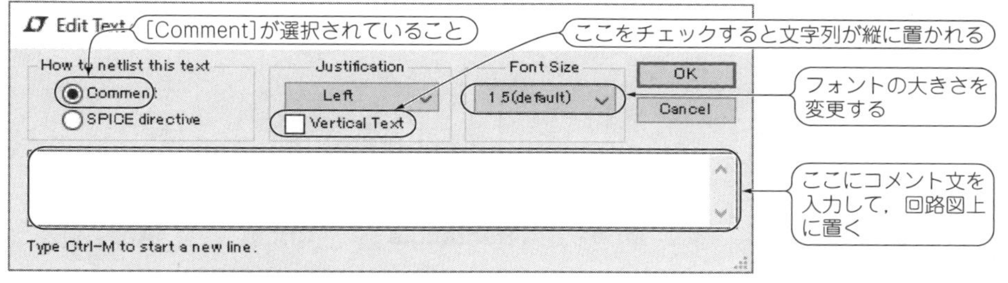

図3-8　コメント記入のダイアログ・ボックス

[22] 回路図上に図形を描く/移動/コピー/削除する

＜操作＞

(1)図形を描く

□メニュー：[Edit]＞[Draw] →◆

□右クリック：(XVII) [Draw]＞[Line] →◆

◆折れ線[Line]/四角形[Rectangle]/円[Circle]/円弧[Arc]/線種類[Line Style]

(2)図形を移動する

「[6]部品または選択範囲を移動する」参照

(3)図形をコピーする

「[7]部品または選択範囲をコピーする」参照

(4)図形を削除する

「[9]部品または選択範囲を削除する」参照

＜説明＞

折れ線/四角形/円(楕円)/円弧の中から自分の描きたい形状を選択して，マウスを使って描くことができます．線種類の選択も可能で，直線，点線，破線，一点破線，二点破線が選択できます．これらは配線とは異なるので，シミュレーション上は関係しません．

折れ線は左クリックをした点を直線で結ぶ折れ線となり，右クリックで折れ線描画を終了します．四角形と円はドラッグして描きます．円弧はドラッグして一旦円(楕円)を描き，その後でその円の上を直線でドラッグすると円弧になります．**図3-9**に，これらを使って描いた図形の例を示します．

移動，コピー，削除の操作については，通常の部品の場合と同じですが，移動のときに

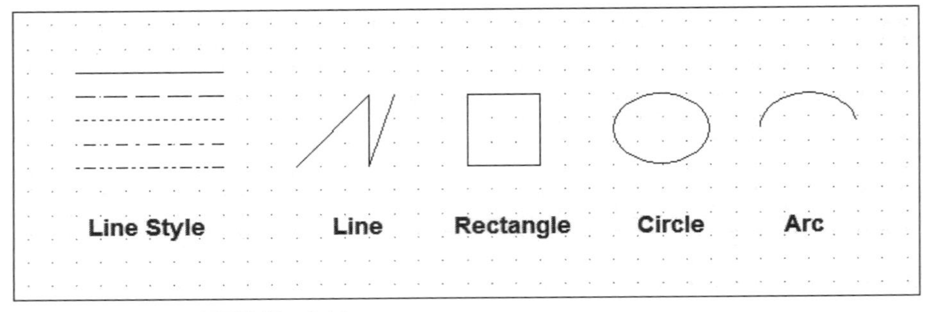

図3-9　回路図上に図形を描いた例

Drag( )を使うと，その図形を変形させることができます．

＜関連項目＞

[6]部品または選択範囲を移動する，[7]部品または選択範囲をコピーする，[9]部品または選択範囲を削除する

[23] 回路図を拡大・縮小する

＜操作＞

□ツールバー：拡大 ，縮小

□メニュー：[View]＞拡大[Zoom Area]/縮小[Zoom Back]

□右クリック：(IV)拡大[Zoom Area]/縮小[Zoom Back]

：(XVII)［View］＞[Zoom Area]

□ホットキー：拡大[CTRL]+[Z]/縮小[CTRL]+[B]

□マウスのスクロール・ボタン

[備考]右クリックは，回路図上の何もないところで行う．LTspice XVIIでは，右クリックでZoom Backはできない．

＜説明＞

回路図の拡大・縮小を行います．マウスのスクロール・ボタンを除き，上記のいずれかの操作を行うと縮小しますが，拡大は上記のいずれかの操作を行っただけではマウス・カーソルの形がに変化するだけです．その状態で，中心部分にカーソルを移動してクリックすると拡大ができます．

＜関連項目＞

[24]拡大した回路図の中心を移動する，[25]回路図の大きさを図面にフィットさせる

[24] 拡大した回路図の中心を移動する

＜操作＞

□ツールバー：

□右クリック：(IV)［Pan］

□メニュー：[View]＞[Pan]

［備考］右クリックは，回路図上の何もないところで行う．LTspice XVIIでは，右クリックでPanはできない．

＜説明＞

回路図を拡大させると回路図画面(回路図ペイン)の中に収まらなくなりますが，そのようなときに上記の操作を行い，カーソルがになった状態で中心にしたい部分でクリックすると，その部分が回路図画面の中心になります．

＜関連項目＞

[23]回路図を拡大・縮小する，[25]回路図の大きさを図面にフィットさせる

[25] 回路図の大きさを図面にフィットさせる

＜操作＞

□ツールバー：

□ホットキー：[SPACE]

□メニュー：[View]＞[Zoom to Fit]

□右クリック：(IV)［Zoom to Fit］
：(XVII)［View］＞[Zoom to Fit]

＜説明＞

回路図画面の中で回路図を拡大して回路図画面の中に収まらなくなったり，逆に小さくして位置が偏ったり小さくなりすぎた場合に，この操作をするとちょうど画面に収まる大きさに回路図を調整してくれます．

＜関連項目＞

[23]回路図を拡大・縮小する，[24]拡大した回路図の中心を移動する

[26] ネットリストを表示/出力する

＜操作＞

(1)別ウィンドウに表示する

□メニューまたは右クリック：[View]＞[SPICE Netlist]

(2)ファイルとして出力する

□メニュー：[Tool]＞[Export Netlist]

＜説明＞

通常はネットリストを見る必要性はありませんが，高度な解析を行おうとするとネットリストを直接見たい場合があります．上記の操作により，回路図のネットリストを別ウィンドウで表示したり，ファイルとして出力したりすることができます．ファイルとして出力する場合は，各種形式から選択することが可能です．別ウィンドウで表示されたネットリストは，[ESC]で消えます．

[27] 回路図をクリップ・ボードにコピーする

＜操作＞

□メニュー：[Tool]＞[Copy bitmap to Clipboard]

□右クリック：(XVII) [View]＞[Copy bitmap to Clipboard]

＜説明＞

回路図をイメージ形式でクリップ・ボードにコピーします．これにより，簡単にほかのアプリケーションに回路図を貼り付けることができます．

[28] 回路図上に部品リスト(BOM)を表示させる

＜操作＞

□メニュー：[View]＞[Bill of Materials]＞[Show on Schematic]

[初期状態]非表示

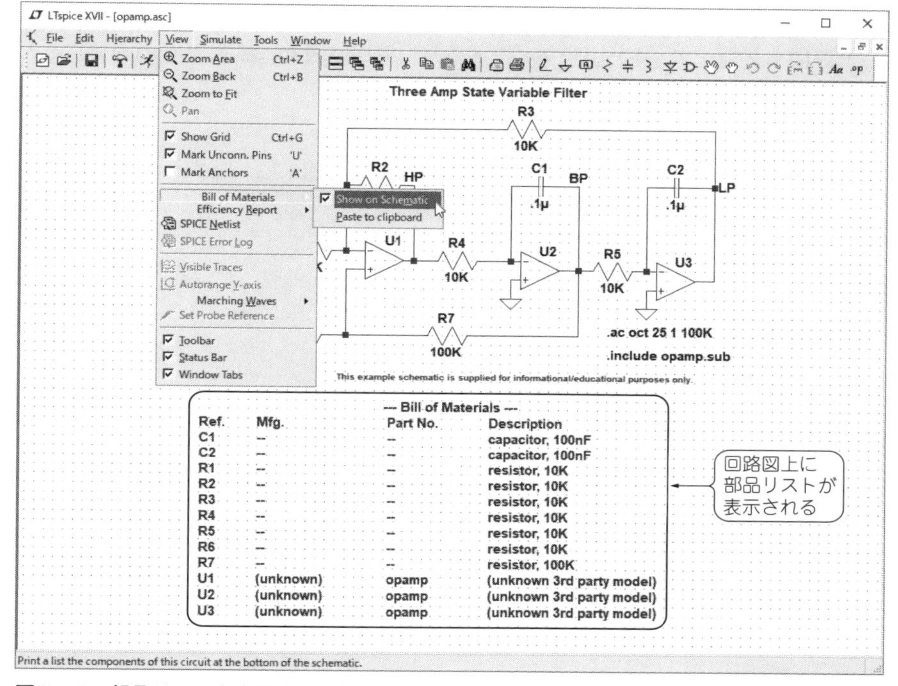

図3-10 部品リストを表示させた例
この回路図は，examples¥Educationalの中にあるopamp.asc.「[30] 用意された回路図を開く」参照

＜説明＞

回路図上に部品リスト(BOM)を表示させることができます．**図3-10**のように，[Show on Schematic]にチェックが入っていると，回路図上に部品リストが表示されます．

[29] 部品リスト(BOM)をクリップ・ボードにコピーする

＜操作＞

□メニューまたは右クリック：[View]＞[Bill of Materials]＞[Paste to Clipboard]

＜説明＞

部品リスト(BOM)をテキスト形式でクリップ・ボードにコピーすることができます．

＜関連項目＞

[27]回路図をクリップ・ボードにコピーする，[28]回路図上に部品リスト(BOM)を表示させる

[30] 用意された回路図を開く

＜操作＞

□ツールバー：

□メニュー：[File]＞[Open]

□ホットキー：[CTRL]+[O]

＜説明＞

LTspiceには，多くの参考回路があらかじめ用意されています．これを開くには，上記の操作を行い，examples¥Educationalまたはexamples¥jigsフォルダを開くと，そこには**図3-11**に示すような多数の回路図ファイル(*.asc)があるので，これを開きます．

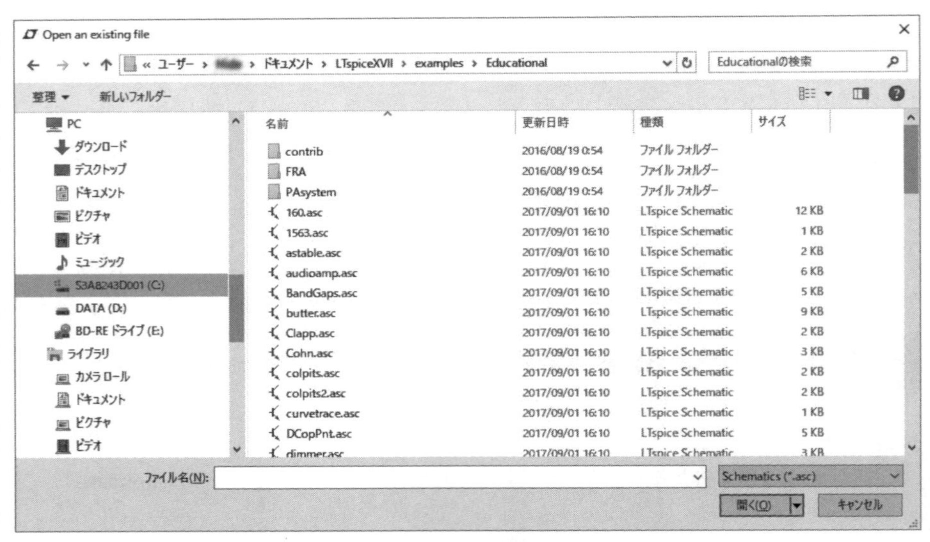

図3-11　examples¥Educationalフォルダにある教育用回路図ファイル

＜関連項目＞

[1]回路図を開く/保存する

[31] 回路図上のグリッドの表示/非表示を切り替える

＜操作＞

□メニュー：[View]＞[Show Grid]　　□ホットキー：[CTRL]+[G]

□右クリック：(XVII) [View]＞[Show Grid]

[初期状態]表示

＜説明＞

回路図上のグリッドの表示/非表示を切り替えることができます．メニューによる方法では[Show Grid]にチェックが入っている状態でグリッドを表示し，ホットキーによる方法ではサイクリックにグリッドの表示/非表示が切り替わります．

[32] 回路図上の接続されていない端子の表示/非表示を切り替える

＜操作＞

□メニュー：[View]＞[Mark Unconn. Pins]　　□ホットキー：[U]

[初期状態]表示

＜説明＞

通常，回路図上に配置された部品のどこにも接続されていない端子には四角形のマークが付きますが，上記の操作をするとこの四角形のマークが表示されなくなります．ホットキーによる方法では，これがサイクリックに切り替わります．この違いを**図3-12**に示します．

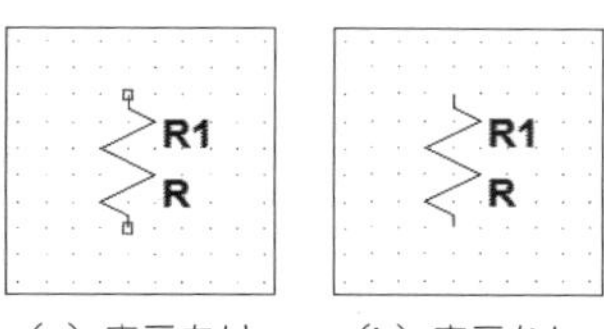

(a) 表示あり　(b) 表示なし

図3-12　接続されていない端子表示の有無

Column(3-B)

回路図に日本語を書き込むフリーウェアソフト"LTSJText"

LTspice Ⅳは日本語には対応していないので，日本語のテキストを回路図の中に置こうとすると文字化けしますが，LTSJTextというフリーソフトを使うと日本語を置くことができます．

使い方は簡単で，文字化けした回路図ファイルを一度そのまま保存し，そのファイルをLTSJTextにドラッグ＆ドロップすると，文字化けしたテキストが日本語表示に変換された回路図ファイルが作成されます．欠点は，文字サイズが日本語にすると大きくなる一方で細字になってしまうこと，編集ができないこと，移動や削除は範囲指定しない

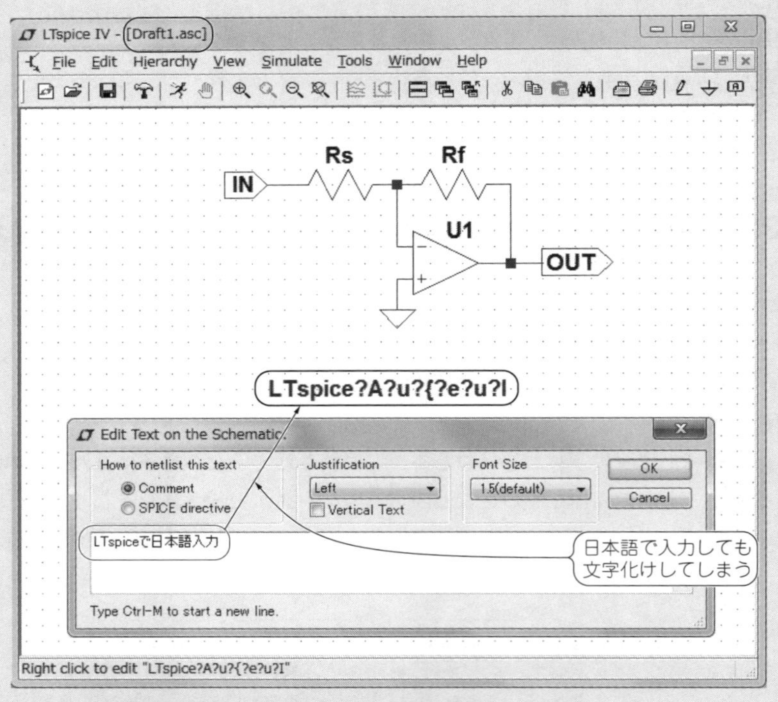

図3-A　日本語で入力しても文字化けしてしまう

とできないことなど，まだまだ改良の余地はありそうですが，日本語入力ができるということそれ自体で貴重な存在だと思います．

本ソフトはソフトウェア・ダウンロード・サイト ベクターにも登録されていますが，開発元の㈱e-skettのWebページには使い方などが詳しく説明されています．

ベクター：http://www.vector.co.jp/soft/winnt/business/se500173.html

e-skett：http://e-skett.co.jp/

（※ 新しくリリースされたLTspice XⅦでは日本語入力が可能になっています）

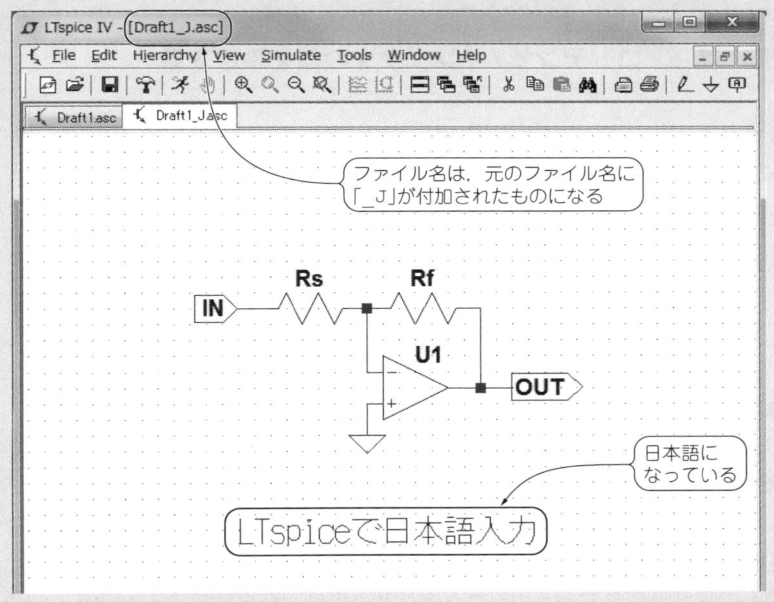

図3-B　LTSJTextを使うことで日本語表示できるようになる

第4章

RCLに値や属性を入れて，ICの型番を指定する

受動部品と半導体部品

リアルな受動部品に加え，バーチャルな抵抗も創り出す

本章では，抵抗，コンデンサ，インダクタなどの受動部品やダイオード，トランジスタ，ICなどの半導体部品の属性(特性値や型番)を指定する方法を説明します．

[33] 抵抗/コンデンサ/インダクタの値を設定する

＜操作＞

□RCLの値の上でカーソルがIになっているときに，右クリックする
　　→値を入力する
□RCLの上で右クリックする
　　→[Resistance]/[Capacitance]/[Inductance]に値を入力する
□RCLの上で，[CTRL]＋右クリックする
　　→部品属性エディタの[Value]のValueに値を入れる

＜説明＞

上記の操作により，抵抗値/容量値/インダクタンス値を設定することができます．単位は，それぞれ[Ω]/[F]/[H]です．これらの値は，シンボルを配置した初期状態では「R」「C」「L」となっているので，シミュレーションを行う前に値を入れる必要があります．

＜関連項目＞

[5]部品の属性を編集する，[38]コンデンサの等価回路を設定する，[39]インダクタの等価回路を設定する

[34] 抵抗/コンデンサ/インダクタの精度を設定する

＜操作＞

□RCLの値の上でカーソルがⅠになっているときに，右クリックする
　　→書式に従って入力する

□RCLの上で右クリックする
　　→[Resistance]/[Capacitance]/[Inductance]に書式に従って入力する

□「[5]部品の属性を編集する」で[Value]に書式に従って値を設定する

＜書式＞

{mc(<値>,<精度名>)}

＜例＞

- コンデンサのみを5%の精度でばらつかせるとき
　　→コンデンサ：{mc(<容量値>,tol)}
　　　（容量値は個々にその値を入れる）
　　　.PARAM tol=0.05
- 抵抗は1%精度，コンデンサは5%の精度のとき
　　→抵抗：{mc(<抵抗値>,tol_r)}
　　　コンデンサ：{mc(<容量値>,tol_c)}
　　　（<抵抗値>，<容量値>は個々にその値を入れる）
　　　.PARAM tol_r=0.01 tol_c=0.05
- 抵抗に1%精度と5%精度の2種類を使うとき
　　→抵抗：{mc(<抵抗値>,tol1)}　{mc(<抵抗値>,tol5)}
　　　（抵抗値は個々にその値を入れ，精度によってtol1かtol5にする）
　　　.PARAM tol1=0.01 tol5=0.05

＜説明＞

部品の特性ばらつきの影響を調べるモンテカルロ・シミュレーションを行うためには，部品に精度を設定する必要があります．抵抗/コンデンサ/インダクタの場合は本方法によって設定します．ばらつきシミュレーションのやり方は，「[169]抵抗/コンデンサ/インダクタの値をランダムにばらつかせる」を参照してください．「[35]抵抗の値/精度/電力定格を設定する」でも抵抗の精度を設定する項目がありますが，これはシミュレーションでは使われないので，ここでの方法で行う必要があります．

＜関連項目＞

[5]部品の属性を編集する，[169]抵抗/コンデンサ/インダクタをランダムにばらつかせる

[35] 抵抗の値/精度/電力定格を設定する

＜操作＞

抵抗の上でカーソルが（または）になっているときに，右クリックする

→抵抗値：[Resistance]に入力

精度：[Tolerance]に入力

電力定格：[Power Rating]に入力

＜説明＞

図4-1の抵抗のダイアログ・ボックスが現れるので，抵抗値は[Resistance]に，精度は[Tolerance]に，電力定格ならば[Power Rating]に値を入れます．抵抗値はシミュレーションの際に使われますが，精度と電力定格は使われないので，特に入力する必要はありません．

＜関連項目＞

[33]抵抗/コンデンサ/インダクタの値を設定する，[34]抵抗/コンデンサ/インダクタの精度を設定する

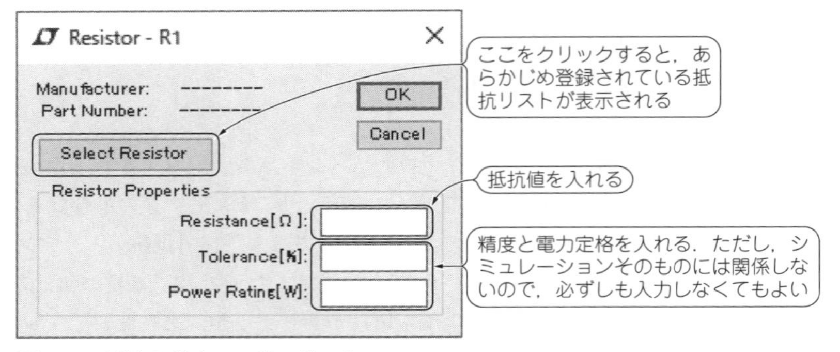

図4-1　抵抗のダイアログ・ボックス

Column(4-A)

LTspiceで利用できるダイオードのシンボル形状

ダイオードのシンボルとしては，一般的なダイオードのほかに，定電圧ダイオード(ツェナ・ダイオード)，ショットキー・バリア・ダイオード，LED，可変容量ダイオード(バラクタ)が用意されています．

これらは部品を配置するときに選ぶのが基本ですが，最初に一般ダイオードのシンボルを置いておき，後から部品の型番指定で別の種類のダイオードを選択すると，自動的にシンボルもそれに対応した形状に変化します．なお，これら以外のダイオードを選択した場合は，最初に選択した種類のダイオードのシンボルがそのまま維持されます．

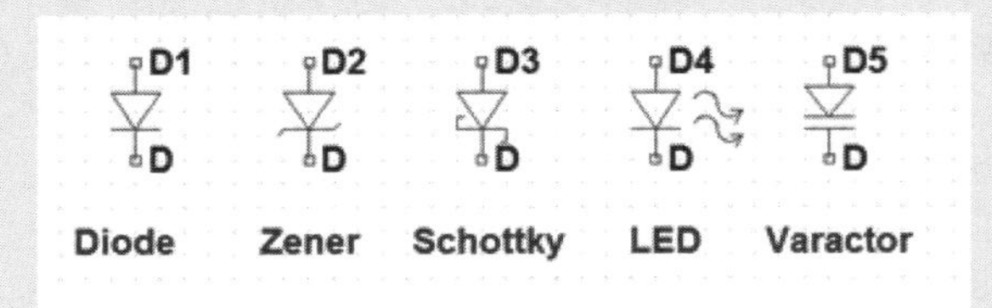

図4-A　ダイオードのシンボル形状

[36] 抵抗の温度係数を設定する

＜操作＞

(1)抵抗値の上でカーソルがⅠになっているときに右クリックする

→抵抗値の後に，書式に従って記述する

(2)抵抗の上で，[CTRL]＋右クリックする

→[SpiceLine]のValueをダブル・クリックして，書式に従って記述する

→その右側(Vis.)をダブル・クリックし「X」を表示させる(*)

(3)抵抗の上で右クリックする

→[Resistance]の抵抗値の後に書式に従って記述する

[備考](＊)これは回路図上に温度係数の設定を表示させるためのもので，必須ではない．

＜書式＞

```
tc1=<Value> [tc2=<Value>...]
```

<説明>

抵抗の温度係数は属性エディタで設定でき，温度がtのときの抵抗値は以下の式で表されます．基準温度は27℃なので，$t = 27$℃のときの抵抗値が基準となります．

$$R = R_o \times \{1 + (t - 27) \times t_{c1} + (t - 27)^2 \times t_{c2} + (t - 27)^3 \times t_{c3} + \cdots\}$$

R_o：基準温度27℃のときの抵抗値

t_{c1}：1次温度係数，t_{c2}：2次温度係数，t_{c3}：3次温度係数，…

<例>

たとえば，抵抗値が1kΩ，1次温度係数+500ppm，2次温度係数+50ppmの抵抗の場合，温度係数のパラメータは，

```
tc1=500e-6, tc2=50e-6
```

となります．部品属性エディタを使って，この設定を行った例を**図4-2(a)(b)**に示します．

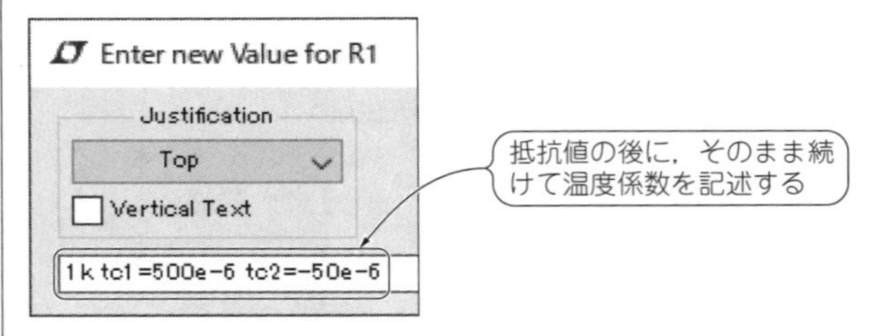

図4-2(a)　抵抗に温度係数を設定する

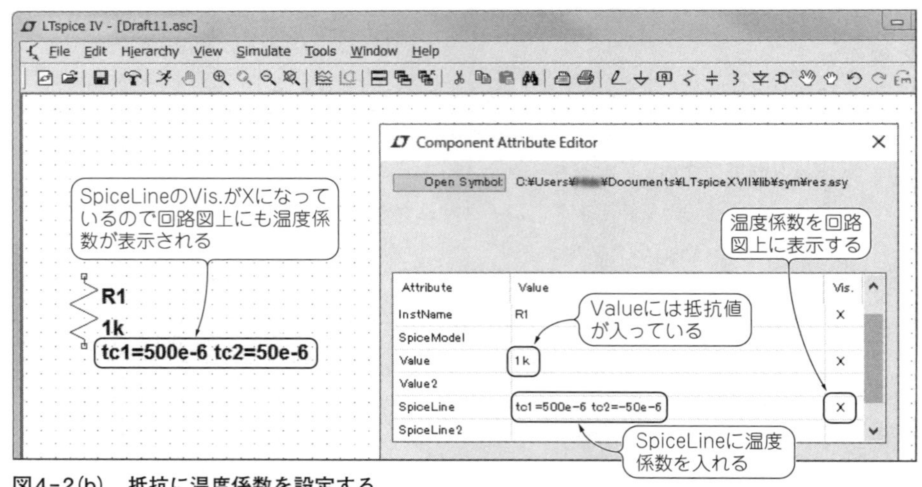

図4-2(b)　抵抗に温度係数を設定する

図4-2(a)は直接抵抗値の後に記述した場合，(b)は[SpiceLine]でtc1，tc2を設定した場合です．[SpiceLine]の[Vis.]に「X」が表示されているので，回路図上にもこの温度係数が表示されます.「X」が付いていない状態であれば回路図上には表示されませんが，そのときでもシミュレーション上は温度係数の設定は有効です．[SpiceLine]ではなく[Value]の抵抗値の後に続けて記述してもよく，その場合は部品属性エディタを開かずに直接抵抗値の後に記述した場合と同じです.

<関連項目>

[5]部品の属性を編集する，[33]抵抗/コンデンサ/インダクタの値を設定する，[35]抵抗の値/精度/電力定格を設定する，[37]個別に部品の温度を設定する

[37] 個別に部品の温度を設定する

<操作>

「[36]抵抗の温度係数を設定する」と同じ(書式のみ異なる)

<書式>

```
temp=<Value>
```

<説明>

パワー回路に使う抵抗は，自己発熱や周囲温度による影響で温度が高くなることがあります．そのような場合，部品を指定して温度を設定することができます．具体的な設定方法は「[36]抵抗の温度係数を設定する」と同じで，書式が異なるだけです．抵抗だけでなく，コンデンサやインダクタでも同じように温度設定を行うことが可能です.

半導体部品(ダイオード/トランジスタ/J-FET/MOSFET/MESFET)も同様です．抵抗のときは抵抗値の後に温度設定を記述しましたが，半導体では型名の後に温度設定を記述します．属性エディタで[SpiceLine]に記述する場合は，抵抗と同じです.

<例>

- 温度が100℃のとき
  →temp=100

<関連項目>

[5]部品の属性を編集する，[33]抵抗/コンデンサ/インダクタの値を設定する，[35]抵抗の値/精度/電力定格を設定する，[36]抵抗の温度係数を設定する

[38] コンデンサの等価回路を設定する

＜操作＞

回路図上のコンデンサのシンボルの上で右クリックする

→等価直列抵抗 [[Equiv. Series Resistance]に抵抗値を入力]

等価直列インダクタンス[[Equiv. Series Inductance]にインダクタンス値を入力]

等価並列抵抗[[Equiv. Parallel Resistance]に抵抗値を入力]

等価並列容量[[Equiv. Parallel Capacitance]に容量値を入力]

＜説明＞

実際のコンデンサは，**図4-3**のように等価的に直列・並列に*RLC*成分が入っています．これらを設定するには，コンデンサのダイアログ・ボックスでそれぞれに対応する項目に数値を入れていきます(**図4-4**)．

＜関連項目＞

[33]抵抗/コンデンサ/インダクタの値を設定する

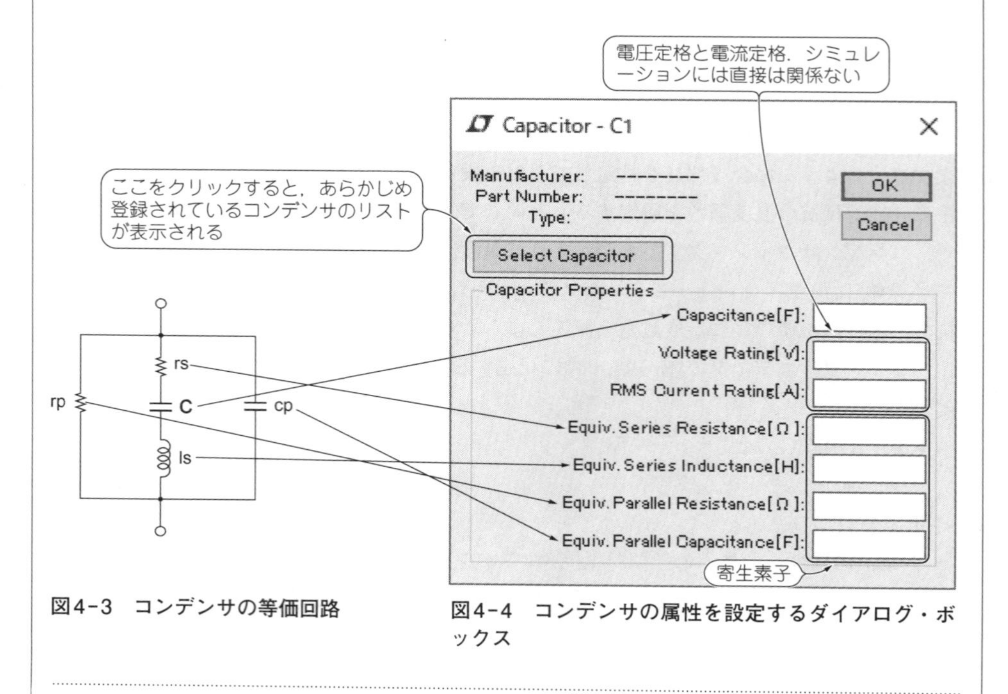

図4-3　コンデンサの等価回路

図4-4　コンデンサの属性を設定するダイアログ・ボックス

[39] インダクタの等価回路を設定する

<操作>

回路図上のインダクタのシンボルの上で右クリックする

→等価直列抵抗[[Series Resistance]に抵抗値を入力]

等価並列抵抗[[Parallel Resistance]に抵抗値を入力]

等価並列容量[[Parallel Capacitance]に容量値を入力]

<説明>

実際のインダクタは, **図4-5**のように等価的に直列・並列に*RLC*成分が入っています. これらを設定するには, インダクタのダイアログ・ボックスで対応する項目に数値を入れていきます(**図4-6**).

<関連項目>

[33]抵抗/コンデンサ/インダクタの値を設定する

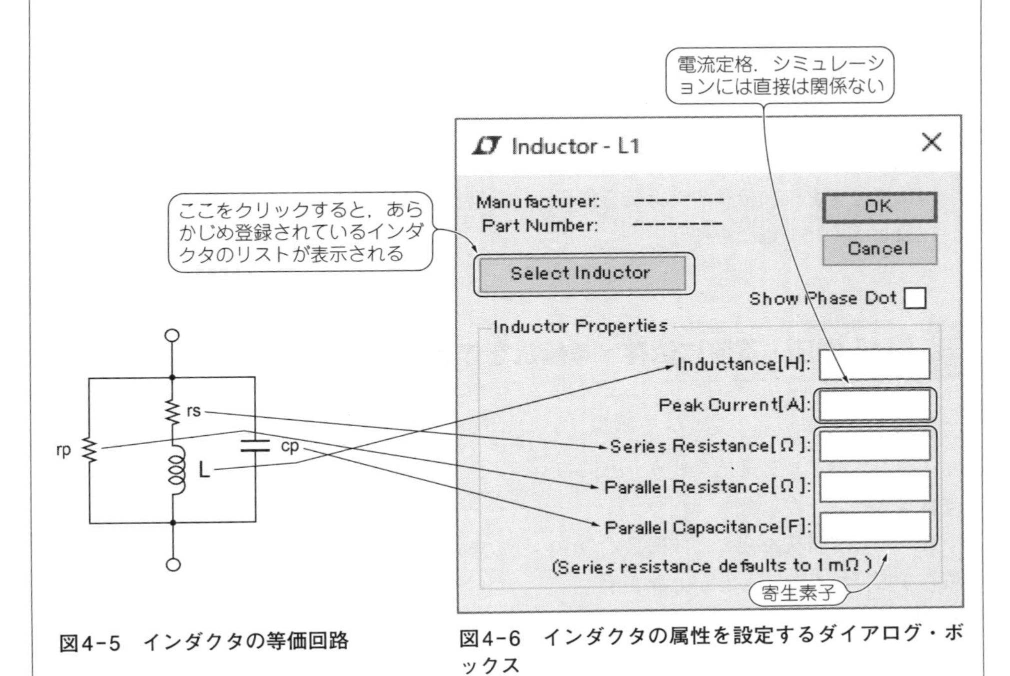

図4-5 インダクタの等価回路

図4-6 インダクタの属性を設定するダイアログ・ボックス

[40] ビヘイビア抵抗を使う

<操作>

「[61]ビヘイビア電源を使う」 →(1)または(2)

(1)「V=F(...)」/「I=F(...)」の上でカーソルがⅠとなっているときに右クリックする→「R=F(...)」の形式で関数式を記述する

(2)シンボルの上で右クリックする →「V=F(...)」/「I=F(...)」の部分を，「R=F(...)」の形式で関数式を記述する

[備考]シンボル名：bv，bi，bi2

<説明>

ビヘイビア抵抗とは，ビヘイビア電圧源/ビヘイビア電流源などと同様に，関数によって定義される抵抗のことです．シンボルは用意されていないため，ビヘイビア電圧源またはビヘイビア電流源のいずれかのシンボルを使います．考え方はビヘイビア電圧源/電流源と同じです．関数式のディメンジョンが必ずしも抵抗にならなくてもかまわないのはビヘイビア電源と同様です．

具体的な使い方は，「[41]電圧・電流に依存する抵抗を作る」，「[42]時間とともに変化する抵抗を作る」を参照してください．

<関連項目>

[41]電圧・電流に依存する抵抗を作る，[42]時間とともに変化する抵抗を作る，
[61]ビヘイビア電源を使う

[41] 電圧・電流に依存する抵抗を作る

<操作>

「[40]ビヘイビア抵抗を使う」と同じ

<説明>

ビヘイビア抵抗を使って，関数式の中の変数を電圧や電流にすることで，電圧・電流に依存する抵抗を作ることができます．

<例>

- 電圧源Vyを流れる電流でノード電圧V(x)を割った値を抵抗値にする

→R=V(x)/I(Vy)

- ノード電圧V(1)とV(2)の二乗和の平方根を抵抗R1に流れる電流で割った値を抵抗値にする $\left(R=\frac{\sqrt{V(1)^2+V(2)^2}}{I(R_1)}\right)$

  →R=hypot(V(1),V(2))/I(R1)

- 抵抗Rxの消費電力に反比例する抵抗値にする

  →R=1/((V(1)-V(2))*I(Rx))　　(V(1),V(2)はRxの両端のノード電位)

図4-7はコントロール電圧に比例/反比例する抵抗値となるビヘイビア抵抗の例です．B1が電圧比例抵抗，B2が電圧反比例抵抗で，それぞれ以下の式で表されます．

R(B1)=V(cont)　R(B2)=10/V(cont)　　(V(cont)はコントロール電圧)

シミュレーションではVcontを1～10Vまで変化させて抵抗値がどのように変化するかを見ていますが，B1，B2それぞれVcontに比例/反比例しています．

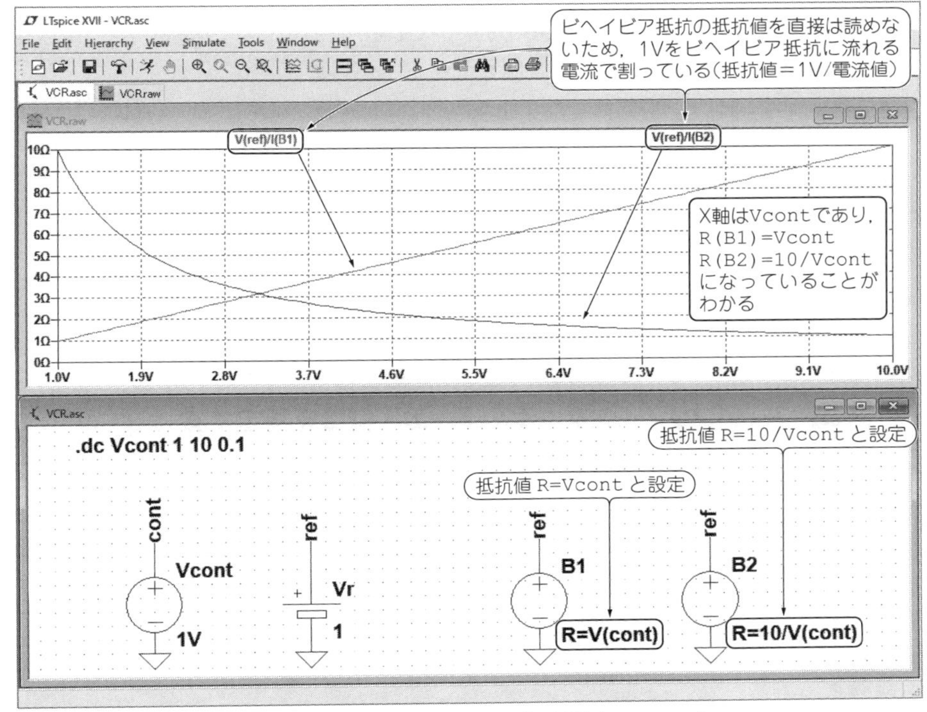

図4-7　電圧に比例/反比例する抵抗値となるビヘイビア抵抗(VCR.asc)

＜関連項目＞

[40]ビヘイビア抵抗を使う，[61]ビヘイビア電源を使う

[42] 時間とともに変化する抵抗を作る

＜操作＞

「[40]ビヘイビア抵抗を使う」と同じ

＜説明＞

ビヘイビア抵抗では時間「time」が予約変数として使えるので，これを利用すると時間とともに値が変化する抵抗を作ることができます．抵抗は時間の関数になるので，トランジェント解析を用います．

＜例＞

- スタートは10 kΩで，1 kΩ/1 secの傾きで抵抗値が増加していく抵抗
  →R=10k+1k*time
- スタートは1 kΩで，時定数1 msで指数関数的に抵抗値が減少していく抵抗
  →R=1k*exp(-time/1m)
- 1 kΩを中心に振幅500 Ω/周波数50 Hzの正弦波で値が変化する抵抗
  →R=1k+500*sin(2*pi*50*time)　　※ piはπの予約定数

＜関連項目＞

[40]ビヘイビア抵抗を使う，[61]ビヘイビア電源を使う

[43] コンデンサ/インダクタのメーカ・型番を指定する

＜操作＞

(1)コンデンサ

コンデンサの上で右クリックする →[Select Capacitor]をクリックする

(2)インダクタ

インダクタの上で右クリックする →[Select Inductor]をクリックする

＜説明＞

回路図上のコンデンサまたはインダクタのシンボルの上で右クリックして現れるダイア

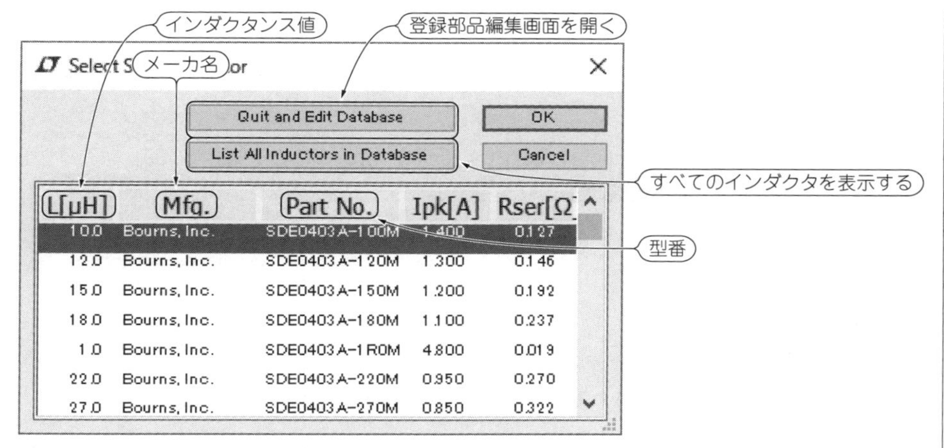

L[μH]	Mfg.	Part No.	Ipk[A]	Rser[Ω]
10.0	Bourns, Inc.	SDE0403A-100M	1.400	0.127
12.0	Bourns, Inc.	SDE0403A-120M	1.300	0.146
15.0	Bourns, Inc.	SDE0403A-150M	1.200	0.192
18.0	Bourns, Inc.	SDE0403A-180M	1.100	0.237
1.0	Bourns, Inc.	SDE0403A-1R0M	4.800	0.019
22.0	Bourns, Inc.	SDE0403A-220M	0.950	0.270
27.0	Bourns, Inc.	SDE0403A-270M	0.850	0.322

図4-8　登録されているインダクタのリスト(2017年9月時点)

ログ・ボックスで，[Select Capacitor]/[Select Inductor]をクリックすると，登録されている部品のリストが表示されるので(値が設定されている場合はそれに近い値のもの)，この中から使いたい型番を選択して，回路図上に配置します．シミュレーションでは，ここで選択された部品のパラメータが使われます．

図4-8はインダクタのリストです．ここでラベルの部分をクリックすると，そのパラメータでソートされます．また，[Quit and Edit Database]をクリックすると，現在登録されている一覧画面になり，ここから修正や追加・削除などの編集が行えます．[List All Inductors in Databese]をクリックすると，登録されているすべてのインダクタが表示されます．

[44] ダイオード/トランジスタ/FETの型番を指定する

＜操作＞

(1) ダイオード

ダイオードの上で右クリックする →[Pick New Diode]をクリックする

(2) トランジスタ

トランジスタの上で右クリックする →[Pick New Transistor]をクリックする

(3) FET

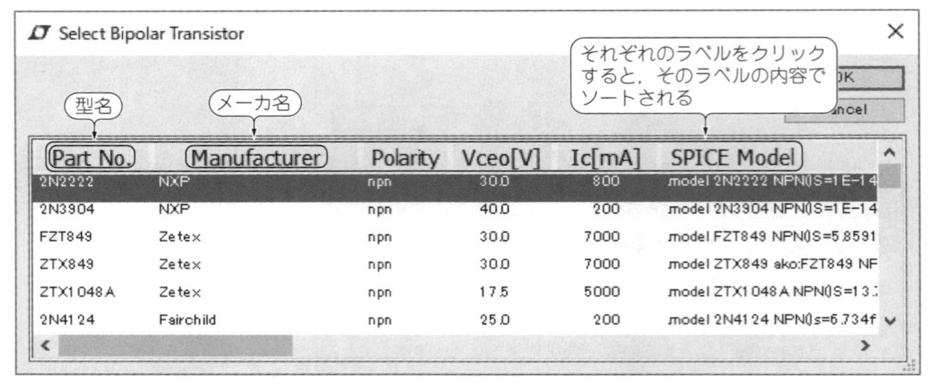

図4-9　LTspiceに標準で登録されているトランジスタのリスト

FETの上で右クリックする →[Pick New MOSFET]/[Pick New JFET]をクリックする

［備考］nmos4, pmos4, mesfetのシンボルでは不可．

＜説明＞

回路図上のダイオード/トランジスタ/JFET/MOSFETのシンボルの上で右クリックして現れるダイアログ・ボックスで[Pick New ＊＊＊＊]をクリックすると，**図4-9**のような登録されているデバイスのリストが表示されます．この中から使いたい型番を選択して回路図上に配置します．シミュレーションでは，ここで選択されたデバイスのパラメータが使われます．ここでラベルの部分をクリックすると，そのパラメータでソートされます．

＜関連項目＞

［110］登録されていないディスクリート半導体を使う

[45] アナログデバイセズ社製ICを配置する

＜操作＞

部品選択ボックスを開く →［フォルダ選択］→リストからIC型番を選択する

［備考］フォルダ名は以下のとおり

OPアンプ：［Opamps］　　コンパレータ：［Comparators］

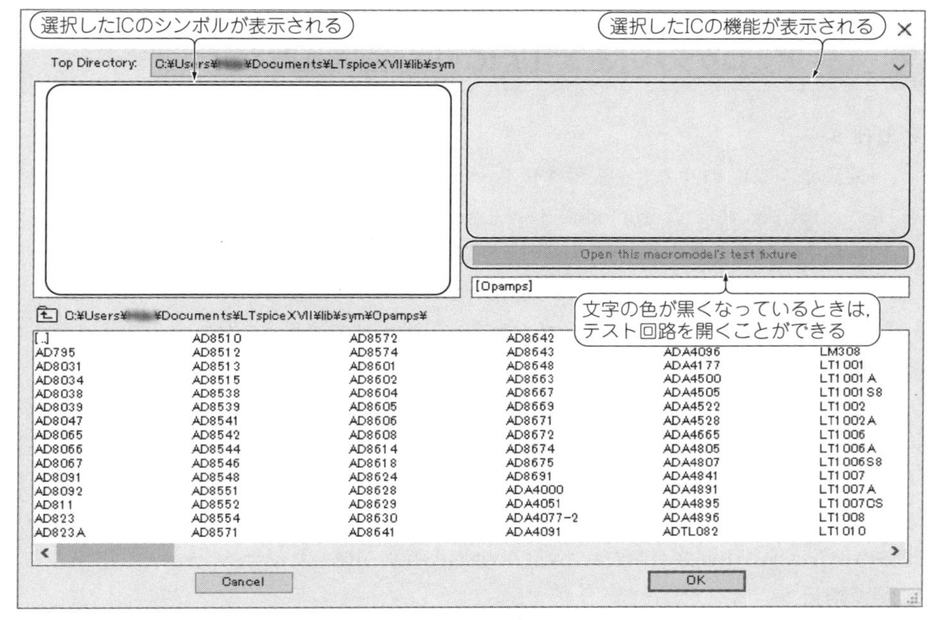

図4-10　LTspiceに標準で登録されているOPアンプのリスト

フィルタ：[FilterProducts]
電源IC：[PowerProducts]　基準電圧IC：[References]
スペシャル・ファンクションIC：[SpecialFunctions]

＜説明＞

ツールバーの で開いた部品選択ボックス(**図3-1**)で自分が取り出したいICの入ったフォルダを選ぶと，アナログデバイセズ社の製品リストが表示されるので，そこから配置したい型番を選んで回路図上に配置します．**図4-10**は，OPアンプを選んだときのリストです．ここに登録されているICは随時アップデートされています．

＜関連項目＞

[3]部品を配置する，[46]アナログデバイセズ社製ICの応用回路を開く，[47]Webサイトでアナログデバイセズ社製ICのデータシートを見る

[46] アナログデバイセズ社製ICの応用回路を開く

<操作>

(1)配置できるICのリストを表示させる →ICを選択する

→[Open this macromodel's test fixture]をクリックする

(2)回路図上にあるアナログデバイセズ社製ICの上で右クリックする(*)

→[Open this macromodel's test fixture]をクリックする

[備考](*)回路図にアナログデバイセズ社製ICがすでに配置されていること.

<説明>

アナログデバイセズ社製ICの場合，同社からリリースされている応用回路をそのまま回路図として開くことができます．(1)は**図4-10**の[Open this macromodel's test fixture]のボタンをクリックすると，選択されているICのテスト回路が回路図画面(回路図ペイン)として開きます．(2)では**図4-11**のようなダイアログ・ボックスが現れますが，こちらの操作の場合はテスト回路が置かれた新しい回路図画面が開かれます.

<関連項目>

[45]アナログデバイセズ社製ICを配置する

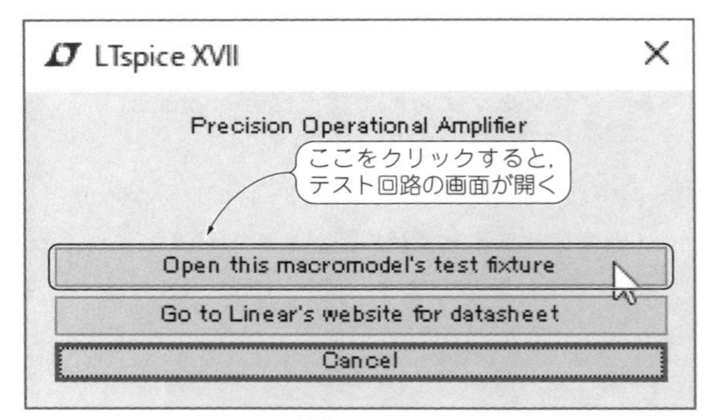

図4-11　アナログデバイセズ社製ICのシンボルを右クリックしたときのダイアログ・ボックス

[47] Webサイトでアナログデバイセズ社製ICのデータシートを見る

<操作>

回路図上にあるアナログデバイセズ社製ICの上で右クリックする(*)

→[Go to Linear website for datasheet]をクリックする

[備考](*)回路図にアナログデバイセズ社製ICがすでに配置されていること.

<説明>

上記の操作により, 指定したICのデータシートを閲覧することができます. なお, このリンクはすべて英語版のデータシートですが, アナログデバイセズ社の日本語Webサイトには日本語のデータシートが用意されている製品もあります.

<関連項目>

[45]アナログデバイセズ社製ICを配置する

[48] タイマIC 555を配置する

<操作>

部品選択ボックスを開く → [[Misc]フォルダ選択] →NE555を選択する

<説明>

アナログ・デバイセズ社製ではありませんが, タイマ用ICとして広く使われているNE555も用意されています. 名前(U*)は自動的に付けられますが, 後で変えることもできます.

<関連項目>

[3]部品を配置する

[49] ディジタル部品，フォト・トランジスタ，その他の各種部品を配置する

<操作>

部品選択ボックスを開く →［フォルダ選択］→リストから部品を選択する

［備考］フォルダ名は以下のとおり

ディジタル部品：［Digital］　フォト・トランジスタ：［Optos］

その他：［Misc］

<説明>

LTspiceには，これまで説明してきた基本的な部品のほかに，ディジタル部品，フォト・トランジスタ，さらにその他各種部品が多数用意されています．ディジタル部品としては，基本的なAND/OR/EX-OR/バッファ/インバータのほか，シュミット入力のもの，差動入力のもの，さらにはDフリップフロップやSRフリップフロップ，位相検波器があります．これらはデフォルトの特性となっています．一方，フォト・トランジスタは具体的な型番として登録されています．

その他には，<Misc>フォルダに登録されている主なものとして，以下のものがあります．使い方は，シンボルの形状のみが違っていて使い方は通常と同じように使えるものと，モデルを自分で用意する必要のあるものなどがあります．

抵抗，コンデンサ，インダクタ，IGBT，SCR，トライアック，ダイアック，X'tal，バリスタ，トランス，バッテリ，信号源，真空管，ネオン管，ジャンパ，など

（抵抗とコンデンサはシンボル形状のみ異なる）

<関連項目>

［3］部品を配置する

第5章
DC/AC/各種波形とスイッチを設定する
電圧源/電流源/スイッチ

さらに応用として，いろいろな電源を創り出す

本章では，シミュレーションに直結する電圧源や電流源の設定を中心に説明します．複数の電圧源(電流源)を組み合わせて，1つの電圧源(電流源)では得られないような電圧波形を得る方法についても説明します．

[50] 電圧源/電流源のDC電圧値/電流値を設定する

<操作>

(1) 電圧源/電流源の値の上で右クリック
→値を入力する

(2) 電圧源/電流源シンボルの上で，右クリック
→[DC value]に値を入力する

[備考] ● このほかに，「[5]部品の属性を編集する」でも設定できる．
● 初期状態の電圧源は「V」，電流源は「I」が入っている．

<説明>

(1)の操作では**図5-1(a)**のようなダイアログ・ボックスが現れるので，ここに電圧値または電流値を入力します．(2)の操作では**図5-1(b)**のようなダイアログ・ボックスが現れるので，ここの[DC value]に値を入力します(電流源のときの入力部分は[DC value]のみ)．「V」「A」の単位は省略できます．

<関連項目>

[51]電圧源の内部抵抗を設定する，[52]電圧源/電流源の属性を設定する

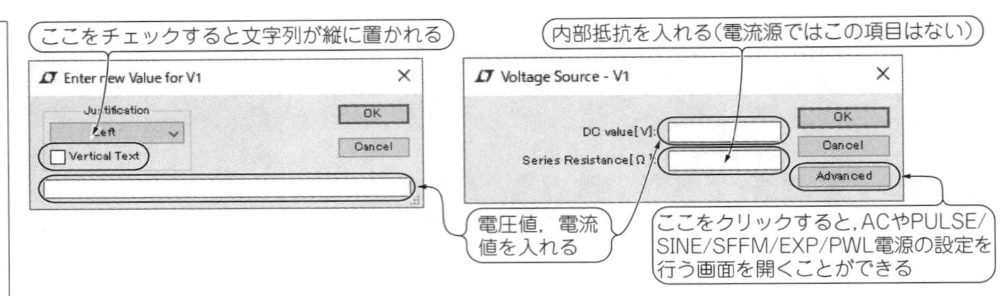

(a) 電圧値/電流値を入力する準備　　(b) 電圧値/電流値の入力

図5-1　電圧と内部抵抗を設定するダイアログ・ボックス

[51] 電圧源の内部抵抗を設定する

<操作>

電圧源シンボルの上で右クリックする　→[Series Resistance]に値を入力する

<説明>

電圧源のシンボルの上で右クリックして現れる**図5-1**(b)のダイアログ・ボックスで，[Series Resistance]に内部抵抗の値を入力します．一度，[Advanced]から詳細画面を開いて何らかの設定を行っていると，次からは詳細画面(**図5-2**)が出るので，その画面で[Series Resistance]の設定を行います．乾電池のような内部抵抗を無視できない電源を用いて動かす回路では，この設定を行ったほうが精度の高いシミュレーションを行うことができます．

<関連項目>

[50]電圧源/電流源のDC電圧値/電流値を設定する，[52]電圧源/電流源の属性を設定する

[52] 電圧源/電流源の属性を設定する

<操作>

電圧源/電流源シンボルの上で右クリックする　(→[Advanced])

　[備考] 一度，[Advanced]から詳細画面を開いて何らかの設定を行っていると，最初から**図5-2**が出てくる．

<説明>

属性を設定するダイアログ・ボックス(**図5-2**)では，電圧源の種類(Functions)，DC値，小信号AC振幅/位相のほか，**図5-3**に示す等価回路の直列抵抗(内部抵抗)`Rser`，並列容量`Cpar`を設定することができます．電流源の場合は`Rser`，`Cpar`の設定はできませんが，[This is an active load]にチェックを入れると，定電流源ではなくアクティブ・ロードとして使うことができます．種類で(none)以外を選ぶと，その詳細設定を行うことができるので，それについてはそれぞれの項目を参照してください．

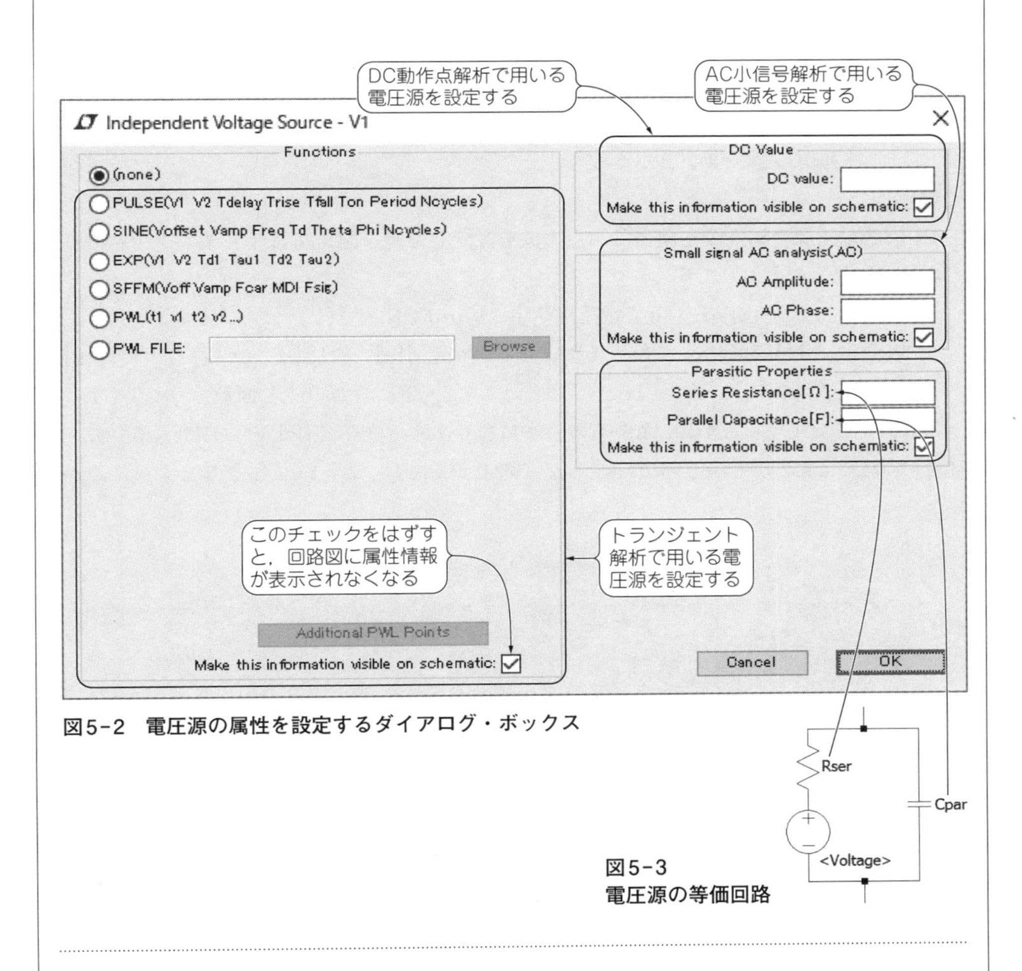

図5-2　電圧源の属性を設定するダイアログ・ボックス

図5-3 電圧源の等価回路

<関連項目>

[53]PULSE電源の属性を指定する，[54]SINE電源の属性を指定する，[55]SFFM電源の属性を指定する，[56]EXP電源の属性を指定する，[57]PWL電源の属性を指定する，[58]PWL電源を波形ファイルで指定する

[53] PULSE電源の属性を指定する(パルス波)

<操作>

電圧源/電流源シンボルの上で右クリックする（→[Advanced]）

→Functionsで[PULSE]を選択する →パルス波の属性を記入する

[備考] 一度，[Advanced]から詳細画面を開いて何らかの設定を行っていると，最初から**図5-2**が出てくる．

<説明>

PULSE電圧源の属性設定画面でパルス波を設定した例を**図5-4**に示します．それぞれの項目は，以下のとおりです．

`Vinitial`：初期電圧(OFF電圧)[V]　`Von`：ON電圧[V]

`Tdelay`：遅延時間[s]　`Trise`：立ち上がり時間[s]　`Tfall`：立ち下がり時間[s]

`Ton`：ON時間[s]　`Tperiod`：周期[s]　`Ncycles`：繰り返し回数

この設定で発生する波形は，**図5-5**のようになります．OFF電圧1V，ON電圧5Vで，遅延時間を1msとしているので，波形が立ち上がるのは，$t = 1$ msとなります．ここか

Column(5-A)

アクティブ・ロードとは

図5-2は電圧源の属性設定ダイアログ・ボックスですが，電流源の場合は**図5-2**にはない[This is an active load]というチェック項目があります．これは，電流源を電流負荷として使うときにチェックするもので，電流源に設定された値の電流よりも供給される電流が小さくなった場合には，電流源ではなく抵抗として振る舞うようにするものです．ここをチェックしていないと，供給側の電流が電流源の設定電流よりも小さくなると，電流源の両端の電圧が現実にはありえないような異常値を示します．

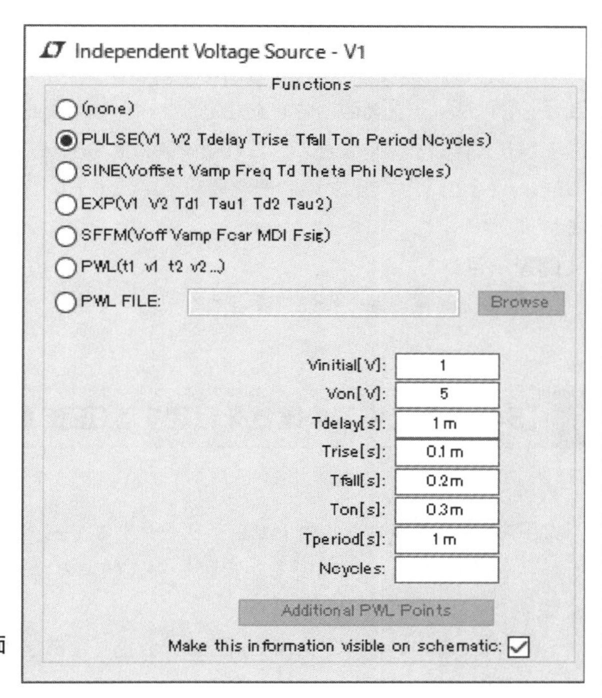

図5-4
PULSE電圧源の設定画面
(左半分)

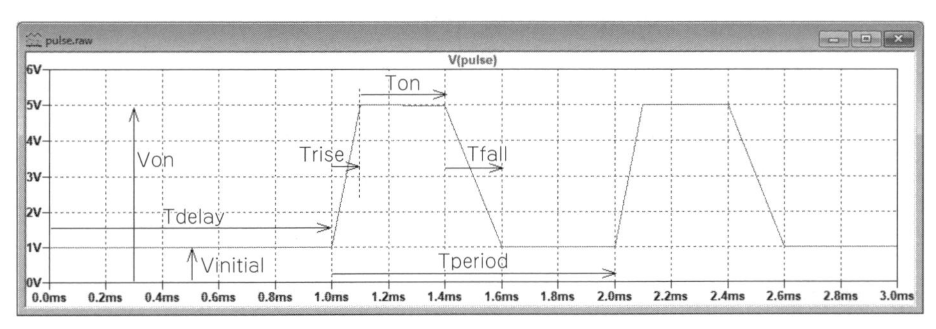

図5-5　PULSE電圧源の波形

ら立ち上がり時間0.1 msでON電圧5 Vに達し，ON時間0.3 ms経過後に波形は立ち下がり始め，立ち下がり時間0.2 msでOFF電圧になります．周期は1 msなので，$t = 1$ msから2 msまでを1周期として，これが繰り返されます．`Ncycles`は設定していないので連続波となりますが，ここに数字(整数)を入れるとその回数だけ繰り返した波形になります．

急峻な立ち上がり/立ち下がりのためにTrise，Tfallを0にした場合(設定を行わない場合も含む)，シンボル属性の表示は0となりますが，シミュレーションにおいては0ではなくLTspiceが自動的に時間を設定します．波形を見ると，瞬時にして立ち上がり/立ち下がりとはなっていません．これを瞬時に立ち上がり/立ち下がりするような波形にするには，Trise，Tfallの時間を周期Tperiodよりも十分に小さな値を指定してやります．

<関連項目>

[52]電圧源/電流源の属性を設定する

[54] SINE電源の属性を指定する(正弦波)

<操作>

電圧源/電流源シンボルの上で右クリックする (→[Advanced])

→Functionsで[SINE]を選択する →正弦波の属性を記入する

<説明>

SINE電圧源の属性設定画面で正弦波を設定した例を**図5-6**に示します．それぞれの項目は以下のとおりです．

DC offset [V]：DCオフセット電圧(V_{os})

Amplitude[V]：振幅(V_a)

Freq[Hz]：周波数(f)

Tdelay[s]：遅延時間(T_d)

Theta[s]：減衰係数(θ)

Phi[deg]：位相(ϕ)

Ncycles：繰り返し回数(N)

必須の設定項目は，Amplitude，Freqのみです．

Thetaを設定すると，減衰($\theta > 0$)あるいは発散($\theta < 0$)していく正弦波になり，Phiを設定すると位相が進んだ($\phi > 0$)，あるいは遅れた($\phi < 0$)正弦波，Ncyclesを設定すると波形の数がその設定数だけの正弦波となります．瞬時値vは，以下の式で表されます．

① $0 \leqq t < T_d$，$t \geqq T_d + N/f$

$$v = V_{os} + V_a \sin\left(\frac{\phi}{180}\pi\right)$$

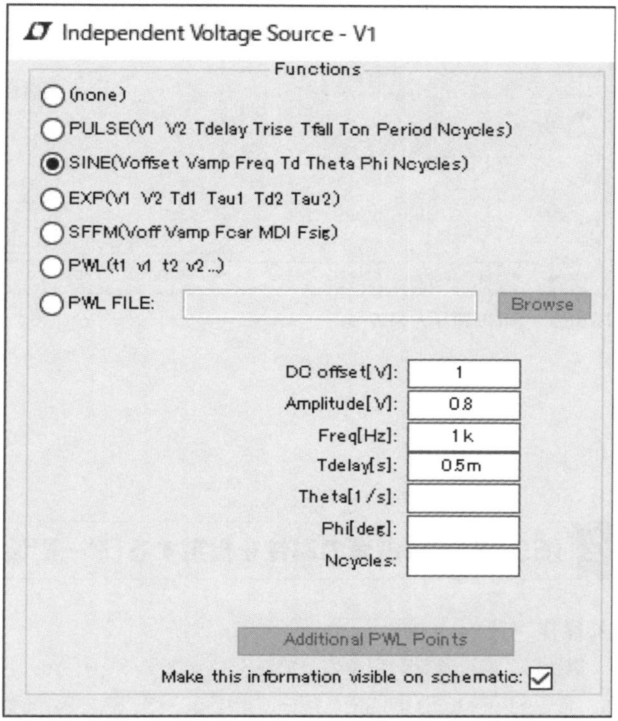

Independent Voltage Source - V1

Functions

(none)
PULSE(V1 V2 Tdelay Trise Tfall Ton Period Ncycles)
SINE(Voffset Vamp Freq Td Theta Phi Ncycles)
EXP(V1 V2 Td1 Tau1 Td2 Tau2)
SFFM(Voff Vamp Fcar MDI Fsig)
PWL(t1 v1 t2 v2...)
PWL FILE: Browse

DC offset[V]: 1
Amplitude[V]: 0.8
Freq[Hz]: 1k
Tdelay[s]: 0.5m
Theta[1/s]:
Phi[deg]:
Ncycles:

Additional PWL Points

Make this information visible on schematic: ☑

図5-6
SINE電圧源の設定

② $T_d \leqq t < T_d + N/f$

$$v = V_{os} + V_a \exp\{-(t - T_d)\,\theta\}\sin\left\{2\,\pi f(t - T_d) + \left(\frac{\phi}{180}\pi\right)\right\}$$

この設定で発生する波形は，**図5-7**(a)のようになります．遅延時間が0.5 msなので，0～0.5 msまではDCオフセット電圧の1 V，0.5 msから振幅1 V/周波数1 kHzの正弦波が出力されます．一方，(b)の波形は，$\phi = 45$としたときの波形で，位相が45°進んでいることがわかります．遅延時間0.5 msまでの値は，$1 + 0.8 \times \sin(\pi \times 45/180) = 1.57$ Vとなっています．

＜関連項目＞

[52]電圧源/電流源の属性を設定する，[63]単発の正弦波/指定した波数の正弦波を作る

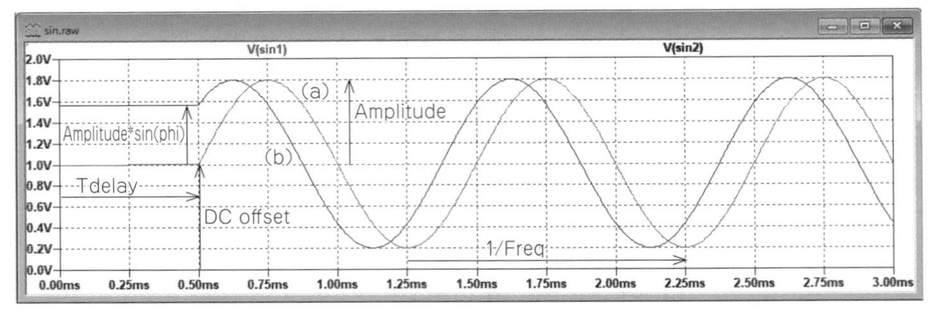

図5-7　SINE電圧源の波形

[55] SFFM電源の属性を指定する(単一周波数FM波)

<操作>

電圧源/電流源シンボルの上で右クリックする(→[Advanced])

→Functionsで[SFFM]を選択する →SFFM波の属性を記入する

<説明>

SFFM電圧源とは，FM変調波形を作り出す電源のことです．**図5-8**に，設定画面を示します．それぞれの項目は，以下のとおりです．

`DC offset`[V]：DCオフセット電圧(V_{os})　`Amplitude`[V]：振幅(V_a)

`Carrier Freq`[Hz]：キャリア周波数(f_c)　`Modulation Index`：変調度(MDI)

`Signal Freq`[Hz]：変調周波数(f_s)

瞬時値vは，以下の式で表されます．

$$v = V_{os} + V_a \times \sin((2\pi \times f_c \times t) + MDI \times \sin(2\pi \times f_s \times t))$$

図5-8では，振幅1 V，キャリア周波数100 MHz，変調度10，変調周波数5 MHzという設定にしていますが，これの波形は**図5-9**のようになります．

<関連項目>

[52]電圧源/電流源の属性を設定する

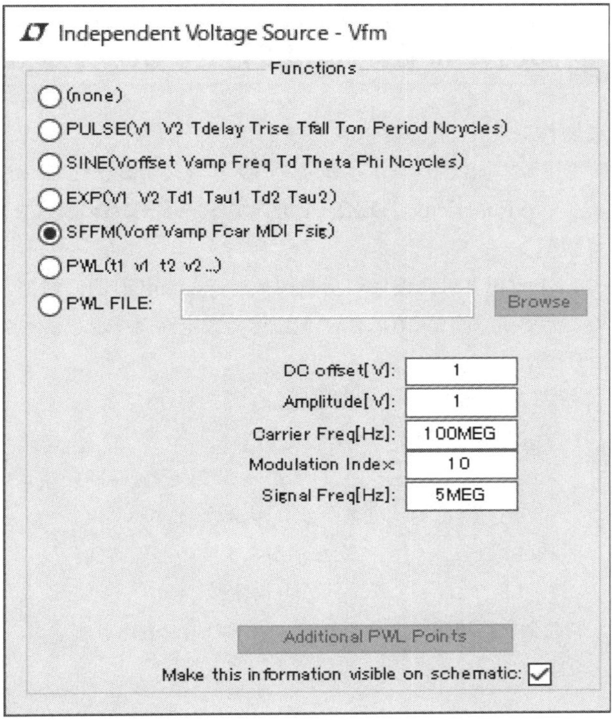

Independent Voltage Source - Vfm

Functions

(none)
PULSE(V1 V2 Tdelay Trise Tfall Ton Period Ncycles)
SINE(Voffset Vamp Freq Td Theta Phi Ncycles)
EXP(V1 V2 Td1 Tau1 Td2 Tau2)
SFFM(Voff Vamp Fcar MDI Fsig)
PWL(t1 v1 t2 v2...)
PWL FILE: Browse

DC offset[V]: 1
Amplitude[V]: 1
Carrier Freq[Hz]: 100MEG
Modulation Index: 10
Signal Freq[Hz]: 5MEG

Additional PWL Points

Make this information visible on schematic: ☑

図5-8
SFFM電圧源の設定

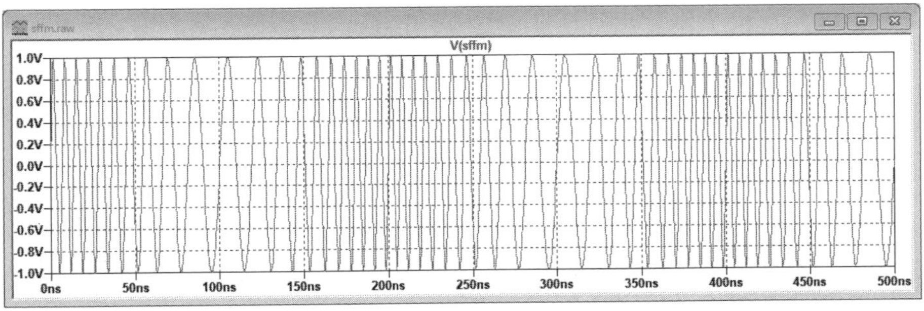

sffm.raw
V(sffm)
1.0V
0.8V
0.6V
0.4V
0.2V
0.0V
-0.2V
-0.4V
-0.6V
-0.8V
-1.0V
0ns 50ns 100ns 150ns 200ns 250ns 300ns 350ns 400ns 450ns 500ns

図5-9　SFFM電圧源の波形(sffm.asc)
付録CD-ROMのSimulation Dataフォルダにある回路図sffm.ascを呼び出して，シミュレーションを実行するとこの波形が得られる

[56] EXP電源の属性を指定する(指数関数波)

<操作>

電圧源/電流源シンボルの上で右クリックする(→[Advanced])

→Functionsで[EXP]を選択する →EXP波の属性を記入する

<説明>

EXP電源とは，波形が指数関数(exponential)的に増加/減少していく電圧源/電流源のことです．**図5-10**にEXP電圧源の設定画面を示しますが，それぞれの項目は以下のとおりです．

`Vinitial[V]`：初期電圧(V_1)

`Vpulsed[V]`：パルス電圧(V_2)

`Rise Delay[s]`：立ち上がりまでの遅延時間(T_{d1})

`Rise Tau[s]`：立ち上がり時定数(τ_1)

`Fall Delay[s]`：立ち下がりまでの遅延時間(T_{d2})

`Fall Tau[s]`：立ち下がり時定数(τ_2)

瞬時値vは時間で区分されて，以下の式で表されます．

① $0 \leqq t < T_{d1}$

$$v = V_1$$

② $T_{d1} \leqq t < T_{d2}$

$$v = V_1 + (V_2 - V_1) \times \{1 - \exp(-(t - T_{d1}) / \tau_1)\}$$

③ $t \geqq T_{d2}$

$$v = V_1 + (V_2 - V_1) \times \{1 - \exp(-(t - T_{d1}) / \tau_1)\} - (V_2 - V_1) \times \{1 - \exp(-(t - T_{d2}) / \tau_2)\}$$

① $0 \leqq t < T_{d1}$では初期電圧V_1，② $T_{d1} \leqq t < T_{d2}$では初期電圧V_1からパルス電圧V_2に向かって立ち上がり時定数τ_1で上昇していき，③ $t \geqq T_{d2}$ではそこから立ち下がり時定数τ_2で低下していくというものです．なお，ここで立ち上がり/立ち下がりという言葉を使っていますが，$V_1 > V_2$の場合は波形的には立ち上がり/立ち下がりが反対になります．

図5-10の設定では，初期電圧1 V，パルス電圧5 V，立ち上がりまでの遅延時間2 ms，立ち上がり時定数1 ms，立ち下がりまでの遅延時間10 ms，立ち下がり時定数2 msとしていますが，波形は**図5-11**のようになります．

<関連項目>

[52]電圧源/電流源の属性を設定する

Independent Voltage Source - Vfm

Functions

- (none)
- PULSE(V1 V2 Tdelay Trise Tfall Ton Period Ncycles)
- SINE(Voffset Vamp Freq Td Theta Phi Ncycles)
- ◉ EXP(V1 V2 Td1 Tau1 Td2 Tau2)
- SFFM(Voff Vamp Fcar MDI Fsig)
- PWL(t1 v1 t2 v2...)
- PWL FILE: [Browse]

Vinitial[V]:	1
Vpulsed[V]:	5
Rise Delay[s]:	2m
Rise Tau[s]:	1m
Fall Delay[s]:	10m
Fall Tau[s]:	2m

Additional PWL Points

Make this information visible on schematic: ☑

図5-10
EXP電圧源の設定

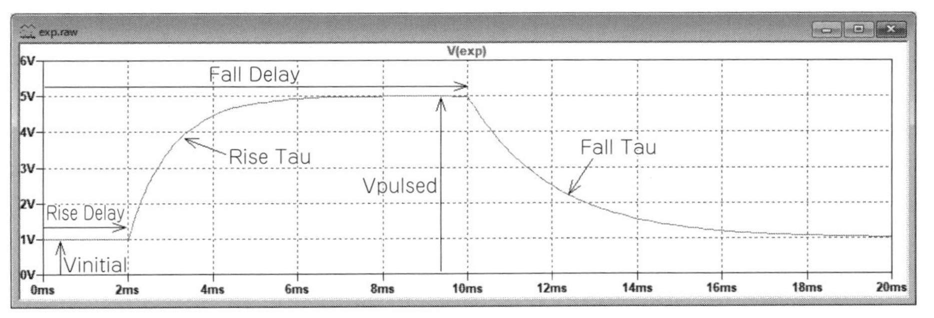

図5-11　EXP電圧源の波形

Column(5-B)

AC電源の大きさについて

AC電源(AC電圧源/電流源)においては，その大きさ(AC Amplitude)を設定しなければなりませんが，このとき実際の大きさと同程度の値を設定する必要はありません．なぜなら，AC電源を使うシミュレーションは微小信号解析であり，ここで指定した大きさそのもので解析するわけではないからです．

AC電源の大きさを1としておくと，シミュレーション結果を見るときに便利です．こうしておけば，増幅器の利得の周波数特性をシミュレーションしたいときにAC解析を行い，その出力の大きさの周波数特性を見れば，それがそのまま利得周波数特性になるからです．

[57] PWL電源の属性を指定する(折れ線波形)

<操作>

電圧源/電流源シンボルの上で右クリックする(→[Advanced])
→Functionsで[PWL]を選択する →PWL波の属性を記入する

<説明>

PWL電源とは，複数の座標(X軸:時間，Y軸:電圧値/電流値)を直線で結んだ折れ線波形が出力される電圧源/電流源のことです．PWL電圧源の設定画面を**図5-12**(a)に示しますが，(time1, value1) (time2, value2) (time3, value3) (time4, value4)の各座標を直線で結んだ波形が出力されます．座標の数が4点では足りない場合は，[Additional PWL Points]をクリックすると，**同図**(b)のダイアログが現れるので，TimeおよびValueのセルをダブル・クリックして値を入力します．[Insert Point]は挿入，[Delete Point]は削除です．

図5-12(a)では(0s,0V) (1s,2V) (2s,3V) (3s,3.5V)を結んだ折れ線になるので，**図5-13**(a)のような波形になり，3s以降は3.5Vが維持されます．time1＞0に設定すると，0からtime1まではvalue1の値を取ります．**図5-12**(b)の設定では，(b)の波形になります．

<関連項目>

[52]電圧源/電流源の属性を設定する，[58]PWL電源を波形ファイルで指定する，[59]折れ線波形を指定回数繰り返す，[75]折れ線波形の振幅・時間軸をスケーリングする

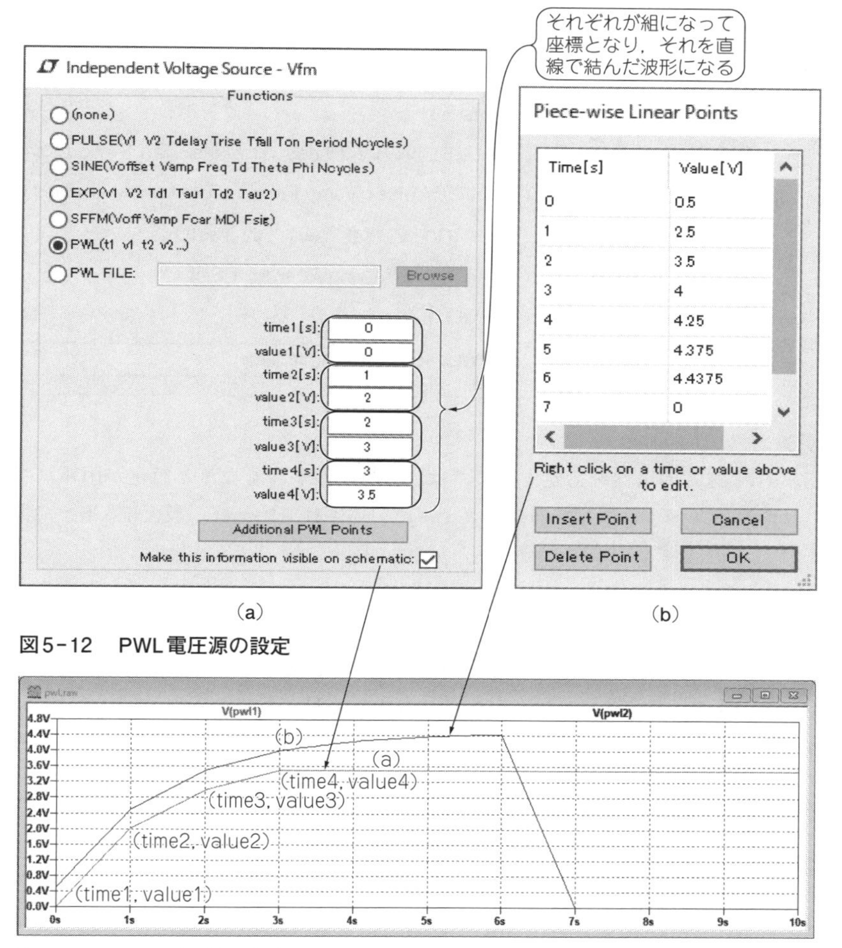

図5-12　PWL電圧源の設定

図5-13　PWL電圧源の波形

[58] PWL電源を波形ファイルで指定する

＜操作＞

電圧源/電流源シンボルの上で右クリックする(→[Advanced])
　→Functionsで[PWL FILE]を選択する →ファイル名を設定する

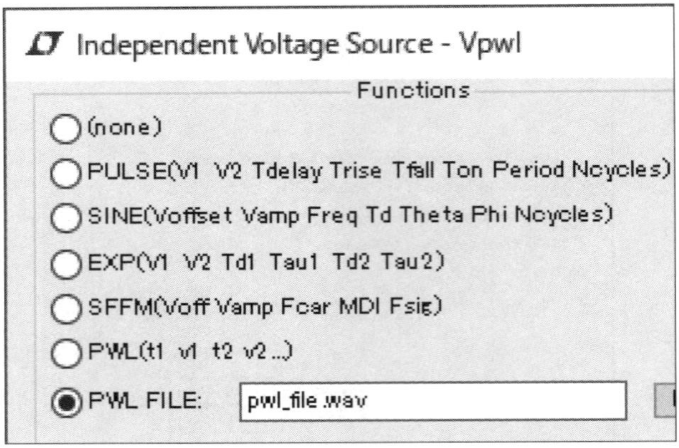

Independent Voltage Source - Vpwl
Functions
(none)
PULSE(V1 V2 Tdelay Trise Tfall Ton Period Ncycles)
SINE(Voffset Vamp Freq Td Theta Phi Ncycles)
EXP(V1 V2 Td1 Tau1 Td2 Tau2)
SFFM(Voff Vamp Fcar MDI Fsig)
PWL(t1 v1 t2 v2...)
PWL FILE: pwl_file.wav

図5-14
PWL電源に波形ファイルを指定する
付属CD-ROMのSimulation Dataフォルダにある`pwl_file.wav`を読み込む．ただし付属CD-ROMではフォルダ名が日本語になっており，環境によってはうまく読み込めない場合があり，そのような場合は日本語を使わないフォルダにこのファイルをコピーして読み込む

<説明>

「[57]PWL電源の属性を指定する」では，座標の数が多くなると設定が困難になります．これが波形ファイルとして別のファイルに記述されていれば，最大65536まで拡大できます．

図5-14にあるように[PWL FILE]を選択して，[Browse]で波形ファイル名を指定しますが，これは回路図フォルダからの相対パス，または絶対パスで指定されます．このため，通常は波形ファイルは回路図ファイルと同じフォルダに置くことをおすすめします．

波形ファイル形式は**図5-15**のような形式のテキスト・ファイルで，拡張子は基本的には`.wav`ですが，それ以外の拡張子でも読み込むことができます．

図5-15のファイル(`pwl_file.wav`)を指定して得られる波形は**図5-16**のようになり，ここで記述された波形になっています．

<関連項目>

[57]PWL電源の属性を指定する

Column(5-C)

理想増幅器，理想減衰器，理想バッファ

基本設計をする際に，理想増幅器を使いたいときがあります．電圧制御電圧源は，入力インピーダンス無限大，出力インピーダンス0，周波数特性無限大，ノイズ0，スピード無限大，温度特性なしの理想的な増幅器(減衰器，バッファ)ということができます．

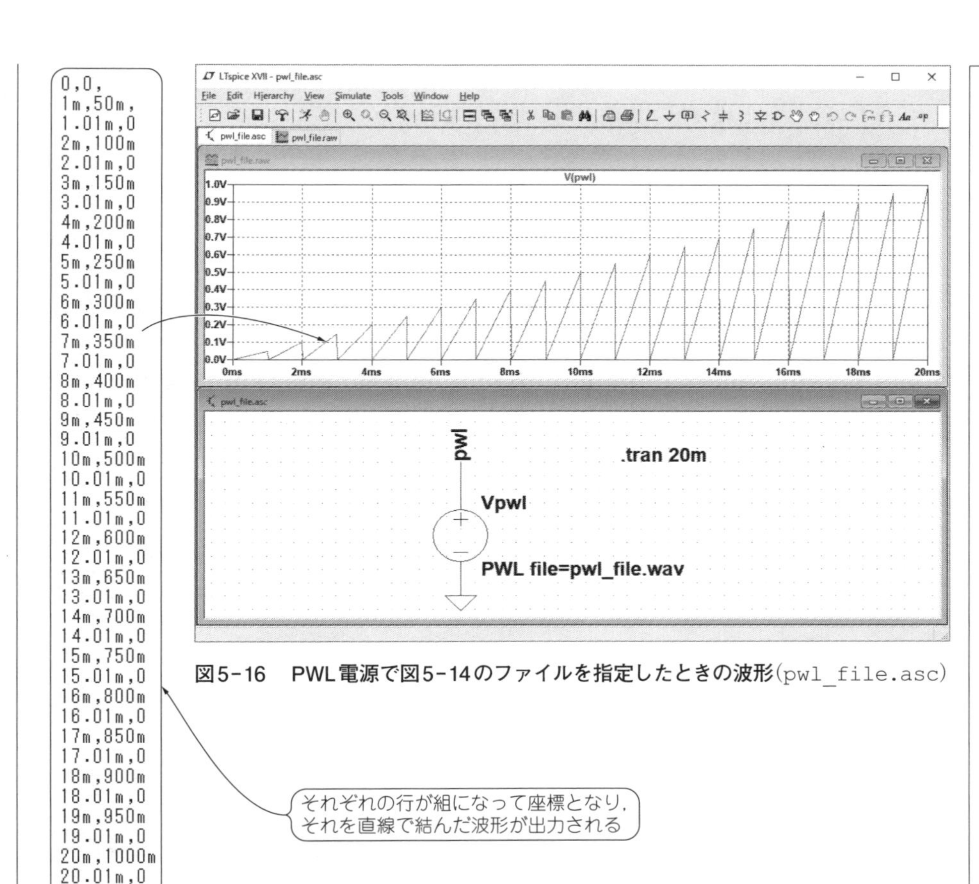

```
0,0,
1m,50m,
1.01m,0
2m,100m
2.01m,0
3m,150m
3.01m,0
4m,200m
4.01m,0
5m,250m
5.01m,0
6m,300m
6.01m,0
7m,350m
7.01m,0
8m,400m
8.01m,0
9m,450m
9.01m,0
10m,500m
10.01m,0
11m,550m
11.01m,0
12m,600m
12.01m,0
13m,650m
13.01m,0
14m,700m
14.01m,0
15m,750m
15.01m,0
16m,800m
16.01m,0
17m,850m
17.01m,0
18m,900m
18.01m,0
19m,950m
19.01m,0
20m,1000m
20.01m,0
[EOF]
```


図5-16　PWL電源で図5-14のファイルを指定したときの波形(pwl_file.asc)

◀図5-15　PWL波形を記述するファイル記述の例(pwl_file.wav)

[59] 折れ線波形を指定回数繰り返す

＜操作＞

電源シンボルの上で右クリックする(→[Advanced]) →PWL電圧源を設定する

→[OK]をクリックして属性を設定するダイアログ・ボックスを閉じる

→シンボルの属性表示部分を右クリックして書式に従ってトリガ条件を記述する

＜書式＞

(1)繰り返し区間のみの場合

```
PWL repeat for N(time1b,value1b,time2b,value2b,･･･) endrepeat
```

(2)繰り返し区間と繰り返さない区間の両方をもつ場合

```
PWL(time1a,value1a,time2a,value2a,･･･)repeat for
N(time1b,value1b,time2b,value2b,･･･)endrepeat
(time1c,value1c,time2c,value2c,･･･)
```

（改行せずに1行で記述）

「repeat for N(･･･)endrepeat」が繰り返し区間で，Nが繰り返し回数

[備考]「repeat for N(･･･)endrepeat」の部分を複数設定することもできる.

<説明>

PWL電源では，複数の(時間軸,値)の座標を結んだ電圧/電流が出力されますが，同じ波形を繰り返したい場合があります．そのようなときは，回路図上でPWL電源のシンボルの属性表示部分(PWL(time1,value1,time2,value2,･･･))を右クリックして，ここの記述を書式のように繰り返したい区間を「repeat for N(･･･)endrepeat」として設定すると，その区間はN回繰り返すことができます.

繰り返し区間を複数設定したり，繰り返さない区間を設けたり設けなかったりなどは任意に設定できます．具体的な例は，下記<関連項目>の[70][71]を参照してください.

<関連項目>

[57] PWL電源の属性を指定する，[70]パルス波から三角波に変化する波形を作る，[71]階段波を作る

[60] 特定の条件のときのみ波形を出す電圧源を作る(トリガ機能)

<操作>

電圧源シンボルの上で右クリックする(→[Advanced])

→PULSE/SINE/EXP/PWL電圧源を設定する

→[OK]をクリックして属性を設定するダイアログ・ボックスを閉じる

→シンボルの属性表示部分を右クリックして書式に従ってトリガ条件を記述する

[備考]電流源には使えない.

<書式>

```
TRIGGER <条件式> <PULSE/SINE/EXP/PWL電圧源の記述>
```

<説明>

最初にPULSE/SINE/EXP/PWL電圧源の設定を行い，そのシンボルの電圧源の属性を

表示している部分(PULSE/SINE/EXP/PWL(·········))で右クリックして，行の頭に「TRIGGER <条件式>」を挿入します．こうすると，この条件式が満たされていないときはリセット状態(電圧0の状態)で，条件式が成り立つとそこから電圧/電流がその記述に従って出力されます．条件式は，ノード電圧，電圧源・抵抗に流れる電流で設定できます．一度，TRIGGERを設定してから，属性設定パネルを開いて改めて保存すると，TRIGGERの設定は消えます．

＜例＞

- ノード[X1]の電圧が5Vよりも高いとき，振幅5V，周波数1MHzのパルス波を出力する．

  →TRIGGER V(x1)>5 pulse(0 5 0 0 0 0.5u 1u)

- 抵抗R1を流れる電流が100μA以下のとき，振幅100mV，周波数10MHzの正弦波を出力する．

  →TRIGGER I(R1)<=100u sine(0 100m 10meg)

  (等号と不等号記号の順番に注意．I(R1)=<100uと記述するとエラーになる)

- 抵抗R1を流れる電流が電圧源V1に流れる電流よりも1mA以上大きいとき，振幅1V，周波数1kHzの正弦波を出力する．

  →TRIGGER I(R1)>=I(V1)+1m sine(0 1 1meg)

下記＜関連項目＞の[65][66][67][68]にトリガ機能を使った例があります．

＜関連項目＞

[4]部品の名前，値などを編集する，[53]PULSE電源の属性を指定する，[54]SINE電源の属性を指定する，[55]SFFM電源の属性を指定する，[56]EXP電源の属性を指定する，[57]PWL電源の属性を指定する，[65]減衰振動波を作る，[66]エクスポネンシャル波を作る，[67]オーバーシュートのあるパルス波を作る，[68]リンギングのあるパルス波を作る

[61] ビヘイビア電源を使う

＜操作＞

ビヘイビア電圧源<bv>，またはビヘイビア電流源<bi,bi2>を配置する

→(1)または(2)

(1)「V=F(...)」「I=F(...)」の上で右クリックする

→関数式を記述する

(2)シンボルの上で右クリックする

→[Value]のValue(「V=F(...)」「I=F(...)」の部分)をダブル・クリックして関数式を記述する

<説明>

ビヘイビア電源とは，関数で定義される電圧源/電流源のことです．関数の中で使われる変数は，ノード電圧や線路電流(電圧源や抵抗に流れる電流，半導体の端子電流)，時間などで，これらを組み合わせることで複雑な波形を作り出すことができます．関数式の中で，電圧はノード電圧で，電流は電圧源または抵抗に流れる電流で記述され，ディメンジョン([V][A])は無視されて値だけが使われます．電圧源の電圧や電流源の電流そのものを記述することはできません．また，時間については「time」という予約変数が使われます．使える関数については，Appendix<関数一覧表>を参照してください．

ビヘイビア電圧源の配置は，一般的な部品の配置と同様です．関数の定義は，(a)シンボルの属性部分の上でカーソルがⅠとなっているときに右クリックして表示されたダイアログ・ボックスに直接関数式を記述するか，(b)属性エディタを開いて「Value」のValue(「V=F(...)」の部分)をダブル・クリックして編集可能にして，そこで関数式を記述します．

<例>

- ラベル[x]のノード電圧V(x)と，ラベル[y]のノード電圧V(y)の積を電圧とする
  →V=V(x)*V(y)
- 1 sに0.1 Aの割合で増加していく電流源を作る
  →I=0.1*time

下記の<関連項目>の[64][67][68][72][73][74]にビヘイビア電圧源を使った例があります．

<関連項目>

[3]部品を配置する，[5]部品の属性を編集する，[40]ビヘイビア抵抗を使う，[64]トーン・バースト波を作る，[67]オーバーシュートのあるパルス波を作る，[68]リンギングのあるパルス波を作る，[72]PAM波を作る，[73]PWM波を作る，[74]AM波を作る

[62] 三相交流を作る

<説明>

三相交流は，位相が120°ずつずれた3つの正弦波です．したがって，1つの電圧源を基準にして，それから120°，240°位相のずれた正弦波を用意すればよいだけです．**図5-17**に振幅141.4 V，周波数50 Hzの三相交流電圧源の回路図と，トランジェント解析を行った結果を示します．

▶V1，V2，V3の設定

[V1]　Amplitude:141.4　Freq:50

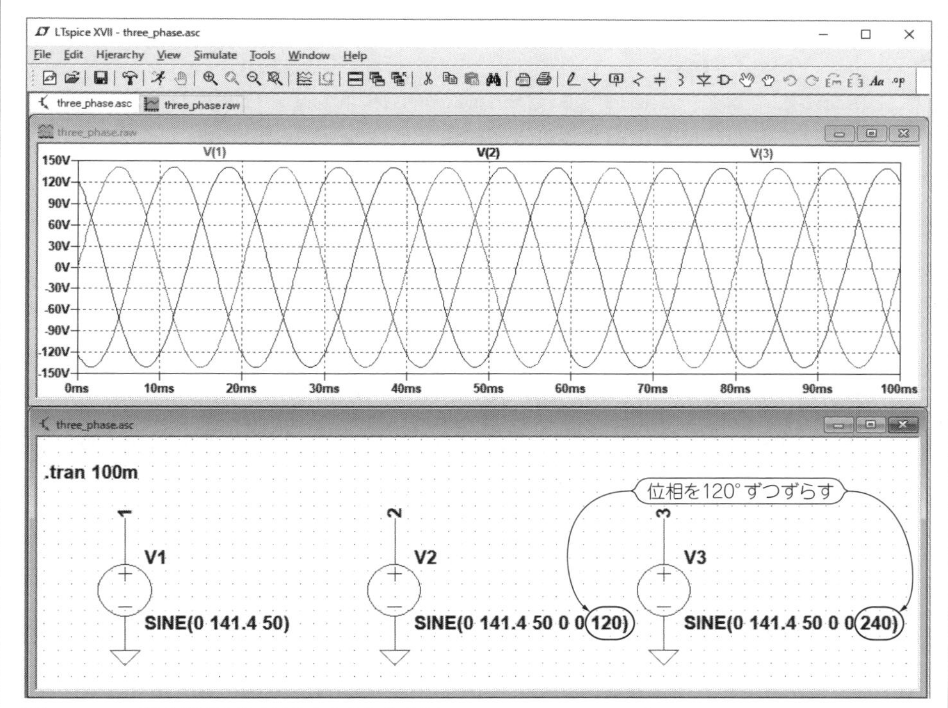

図5-17　三相交流電圧源の設定と電圧波形(three_phase.asc)

付属CD-ROMのSimulation Dataフォルダにある回路図three_phase.ascを読み込んで，シミュレーションを実行すると(✗)，結果が表示される．うまく表示されない場合は，回路図の［1］［2］［3］のノードをクリックする

```
[V2]  Amplitude:141.4  Freq:50  Phi:120
[V3]  Amplitude:141.4  Freq:50  Phi:240
```

<関連項目>

[54]SINE電源の属性を指定する

[63] 単発の正弦波/指定した波数の正弦波を作る

<説明>

正弦波は通常は連続波ですが，単発あるいは指定したサイクル数だけ波形を出力させることができます．**図5-18**では，Vsin1は1 MHzで1波だけの単発正弦波，Vsin2は5波の正弦波の例で，Ncyclesによって波数を設定しています．

▶Vsin1，Vsin2の設定

```
[Vsin1]  Amplitude:1  Freq:1meg  Tdelay:4u  Ncycles:1
[Vsin2]  Amplitude:1  Freq:1meg  Tdelay:2u  Ncycles:5
```

<関連項目>

[54]SINE電源の属性を指定する

Column(5-D)

ノイズ源の作り方

ノイズ源は，ビヘイビア電源でwhite関数を使って作り出すことができます．ビヘイビア電圧源/電流源を用意して，

```
V=white(2*pi*10k*time)      I=white(2*pi*10k*time)
```

とすると，これがノイズ電圧源/電流源となります．white関数はp-p値が1 Vになるので，たとえばp-p値が10 μVならば10u*white(2*pi*10k*time)，直流10 Vにこのノイズを重畳するならば，10+10u*white(2*pi*10k*time)とします．これはtimeを使っているためトランジェント解析でしか使えず，実際に使う場合は精度を高めるために.options plotwinsize=10の設定を行います．またトランジェント解析の時間幅によって適宜10 kを変更します．

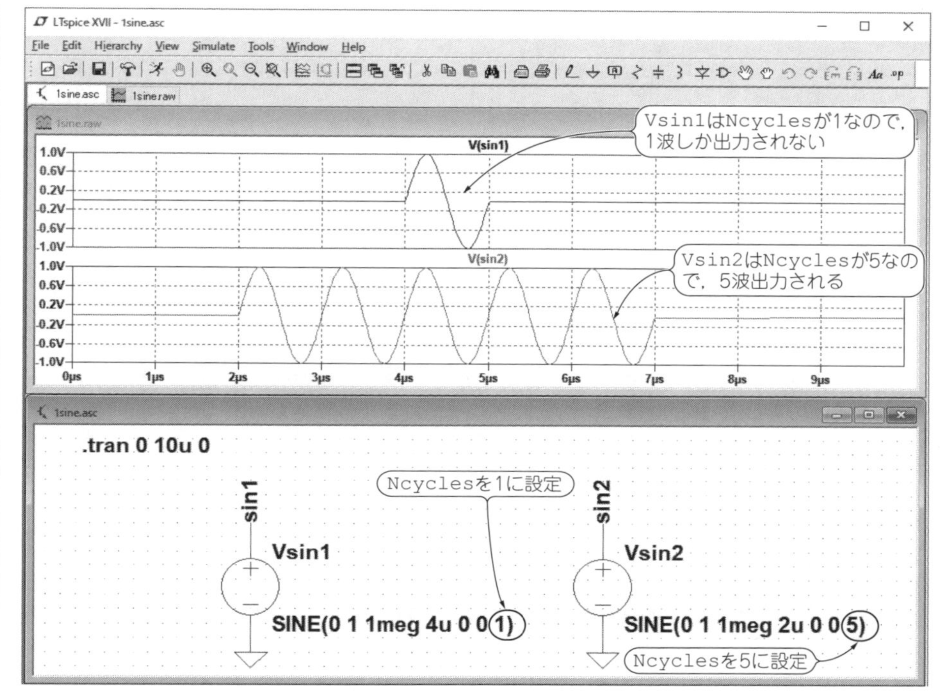

図5-18　単発の正弦波の設定と電圧波形(`1sine.asc`)
付属CD-ROMのSimulation Dataフォルダにある回路図`1sine.asc`を読み込んで，シミュレーションを実行すると(▶)，結果が表示される

[64] トーン・バースト波を作る

<説明>

トーン・バースト波とは連続波が断続的に出力される波形のことで，ここでは**図5-19**のような1 kHzの正弦波を10 msごとに出力する例を示します．0/1のゲート信号(`Vgate`)と正弦波(`Vsig`)の積を取ることで，トーン・バースト波を生成しています．トーン・バースト波を作り出すビヘイビア電圧源(`Btone_burst`)は，ゲート信号と正弦波の掛け算で得られます．

▶ `Vgate`，`Vsig`，`Btone_burst`の設定

`[Vgate]　Vinitial:0　Von:1　Tdelay:10m　Trise:1n　Tfall:1n`

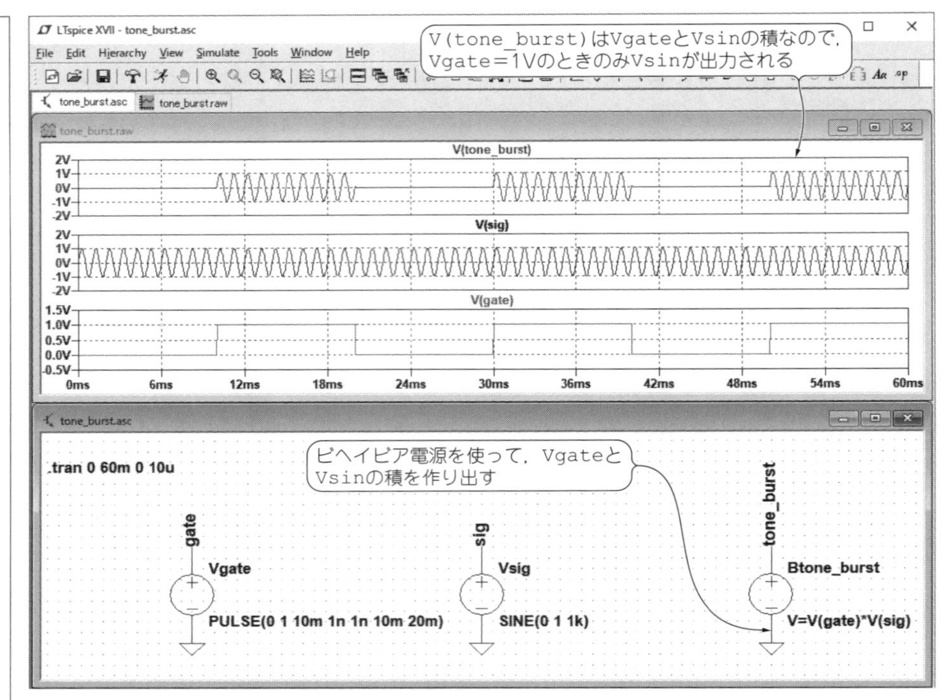

図5-19　トーン・バースト波の設定と各電圧波形(tone_burst.asc)
付属CD-ROMのSimulation Dataフォルダにある回路図tone_burst.ascを読み込んで，シミュレーションを実行すると()，結果が表示される

　　　Ton:10m　Tperiod:20m
　[Vsig]　Amplitude:1　Freq:1k
　[Btone_burst]　V=V(gate)*V(sig)
　(ただし，V(gate)，V(sig)はVgate，Vsigのノード電圧)

<関連項目>

[53]PULSE電源の属性を指定する，[54]SINE電源の属性を指定する，[61]ビヘイビア電源を使う

[65] 減衰振動波を作る

＜説明＞

減衰振動波形は，正弦波の属性設定でダンピング係数Thetaを設定するだけです．図5-20は，周波数1 kHz，ダンピング係数200の減衰振動電圧波形を作り出す回路で，Vdamped1は単発，Vdamped2は連続した減衰振動波形となります．単発波はSINE電圧源だけで作れますが，連続波のほうはトリガ機能を使って，トリガ・パルス用のVtrgと，それを受けるVdamped2で構成されます．

トリガ機能を使ったVdamped2の記述は，以下のようになります．

```
TRIGGER V(trg)>0.5 SINE(0 1 1k 0 200)
```

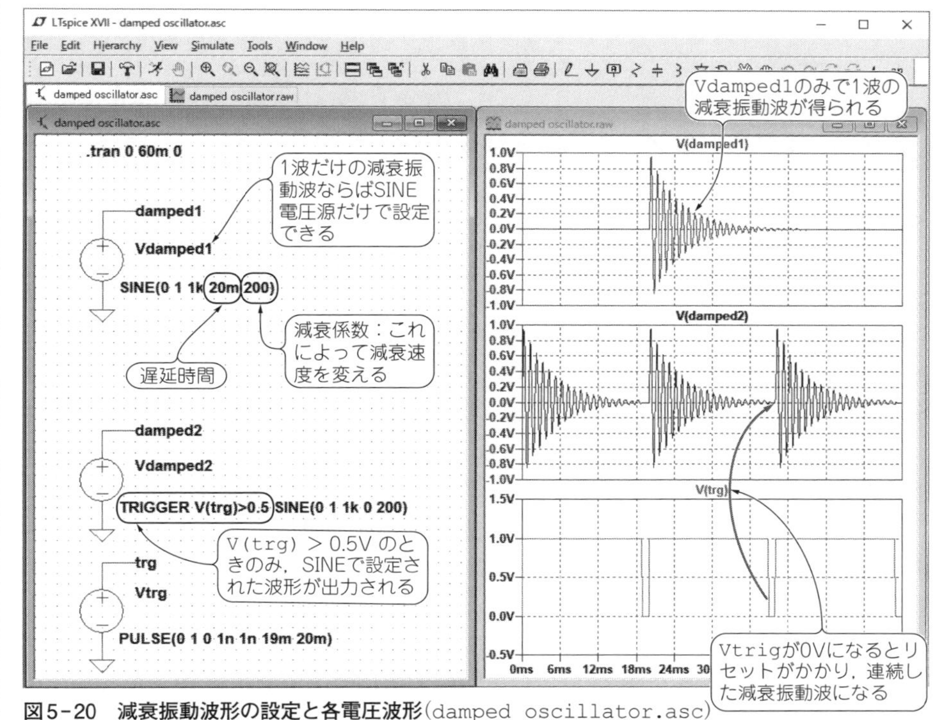

図5-20　減衰振動波形の設定と各電圧波形(damped oscillator.asc)

付属CD-ROMのSimulation Dataフォルダにある回路図damped oscillator.ascを読み込んで，シミュレーションを実行すると( )，結果が表示される

これは，グラフ上V(trg)<0.5VではV(damped2)はリセット状態(Vdamped2=0)で，V(trg)>0.5Vになるときに初期状態からスタートさせるという意味です．Vdamped2のトリガ機能の部分は，SPICE Directiveによるコマンド・ラインからの入力で行う必要があるため，最初に正弦波の部分を設定しておき，それを回路図に配置したのち，「SINE(0 1 1k 0 200)」を右クリックして「TRIGGER V(trg)>0.5」を追加すると簡単に記述できます．

▶Vdamped1，Vdamped2，Vtrgの設定

[Vdamped1]　Amplitude:1　Freq:1k　Tdelay:20m　Theta:200

[Vdamped2]　Amplitude:1　Freq:1k　Theta:200

[Vtrg]　Vinitial:0　Von:1　Trise:1n　Tfall:1n　Ton:19m　Tperiod:20m

<関連項目>

[53]PULSE電源の属性を指定する，[54]SINE電源の属性を指定する，[60]特定の条件のときのみ波形を出す電圧源を作る

[66] エクスポネンシャル波を作る

<説明>

エクスポネンシャル波はEXP電圧源で作り出します．**図5-21**は立ち上がり/立ち下がりの時定数が1 msのエクスポネンシャル波を作り出す回路です．Vexp1は単発，Vexp2は連続したエクスポネンシャル波形です．単発波はEXP電圧源だけで作れますが，連続波のほうはトリガ機能を使ってグラフ上V(trg)<0.5VになったときにV(exp2)をリセットし，V(trg)<0.5Vになるときに初期状態からスタートさせています．なおトリガ機能を利用するVexp2は，SPICE Directiveによるコマンド・ラインからの入力で行う必要があります．

単発波はEXP電圧源だけで作れますが，連続波はトリガ機能を使って，トリガ・パルス用のVtrgと，それを受けるVexp2で構成されます．トリガ機能を使ったVexp2の記述は，以下のようになります．

```
TRIGGER V(trg)>0.5 EXP(0 1 0 1m 10m 1m)
```

これは，グラフ上V(trg)<0.5VではV(exp2)はリセット状態(Vexp2=0)で，V(trg)>0.5Vになるときに初期状態からスタートさせるという意味です．Vexp2のトリガ機能の部分は，SPICE Directiveによるコマンド・ラインから入力する必要がありま

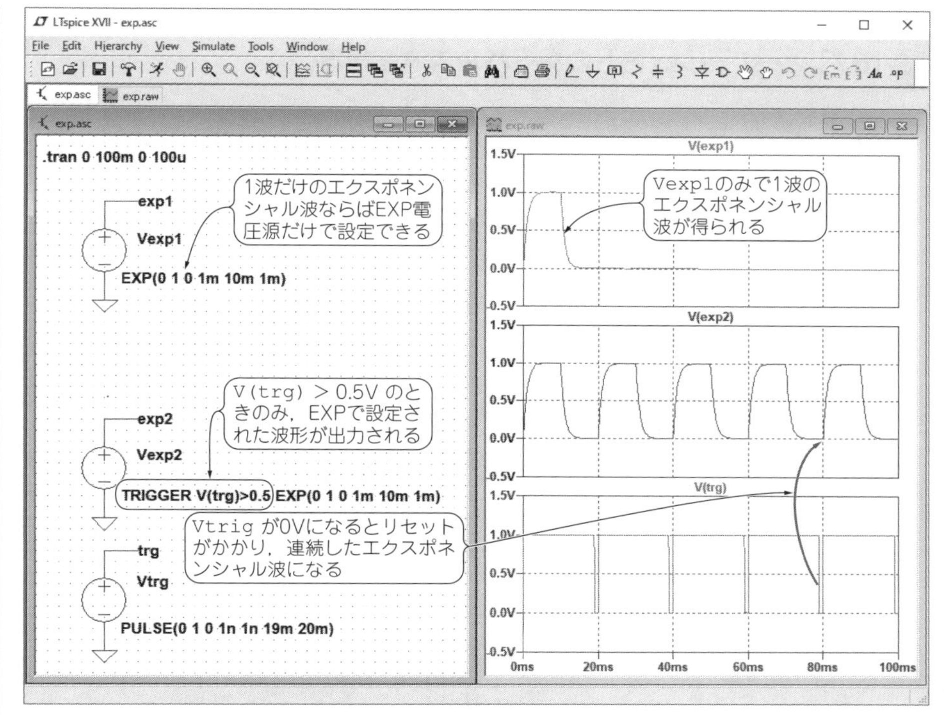

図5-21　エクスポネンシャル波形の設定と各電圧波形(exp.asc)
付属CD-ROMのSimulation Dataフォルダにある回路図exp.ascを読み込んで，シミュレーションを実行すると()，結果が表示される

す．

▶ Vexp1，Vexp2，Vtrgの設定

[Vexp1]　Vinitial:0　Vpulsed:1　Rise Tau:1m
　　　　Fall Delay:10m　Fall Tau:1m

[Vexp2]　Vinitial:0　Vpulsed:1　Rise Tau:1m
　　　　Fall Delay:10m　Fall Tau:1m

[Vtrg]　Vinitial:0　Von:1　Trise:1n　Tfall:1n　Ton:19m　Tperiod:20m

<関連項目>

[53]PULSE電源の属性を指定する，[56]EXP電源の属性を指定する，[60]特定の条件のときのみ波形を出す電圧源を作る

[67] オーバーシュートのあるパルス波を作る

<説明>

パルス波はPULSE電源を使えば簡単にできますが，オーバーシュート(アンダーシュート)波形はほとんどの場合はエクスポネンシャル波形と言えるので，EXP電源でエクスポネンシャル波を作ってパルス波に重畳すると，オーバーシュート(アンダーシュート)のあるパルス波を作り出せます．

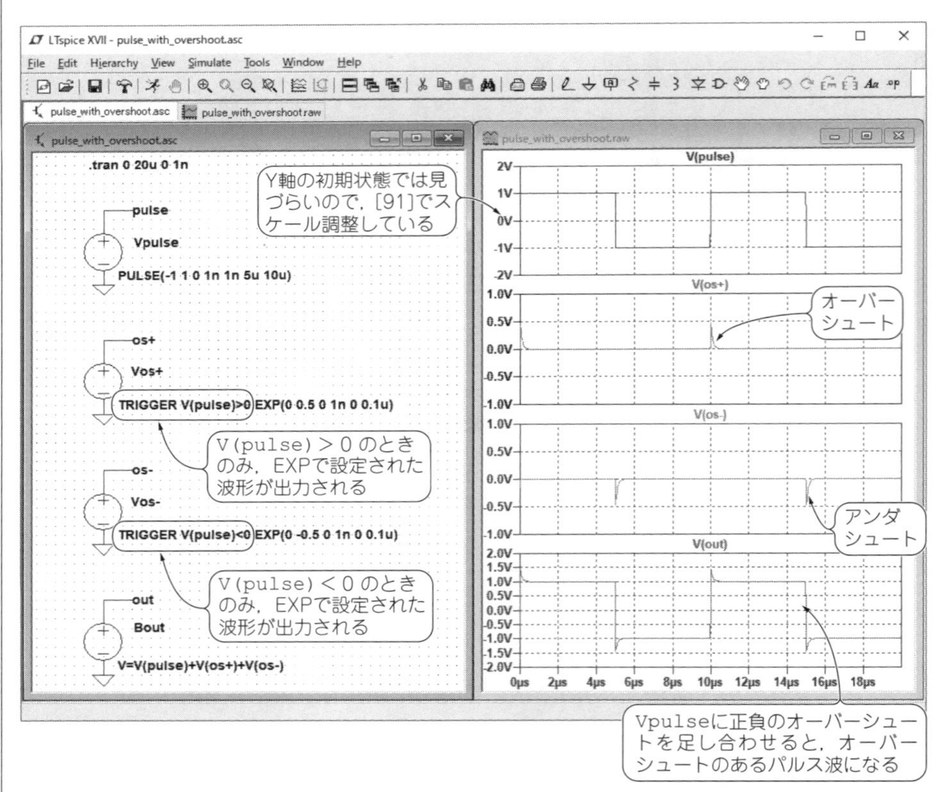

図5-22　オーバーシュートのあるパルス波形の設定と各電圧波形(pulse_with_overshoot.asc)

付属CD-ROMのSimulation Dataフォルダにある回路図pulse_with_overshoot.ascを読み込んで，シミュレーションを実行すると( )，結果が表示される

図5-22に，その例を示します．Vpulseは振幅2 V_{p-p}，100 kHzのパルス波で，Vos+がオーバーシュート，Vos-がアンダーシュートを作り出すエクスポネンシャル波です．Vos+はオーバーシュートなので，立ち上がり(Vos-では立ち下がり)をVpulseと同じタイミングで立ち上げ(立ち下げ)，立ち下がり(立ち上がり)で指数関数的な減衰カーブを作っています．ビヘイビア電圧源Boutを使って，パルス波VpulseとVos+とVos-を足し合わせることで，オーバーシュート波形が得られます．ここでは，オーバーシュートの波高値0.5 V，減衰時定数0.1 μsに設定します．なお，Vos+とVos-は独立しているので，Vos+とVos-の設定を変えることで，オーバーシュートとアンダーシュートを違った波形にすることもできます．

▶Vpulse，Vos +，Vos-，Boutの設定

[Vpulse]　Vinitial:-1　Von:1　Trise:1n　Tfall:1n　Ton:5u　Tperiod:10u

[Vos+]　Vinitial:0 Vpulsed:0.5 Rise Tau:1n Fall Tau:0.1u

[Vos-]　Vinitial:0 Vpulsed:-0.5 Rise Tau:1n Fall Tau:0.1u

[Bout]　V=V(pulse)+V(os+)+V(os-)

(ただし，グラフ上のV(pulse)，V(os+)，V(os-)は，Vpulse，Vos+，Vos-のノード電圧)

＜関連項目＞

[53]PULSE電源の属性を指定する，[60]特定の条件のときのみ波形を出す電圧源を作る，[61]ビヘイビア電源を使う，[66]エクスポネンシャル波を作る

[68] リンギングのあるパルス波を作る

＜説明＞

SINE電圧源でリンギング波(減衰振動波)を作ってパルス波に重畳すると，リンギングのあるパルス波を作り出すことができます．

図5-23に，その例を示します．Vpulseは振幅1 V_{p-p}，100 kHzのパルス波で，Vrngはリンギング波を作るSINE電圧源，Vtrgはリンギング波をVpulseの立ち上がり/立ち下がりに合わせて発生させるためのトリガのパルスです．Boutは，V(pulse)>0.5VのときはVpulseにVrngを足し合わせ，V(pulse)<=0.5VのときにはVrngを反転してVpulseに足し合わせるビヘイビア電圧源です．If関数については，Appendix＜関数一覧表＞を参照してください．リンギング波の振幅や振動周波数は

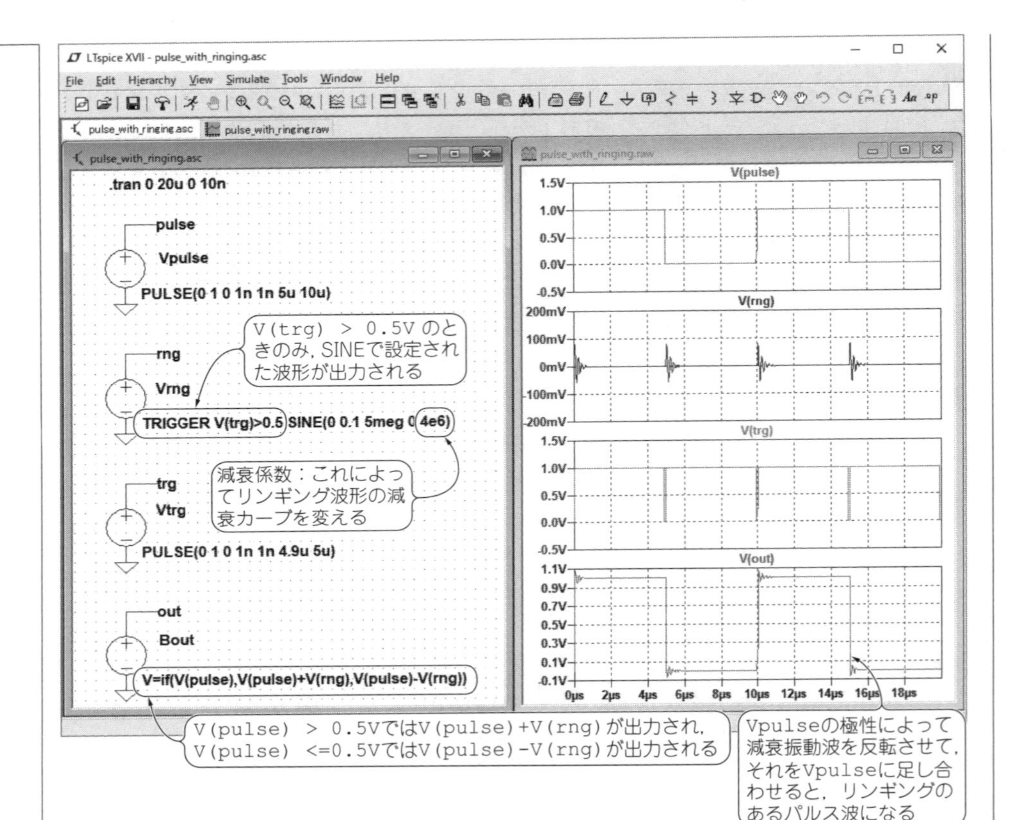

図5-23　リンギングのあるパルス波形の設定と各電圧波形(pulse_with_ringing.asc)
付属CD-ROMのSimulation Dataフォルダにある回路図pulse_with_ringing.ascを読み込んで，シミュレーションを実行すると()，結果が表示される

Vringで設定しますが，ここでは初期振幅0.1 V，振動周波数5 MHzに設定しています．

▶ Vpulse，Vrng，Vtrg，Boutの設定

[Vpulse]　Vinitial:0　Von:1　Trise:1n　Tfall:1n　Ton:5u　Tperiod:10u

[Vrng]　Amplitude:0.1　Freq:5meg　Theta:4e6

[Vtrg]　Vinitial:0　Von:1　Trise:1n　Tfall:1n　Ton:4.9u　Tperiod:5u

[Bout]　V=if(v(pulse),V(pulse)+V(rng),V(pulse)-V(rng))

(ただし，v(pulse)，V(ring)はVpulse，Vringのノード電圧)

<関連項目>

[53]PULSE電源の属性を指定する，[60]特定の条件のときのみ波形を出す電圧源を作る，[61]ビヘイビア電源を使う，[65]減衰振動波を作る

[69] 三角波/鋸歯状波を作る

<説明>

三角波/鋸歯状波は，パルス波(PULSE)のON時間を0にして，立ち上がり/立ち下がり時間を有限な値にすることで作り出すことができます．**図5-24**は，1 kHzの三角波/鋸歯状波を生成する設定です．`V1`は立ち下がりを急峻に落とすので`Tfall` = 1 ns，`V2`

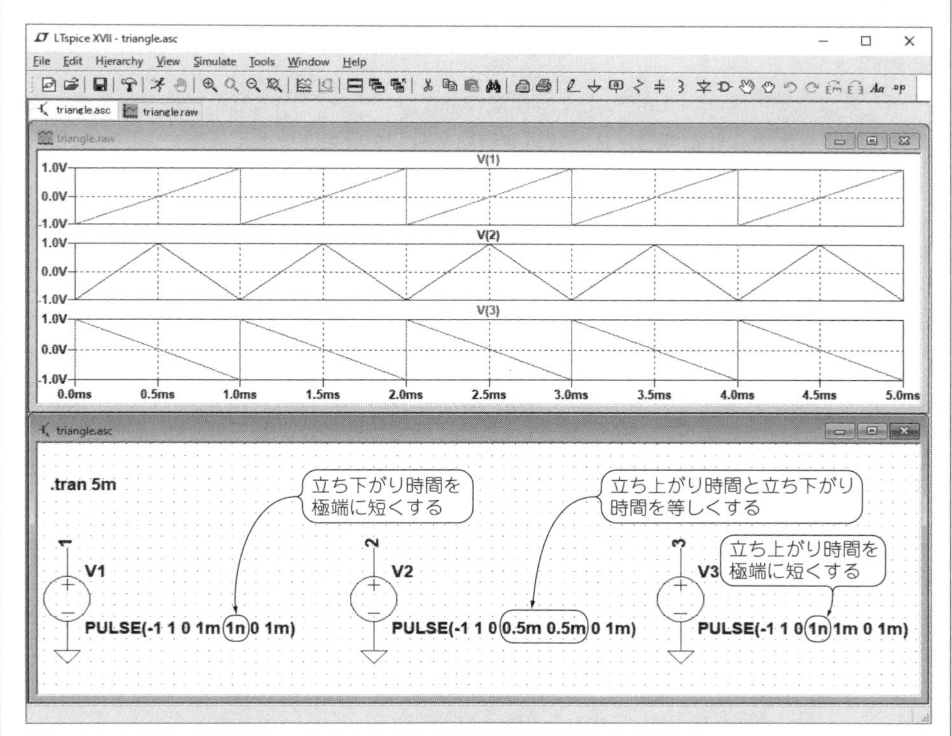

図5-24　三角波/鋸歯状波を生成するPULSE電圧源の設定とその波形(`triangle.asc`)
付属CD-ROMのSimulation Dataフォルダにある回路図`triangle.asc`を読み込んで，シミュレーションを実行すると( )，結果が表示される

は三角波とするためTrise＝Tfall＝0.5 ms，V3は急峻に立ち上げるのでTrise＝1 nsとしています．

▶V1，V2，V3の設定

```
[V1]  Vinitial:-1  Von:1  Trise:1m    Tfall:1n    Ton:0  Tperiod:1m
[V2]  Vinitial:-1  Von:1  Trise:0.5m  Tfall:0.5m  Ton:0  Tperiod:1m
[V3]  Vinitial:-1  Von:1  Trise:1n    Tfall:1m    Ton:0  Tperiod:1m
```

＜関連項目＞

[53]PULSE電源の属性を指定する

[70] パルス波から三角波に変化する波形を作る

＜説明＞

パルス波や三角波はPULSE電源から作るのが普通ですが，PWL電源で繰り返し機能を使っても作り出すことができ，さらに複数の繰り返しを設定すると，波形が途中で変化するような特殊な波形を作り出すことができます．

図5-25は，最初にパルス波を出力し，途中で三角波に変化する電圧源を作り出した例です．0から2 msまでは2.5 V一定，2 msから10 msまではパルス波を5波出力し，そこから14 msまでは0 Vとし，14 msから24 msまで三角波を5波出力しています．

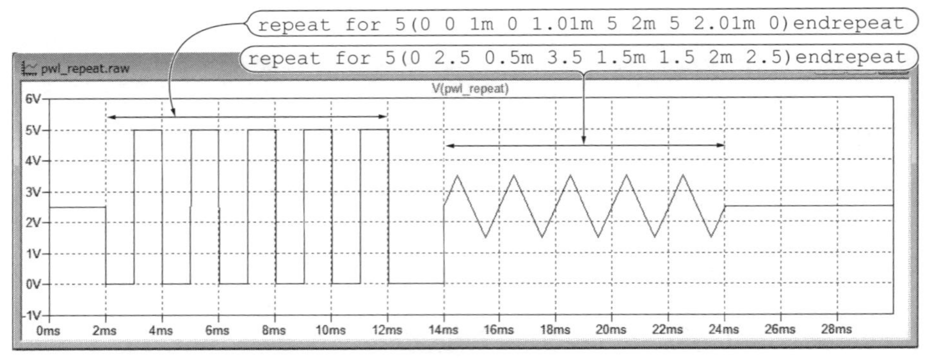

図5-25　パルス波から三角波に変化する波形(pwl_repeat.asc)

付属CD-ROMのSimulation Dataフォルダにある回路図pwl_repeat.ascを読み込んで，シミュレーションを実行すると(オ)，このグラフが表示される．表示されない場合は，[pwl_repeat] のノードをクリックする

▶ PWL電圧源の設定

```
PWL (2m 2.5 2.01m 0) repeat for 5 (0 0 1m 0 1.01m 5 2m 5
2.01m 0) endrepeat (14m 0 14.01m 2.5) repeat for 5 (0 2.5
0.5m 3.5 1.5m 1.5 2m 2.5) endrepeat
```

(繰り返し区間の(‥‥)の中の時間は，その繰り返し区間が始まるときを0とする必要がある)

＜関連項目＞

[57]PWL電源の属性を指定する，[59]折れ線波形を指定回数繰り返す，[69]三角波/鋸歯状波を作る

[71] 階段波を作る

＜説明＞

階段波は，PWL電圧源の繰り返しを行うことで作り出すことができます．**図5-26**は，0Vからスタートして1msごとに1Vステップで4Vまで上昇する階段波の例です．PWL電圧源で0から1msまで0V，1.001msから2msまで1V，2.001msから3msまで2V，3.001msから4msまで3V，4.001msから5msまで4Vとして，この0から5msまでを1つの繰り返し期間として，`repeat for`で10回繰り返しています．繰り返し回数が10回ということで完全な連続波とは違いますが，トランジェント解析のシミュレーション時間よりも繰り返しが終わる時間を長くなるように設定しておけば，シミュレーション上は

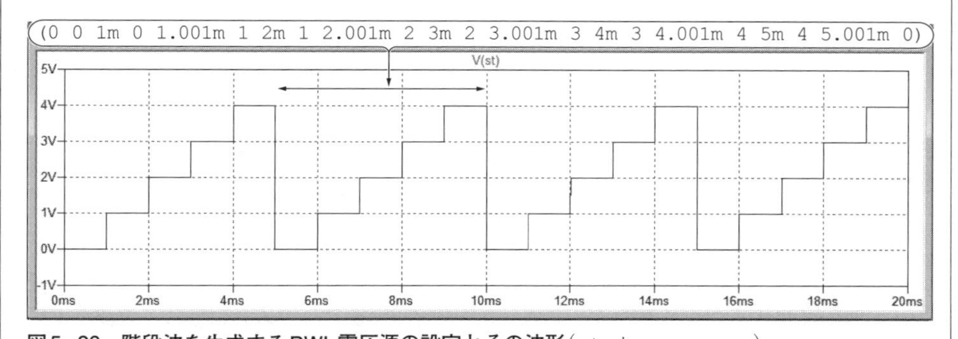

図5-26　階段波を生成するPWL電圧源の設定とその波形(`staircase.asc`)

付属CD-ROMのSimulation Dataフォルダにある回路図`staircase.asc`を読み込んで，シミュレーションを実行すると()，このグラフが表示される．表示されない場合は，[st] のノードをクリックする

連続波として扱うことができます．

▶ PWL電圧源の設定

```
[Vst]  PWL repeat for 10 (0 0 1m 0 1.001m 1 2m 1 2.001m 2
       3m 2 3.001m 3 4m 3 4.001m 4 5m 4 5.001m 0) endrepeat
```

<関連項目>

[53]PULSE電源の属性を指定する，[59]折れ線波形を指定回数繰り返す

[72] PAM波を作る

<説明>

PAM(Pulse Amplitude Modulation：パルス振幅変調)波とは，入力信号の大きさに応じてパルスの振幅が変化するパスル波のことです．ここでは，パルス波と信号の積を取ることで，PAM波を実現しています．**図5-27**に示すように，回路はパルス波を生成しているVclk，信号のVsig，VclkとVsigの積を取り出すビヘイビア電圧源Bpamからなっています．

▶ Vclk，Vsig，pamの設定

```
[Vclk]  Vinitial:0  Von:1  Trise:1n  Tfall:1n  Ton:2.5u  Tperiod:10u
[Vsig]  Amplitude:1  Freq:1k
[Bpam]  V=V(clk)*V(sig)
```

<関連項目>

[53]PULSE電源の属性を指定する，[54]SINE電源の属性を指定する，[61]ビヘイビア電源を使う

[73] PWM波を作る

<説明>

PWM(Pulse Width Modulation：パルス幅変調)波とは，入力信号の大きさに応じてパルスの幅が変化するパルス波のことです．これを実現するには，入力信号に三角波を重畳させて，それをコンパレートすると入力信号の大きさに応じてデューティ比が変わり，パルス幅も変化することになります．

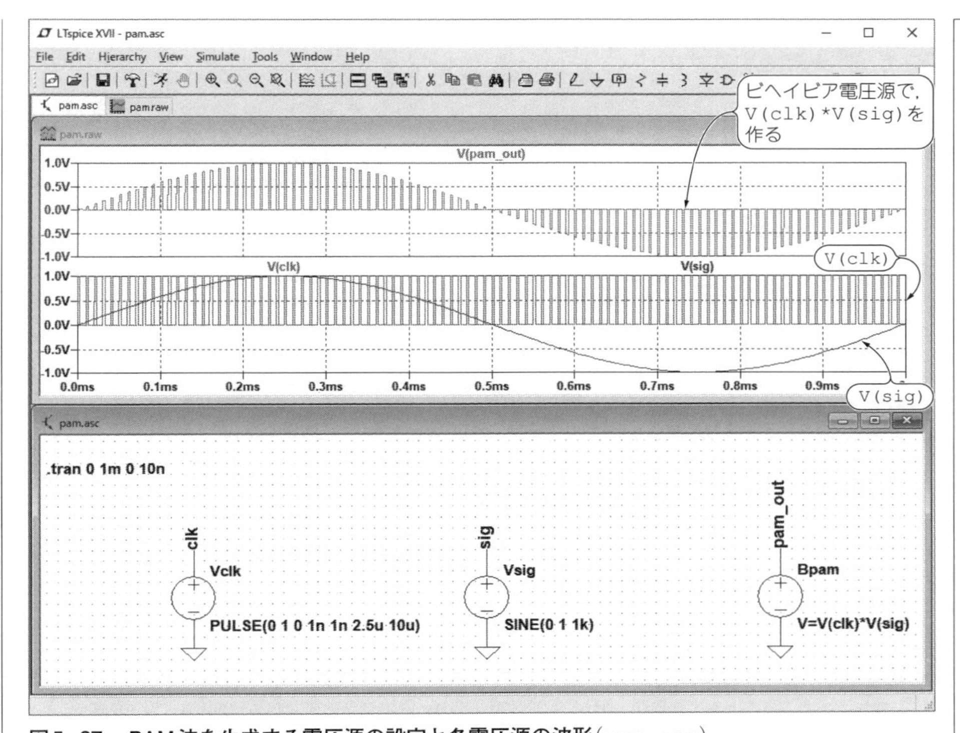

図5-27　PAM波を生成する電圧源の設定と各電圧源の波形(pam.asc)
付属CD-ROMのSimulation Dataフォルダにある回路pam.ascを読み込んで，シミュレーションを実行すると(■)，結果が表示される

回路的には，**図5-28**に示すように電圧源を3つ用意し，1つ目を三角波を生成する電圧源Vtri，2つ目は入力信号のVsig，3つ目はPWM波を作り出すビヘイビア電圧源のBpwmで，BpwmはV(tri)+V(sig)が0.5 Vよりも大きいと5 V，小さいと0というコンパレート動作をするような設定にしています．V(tri)を－0.5 V～＋1.5 Vの三角波とし，V(sig)を振幅が0.9 Vの正弦波とすると，V(tri)+V(sig)はVtriが三角波の中点のとき(0.5 V)でVsigが0のときに0.5 Vとなり，このときデューティ比は50 %となります．

デューティ比は以下の式で表され，Vsig=0のときに50 %，Vsig>0で振幅が大きくなるほどデューティ比は大きくなり，Vsig<0で振幅が小さくなると小さくなります．

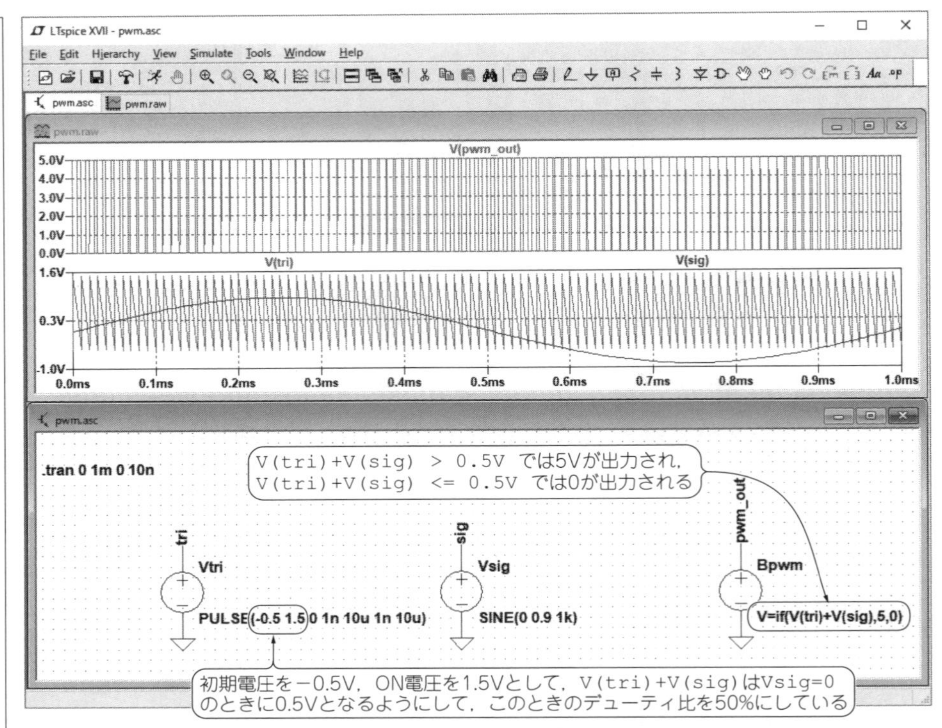

図5-28　PWM波を生成する電圧源の設定と各電圧源の波形(pwm.asc)

付属CD-ROMのSimulation Dataフォルダにある回路pwm.ascを読み込んで，シミュレーションを実行すると( )，結果が表示される

Column(5-E)

電圧源の名前とラベル名(VxxxとV(xxx)の違い)

本書には，Vxxx，V(xxx)という表記が出てきます．LTspice上では，これはまったく意味が違っており，Vxxxというのは電圧源の名前がVxxxということを意味しており，V(xxx)はラベル名が「xxx」のノードの電圧を意味しています．したがって，Vxxxという電圧源を置いただけではV(xxx)を測定することはできず，明示的に「xxx」というラベルを付ける必要があります．もちろん，このラベル名は電圧源と同じでないといけないということはありません．

$$デューティ比 = 50\,\% + \frac{V_{sig}}{V(tri)_{p+} - V(tri)_{p-}}$$

$V(tri)_{p+}$：上側ピーク値(1.5 V)，$V(tri)_{p-}$：下側ピーク値(− 0.5 V)

Vsigの振幅をVtriのp-p値の1/2よりも大きくすると，歯抜けが生じてしまうので注意してください．

▶Vtri，Vsigの設定

[Vtri]　Vinitial:-0.5　Von:1.5　Trise:1n　Tfall:10u　Ton:1n　Tperiod:10u

[Vsig]　Amplitude:0.9　Freq:1k

[Bpwm]　V=if(V(tri)+V(sig),5,0)

(If関数の使い方については，Appendix＜関数一覧表＞を参照してください)

＜関連項目＞

[53]PULSE電源の属性を指定する，[54]SINE電源の属性を指定する，[61]ビヘイビア電源を使う，[69]三角波/鋸歯状波を作る

[74] AM波を作る

＜説明＞

AM(Amplitude Modulation：振幅変調)波とは，変調信号(入力信号)の大きさに応じてキャリア信号の振幅が変化する波形のことです．ここでは，変調信号とキャリア信号の積を取ることで，AM変調波を実現しています．**図5-29**に示すように，回路はキャリア信号Vc，変調信号Vsig，VcとVsigの積を取り出すビヘイビア電圧源Bamからなっています．

▶Vc，Vsig，Bamの設定

[Vc]　Amplitude:1　Freq:50k　[Vsig]　Amplitude:0.5　Freq:1k

[Bam]　V=V(carrier)*(1+V(sig))

＜関連項目＞

[54]SINE電源の属性を指定する，[61]ビヘイビア電源を使う

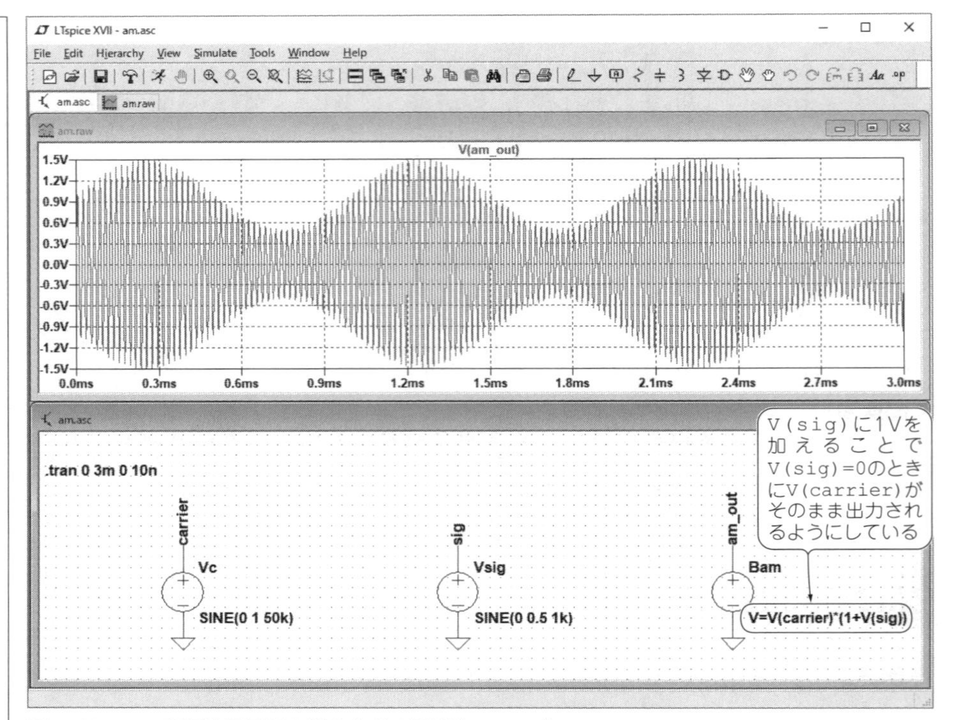

図5-29　AM変調波電圧源の設定とその波形(am.asc)

付属CD-ROMのSimulation Dataフォルダにある回路図am.ascを読み込んで，シミュレーションを実行すると()，結果が表示される．表示されない場合は，[am_out] のノードをクリックする

[75] 折れ線波形の振幅・時間軸をスケーリングする

＜操作＞

PWL電源の属性表示部分を右クリックし，書式に従って記述する

＜書式＞

振幅：`PWL value_scale_factor=xx (time1 value1 time2 value2 ･･･)`

時間軸：`PWL time_scale_factor=xx (time1 value1 time2 value2 ･･･)`

［備考］振幅と時間軸の両方を同時に設定することもできる．

＜説明＞

PWL電源は，その振幅あるいは時間軸をスケーリングすることができます．これを用

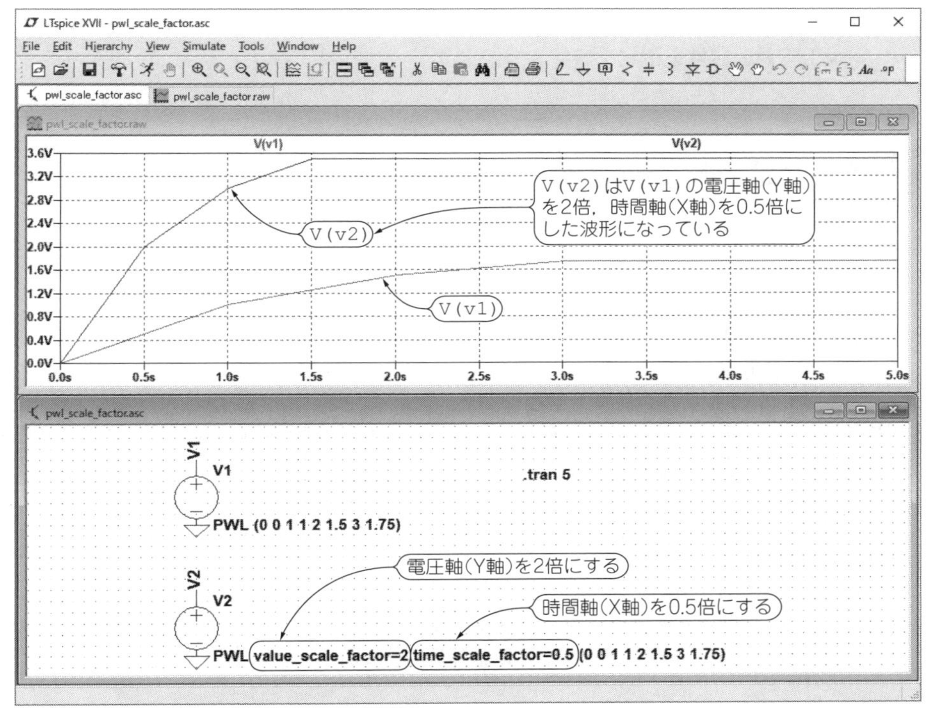

図5-30　PWL電圧源にスケーリングを適用した例(pwl_scale_factor.asc)
付属CD-ROMのSimulation Dataフォルダにある回路図pwl_scale_factor.ascを読み込んで，シミュレーションを実行すると(　)，結果が表示される．表示されない場合は，[v1] [v2] のノードをクリックする

いると，個々の設定を変更することなく，振幅や時間軸を簡単に変更することができます．

図5-30は，V2はV1に対して振幅を2倍に，時間軸を1/2にスケーリングした例で，V2を，

　PWL value_scale_factor=2 time_scale_factor=0.5 (0 0 1 1 2 1.5 3 1.75)

とし，(0 0 1 1 2 1.5 3 1.75)の部分はV1と同じですが，value_scale_factor=2で振幅を2倍に，time_scale_factor=0.5で時間軸を1/2にしています．**図5-30**の波形を見ると，V1に対してV2は振幅が2倍で時間は1/2になっていることがわかります．

＜関連項目＞

[57]PWL電源の属性を指定する

[76] 電圧制御電圧源の倍率を設定する

＜操作＞

電圧制御電圧源<e>/<e2>を配置する　→　(1)または(2)

(1)「E」の上でカーソルがIとなっているときに，右クリックする

→倍率を設定する

(2)シンボルの上で右クリックする

→[Value]の「E」の部分をダブル・クリックして倍率を設定する

[備考]「E」は初期状態で，一度値を入れるとその値になる.

＜説明＞

電圧制御電圧源は，＋制御端子と－制御端子をもち，この制御端子間電圧で出力電圧をコントロールできる電圧源のことです．シンボルe，e2を使うと入出力関係に一定倍率を設定でき，これは電圧増幅率や電圧減衰率に相当します．シンボルのeとe2の違いは，

Column(5-F)

シミュレーション実行で自動生成されるファイル

LTspiceでは，回路図を作ったり，シミュレーションしたりするごとにファイルが生成されます．これらのファイルは，自分で意識して保存するファイルもあれば，自動的に生成されるファイルもあります．これらのファイルは以下のとおりで，*.ascについては自分で名前を付けますが，*.pltについては*.ascと同じ名前にする必要があり，また自動生成されるファイルについても同様に，*.ascの*と同じ名前になります.

*.asc … 回路図ファイル
*.plt … 波形表示フォーマット
*.log … シミュレーションを実行した結果のログ・ファイル(自動生成)
*.raw … シミュレーションを実行した結果のデータ・ファイル(自動生成)
*.net … 回路図のネットリスト(自動生成)
*.fft … FFT変換後のファイル(自動生成)

制御端子の極性が逆になっているだけです．

＜例＞

- 利得：1000倍　→`1000`(または，`1e+3`，`1k`)
- 減衰率：1/1000　→`1/1000`(または，`0.001`，`1e-3`，`1m`)

＜関連項目＞

[3]部品を配置する，[4]部品の名前，値などを編集する，[5]部品の属性を編集する，[61]ビヘイビア電源を使う，[77]電圧制御電圧源(Epoly)を使う，[78]電圧制御電流源を使う，[79]電流制御電流源を使う，[80]電流制御電圧源を使う

[77] 電圧制御電圧源(Epoly)を使う

＜操作＞

電圧制御電圧源<Epoly>を配置する →(1)または(2)

(1)「E」の上でカーソルがⅠとなっているときに，右クリックする

→書式に従って関数式を記述する

(2)シンボルの上で右クリックする

→[Value]の「`POLY()`」の部分をダブル・クリックして書式に従って関数式を記述する

[備考]● 「`E`」「`POLY()`」は初期状態で，一度関数式を入れるとそれになる．

● シンボルは`Misc`フォルダにある．

＜書式＞

`value={<関数式>}`

＜説明＞

Epolyは，入出力の関係に関数式を使うことのできる電圧制御電圧源で，ビヘイビア電圧源とは表現が異なるだけで機能的には同じものと思って差し支えありません．そのため，同じように関数式には電圧・電流・時間を使うことができます．電圧はノード電圧で，電流は電圧源または抵抗に流れる電流で記述し，ディメンジョン([V][A])は無視されて値だけが使われます．使える関数は，Appendix＜関数一覧表＞を参照してください．

＜例＞

矩形波の電圧源`V1`と正弦波の電圧源`V2`があり，`V1`と`V2`を20倍したものを加算して，その絶対値を出力する電圧源の例を**図5-31**に示します．この場合，Epolyの関数式は，

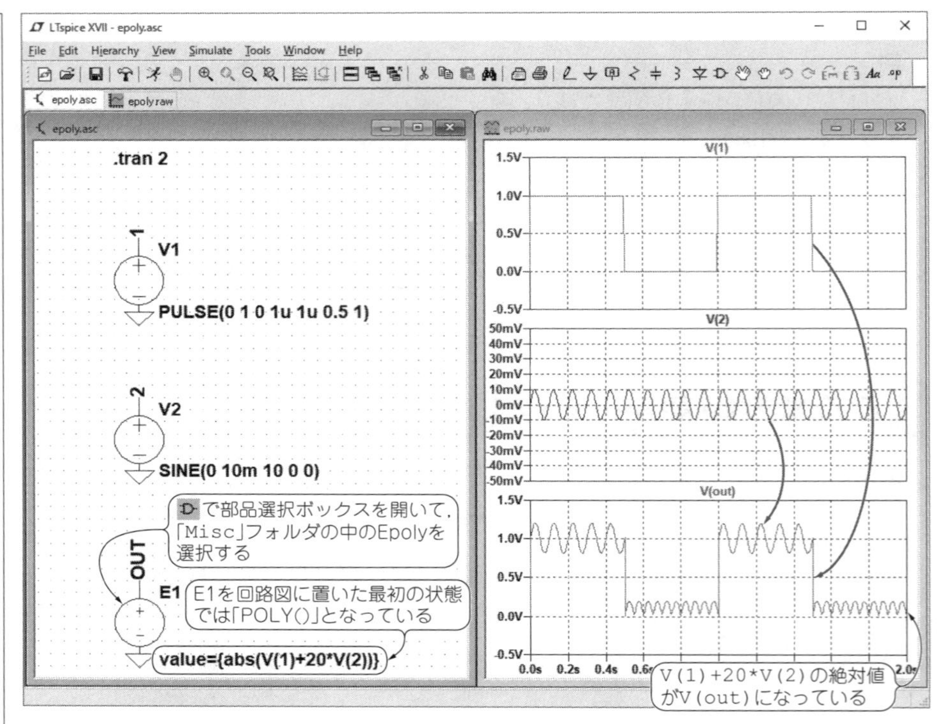

図5-31　電圧制御電圧源(Epoly)を使った例(epoly.asc)
付属CD-ROMのSimulation Dataフォルダにある回路epoly.ascを読み込んで，シミュレーションを実行すると( )，結果が表示される

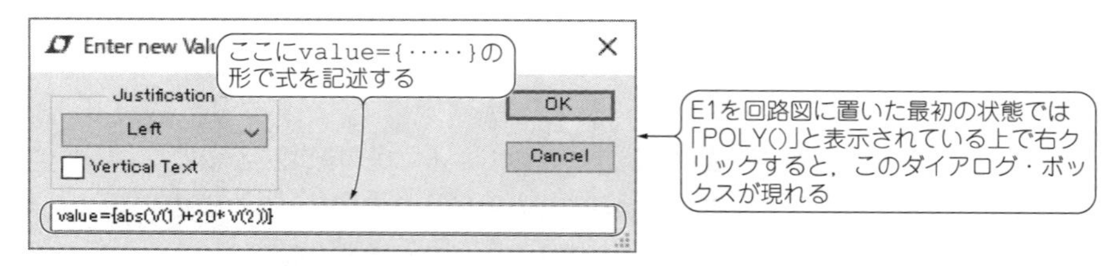

図5-32　Epolyの関数式の設定

　value={abs(V(1)+20*V(2))}

となり，その設定を行っているのが**図5-32**です．ここで，V(1)はV1のノード電圧，V(2)はV2のノード電圧です．

　E1の出力電圧V(OUT)を見ると，たしかにV1とV2を20倍したものを加算され，その結果が負になるところではそれが絶対値をとって正になっています．

<関連項目>

[3]部品を配置する，[4]部品の名前，値などを編集する，[5]部品の属性を編集する，[61]ビヘイビア電源を使う，[76]電圧制御電圧源の倍率を設定する，[78]電圧制御電流源を使う，[79]電流制御電流源を使う，[80]電流制御電圧源を使う

[78] 電圧制御電流源を使う

<操作>

(1)倍率(伝達コンダクタンス)を設定する

電圧制御電流源<g>/<g2>を配置する→(a)または(b)

(a)「G」の上でカーソルがIとなっているときに，右クリックする
→倍率を記述する

(b)シンボルの上で右クリックする
→[Value]の「G」の部分をダブル・クリックして倍率を記述する

(2)関数式を設定する

電圧制御電流源<Gpoly>を配置する→(c)または(d)

(c)「Poly()」の上でカーソルがIとなっているときに，右クリックする
→書式に従って関数式を記述する

(d)シンボルの上で右クリックする
→[Value]の「Poly()」の部分をダブル・クリックして，書式に従って関数式を記述する

[備考]
- 「E」「Poly()」は初期状態で，一度値や関数式を入れるとそれになる．
- GpolyのシンボルはMiscフォルダにある．

<書式>

value={<関数式>}

<説明>

電圧制御電流源とは，制御電圧で出力電流をコントロールできる電流源のことです．電圧制御電流源のように，一定の倍率を設定したり，関数式を記述したりできます．一定の倍率を設定すると，これは伝達コンダクタンス(出力電流/制御電流)に相当します．

使い方は電圧制御電圧源の場合と同じで，関数式を記述する場合はシンボルをGpolyに

します.

<関連項目>

[3]部品を配置する，[4]部品の名前，値などを編集する，[5]部品の属性を編集する，[61]ビヘイビア電源を使う，[76]電圧制御電圧源の倍率を設定する，[77]電圧制御電圧源(Epoly)を使う，[79]電流制御電流源を使う，[80]電流制御電圧源を使う

[79] 電流制御電流源を使う

<操作>

電圧制御電流源<f>を配置する →(1)または(2)

(1)「F」の上でカーソルがⅠとなっているときに，右クリックする

→書式に従って関数式を記述する

(2)シンボルの上で右クリックする

→[Value]の「F」の部分をダブル・クリックして，書式に従って関数式を記述する.

[備考]「F」は初期状態で，一度関数式を入れるとその式になる.

<書式>

```
value={<関数式>}
```

<説明>

電流制御電流源とは，制御電流で出力電流をコントロールできる電流源のことです．使い方は電圧制御電圧源や電圧制御電流源と同じですが，こちらには単純に倍率を設定するだけのシンボルは用意されていないため，単に倍率を設定したい場合は，関数式を定数にします.

<関連項目>

[3]部品を配置する，[4]部品の名前，値などを編集する，[5]部品の属性を編集する，[61]ビヘイビア電源を使う，[76]電圧制御電圧源の倍率を設定する，[77]電圧制御電圧源(Epoly)を使う，[78]電圧制御電流源を使う，[80]電流制御電圧源を使う

[80] 電流制御電圧源を使う

<操作>

電圧制御電流源<h>を配置する→(1)または(2)

(1)「H」の上でカーソルが I となっているときに，右クリックする

→書式に従って関数式を記述する

(2)シンボルの上で右クリックする

→[Value]の「H」の部分をダブル・クリックして，書式に従って関数式を記述する

[備考]「H」は初期状態で，一度関数式を入れるとその式になる.

<書式>

value={<関数式>}

<説明>

電流制御電圧源は，制御電流で出力電圧をコントロールできる電圧源のことです．使い方は，電流制御電流源と同じです.

<例>

- 電圧源V1に流れる電流の10倍の電圧を出力する.

→value={10*V(V1)}

<関連項目>

[3]部品を配置する，[4]部品の名前，値などを編集する，[5]部品の属性を編集する，[61]ビヘイビア電源を使う，[76]電圧制御電圧源の倍率を設定する，[77]電圧制御電圧源(Epoly)を使う，[78]電圧制御電流源を使う，[79]電流制御電圧源を使う

[81] 電圧/電流制御スイッチを使う

<操作>

① 電圧制御スイッチ/電流制御スイッチのモデルを設定する

ツールバー：.op→書式に従って.MODELでパラメータを記述する

② スイッチを配置する

電圧制御スイッチ<sw>／電流制御スイッチ<csw>を配置する

→シンボルの上で右クリックする

→[SpiceModel]のValueの部分に，上で設定したモデル名を入力する

→[Value]のValue(「SW」/「CSW」)を削除する

［備考］「SW」「CSW」は初期状態.

<書式>

電圧制御スイッチ：.MODEL <モデル名> SW(<パラメータ名1>=<値1>
[<パラメータ名2>=<値2> ...])

電流制御スイッチ：.MODEL <モデル名> CSW(<パラメータ名1>=<値1>
[<パラメータ名2>=<値2> ...])

<説明>

スイッチにはデフォルトのモデルが用意されていないので，スイッチのシンボルを置く

表5-1　電圧/電流制御スイッチのパラメータ

パラメータ名	意　味	単位	デフォルト値
Vt	スレッショルド電圧	V	0
Vh	ヒステリシス電圧	V	0
Ron	ON 抵抗	W	1
Roff	OFF 抵抗	W	1/Gmin
Lser	直列インダクタンス	H	0
Vser	直列電圧	V	0
Ilimit	制限電流	A	∞

(a) 電圧制御スイッチ

パラメータ名	意　味	単位	デフォルト値
It	スレッショルド電圧	A	0
Ih	ヒステリシス電圧	A	0
Ron	ON 抵抗	W	1
Roff	OFF 抵抗	W	1/Gmin

(b) 電流制御スイッチ

Column(5-G)

2つの電圧制御電圧源<Epoly>と<e>

電圧制御電圧源には，<e>と<Epoly>の2つのシンボルが用意されています．<e>は制御端子をもち，この制御端子に対して出力電圧が一定倍されるもので，<Epoly>は制御端子をもたずに関数式の中でノード電圧を記述します．

<Epoly>で<e>の制御端子のノード電圧を一定倍にすれば同じことになります．たとえば，<e>で制御端子をノード[1]に接続して100倍することと，<Epoly>で「value={100*V(1)}」とすることは等しいということです．これは，電圧制御電流源の<g>と<Gpoly>の関係でも同じことが言えますし，電流制御電圧源，電流制御電流源で一定倍率の出力を得る場合も同じ考えが適用できます．

だけではシミュレーションを行うことはできず，そのスイッチのモデルを設定する必要があります．

モデルのパラメータ設定は，SPICE Directiveで`.MODEL`を使って行います．書式に従ってパラメータを記述し，これを回路図上に置きます．モデル名は任意でかまいませんが，自分でわかりやすい名前にします．次に，スイッチのシンボルを置いたら，属性指定で[SpiceModel]をモデル・パラメータ設定のときに指定した名前にします．

ヒステリシスを負の値にすると(`Vh<0`，`Ih<0`)，ON/OFFを瞬時に遷移するのではなく，その区間を滑らかに遷移します．

<例>

スレッショルド電圧2.5 V，ヒステリシス電圧0.2 V，ON抵抗1 mΩの電圧制御スイッチを使った例を**図5-33**に示します．`.MODEL`(**図5-33**では，大文字/小文字の使い分けが

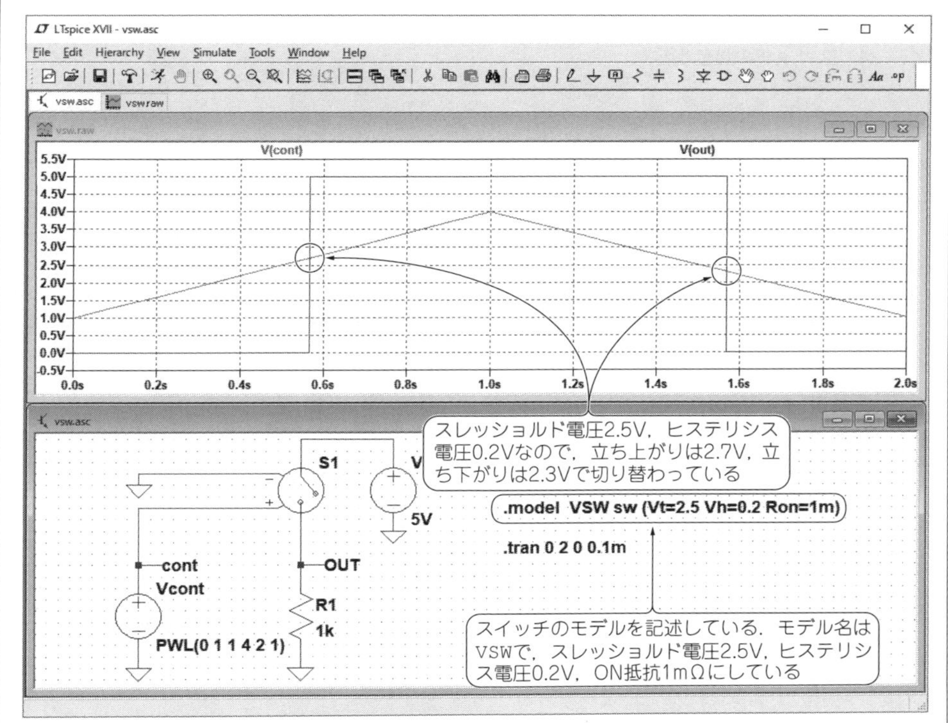

図5-33　電圧制御スイッチを用いた例(`vsw.asc`)
付属CD-ROMのSimulation Dataフォルダにある回路図`vsw.asc`を読み込んで，シミュレーションを実行すると( )，結果が表示される．表示されない場合は，[cont] [out] のノードをクリックする

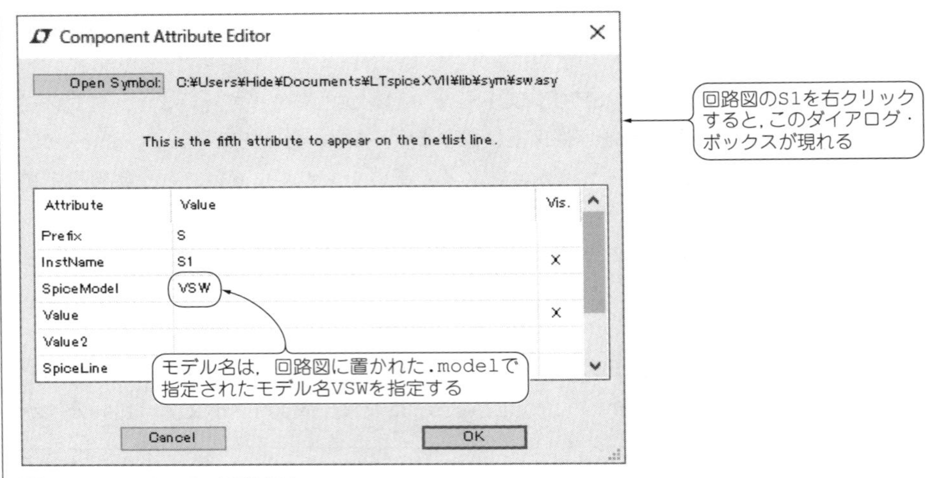

図5-34　スイッチの属性指定

ないので.model)でこのスイッチのモデルを記述しています．ここでは，モデル名はVSWとしており，スイッチの属性指定で[SpiceModel]にこのVSWを指定しています(**図5-34**)．

シミュレーション結果を見ると，スイッチがONするとき(V(out)が立ち上がるとき)にはVcont=2.7VでONし，OFFするとき(V(out)が立ち下がるとき)にはVcont=2.3VでOFFしていることがわかります．

＜関連項目＞

[3]部品を配置する，[5]部品の属性を編集する

第6章

電圧や電流の変化を波形表示させる

波形ビュー

シミュレーションの結末を波形で見る

本章では，スケールの変更，値の読み取り方，波形の追加や削除，テキストや図形の書き込み方法などを紹介します．

[82] 電圧や電流の波形を表示する

<操作>

□[回路図上で観測したいノードにカーソルを移動]

→電圧の場合は，電流の場合はになったらそこでクリックする

□ツールバー：→表示させたい変数を選択する

□メニュー：[Plot Settings]＞[Visible Traces]

→表示させたい変数を選択する

□右クリック：(Ⅳ)[Visible Traces]

：(XⅦ)＞[Visible Traces]

<説明>

シミュレーションを実行した後に，電圧や電流波形を表示させることができます．(2)と(3)の方法では，表示可能な電圧/電流が表示されます．ここで，表示させたい電圧/電流を選択します．[CTRL]を押しながら選択すると複数選択でき，[SHIFT]を押しながら選択するとその範囲の電圧/電流を選択可能です．

(1)の操作は回路図ペインがアクティブになっていないとやのアイコンは表示されません．また，(3)は波形ビュー・ペインがアクティブになっていないとメニューに[Plot Settings]は表示されません．ペインをアクティブにするには，それぞれのペインのどこ

かをクリックします.

＜関連項目＞

[83]グラフ表示の基準となるノードを変更する，[84]2点間の電圧を表示する

[83] グラフ表示の基準となるノードを変更する

＜操作＞

□メニュー：[View]＞[Set Probe Reference] →[基準としたいノードでクリック]

□回路図上で右クリックする →(Ⅳ)[Set Probe Reference] →◆

→(XⅦ)[WaveForms]＞[Set Probe Reference] →◆

◆[基準としたいノードでクリック]

＜説明＞

上記の操作を行うと，クリックしたノードに黒(通常は赤)のが置かれます．そうすると，次からはここを基準とする波形が表示されます．解除は[ESC]で行います.

＜関連項目＞

[82]電圧や電流の波形を表示する，[84]2点間の電圧を表示する

[84] 2点間の電圧を表示する

＜操作＞

観測したいノードでマウスをドラッグし，基準としたいノードでボタンを離す.

＜説明＞

波形を観測したいノードにカーソルを移動して形状がとなったらそこでクリックし，そのまま基準としたいノードまでカーソルを移動して，マウスのボタンを離します．カーソルの色は，最初のノードでは赤，移動中は灰色，基準点にするノードで黒になります．このようにすると，カーソルが赤のほうがプラス側，黒の方がマイナス側になります.

＜関連項目＞

[82]電圧や電流の波形を表示する，[83]グラフ表示の基準となるノードを変更する

[85] 電力波形を表示する

＜操作＞

観測したい部品の上にカーソルを移動する

→[ALT]を押してカーソルが になったらそこでクリックする

＜説明＞

電力(電圧×電流)の波形を表示できます．電圧や電流の向きによっては電力が負になることもあります．その場合はグラフの上に表示されている変数名を右クリックして，式の一番左にマイナスを付けると，反転して電力は正になります．

＜関連項目＞

[86]グラフを追加する，[87]表示されているグラフを消去する，[99]波形の平均値/実効値/発熱量を読む

[86] グラフを追加する

＜操作＞

□回路図上で追加表示させたいノードにカーソルを移動する

→電圧の場合は ，電流の場合は になったらそこでクリックする

□メニュー：[Plot Settings]＞[Add Traces] →◆

□ホットキー：[CTRL]+[A] →◆

□右クリック：[Add Traces] →◆

◆表示させたい変数を選択する

＜説明＞

現在表示されている波形に追加して，新しい波形を表示させることができます．

＜関連項目＞

[82]電圧や電流の波形を表示する，[87]表示されているグラフを消去する

[87] 表示されているグラフを消去する

＜操作＞

□ツールバー：　　　　　　　　　　　□ホットキー：[F5]

□メニュー：[Plot Settings]＞[Delete Traces]

□右クリック：(XⅦ)[Edit]＞[Delete]

□Y軸変数にカーソルをもって行き，カーソルが　になったときに右クリックする
　→[Delete this Trace]をクリックする

＜説明＞

上記の操作を行うとカーソルが　に変化します．この状態で波形グラフの上に表示されている変数名の上でクリックすると(**図6-1**)，その波形が消去されます．

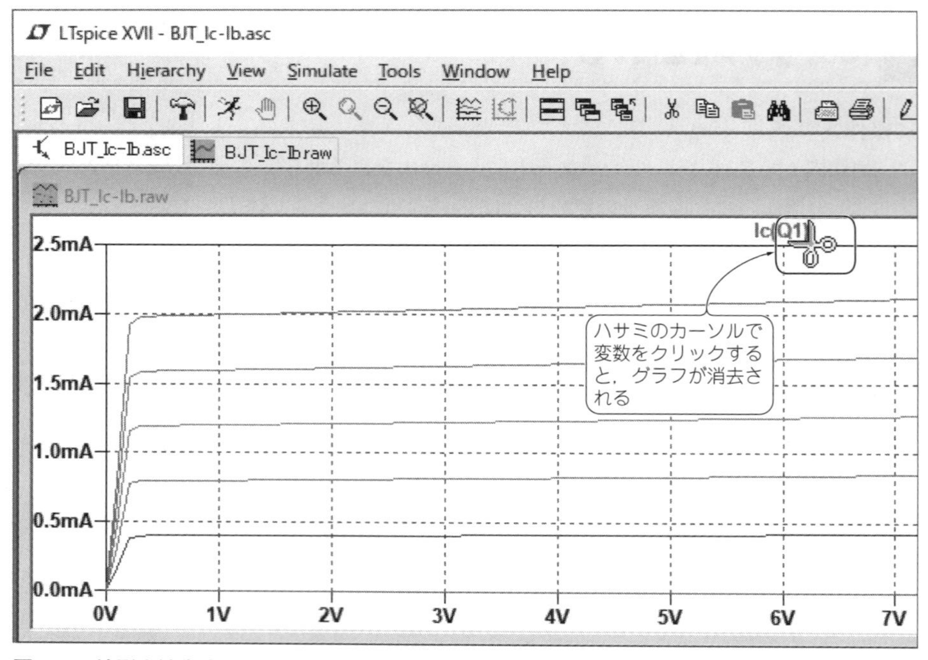

図6-1　波形を消去する

<関連項目>

[82]電圧や電流の波形を表示する，[86]グラフを追加する，[96]Y軸の変数を編集する

[88] ステップ解析の複数のグラフから指定した波形だけ表示させる

<操作>

(1)ステップ変化させる変数で指定する

□メニュー：[Plot Settings]＞[Select Steps] → ◆

□右クリック：(Ⅳ)[Select Steps] → ◆

：(ⅩⅦ)[View]＞[Select Steps] → ◆

◆[表示させたいステップを選択]

(2)表示している波形で指定する

グラフの上の変数名の上で右クリックする

→[変数名@<表示したいステップ番号>]と入力する

[備考]1つの出力で1つの波形しか表示できない．

<説明>

ステップ解析をすると複数の波形が表示されます．その中から見たい波形だけを選択し

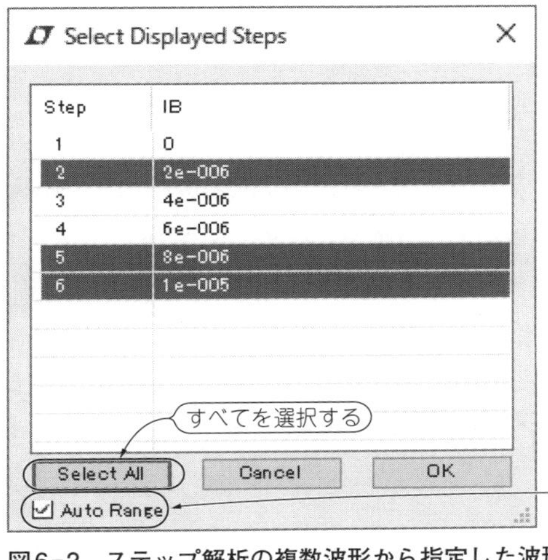

図6-2　ステップ解析の複数波形から指定した波形のみを表示させる

て表示させることができます．ステップ変化させる変数で指定する場合は，(1)の操作を行うと図6-2のようなダイアログ・ボックスが現れるので，表示させたいステップを選択します．その際，[CTRL]あるいは[SHIFT]を押しながら選択すると複数選択が可能です(Windowsのキー操作と同じ)．また，表示している波形で指定するには(2)の操作をします．たとえば，`Ic(Q1)`の3番目のステップの波形を表示させたいような場合には，「`Ic(Q1)@3`」と指定します．

<関連項目>

[82]電圧や電流の波形を表示する，[87]表示されているグラフを消去する

[89] 表示されているグラフの色を変える

<操作>

グラフの上にある変数名の上で右クリックする →[Default Color]

<説明>

[Default Color]の色を選択することで，グラフの色を変更することができます．

[90] 計算ポイントを点表示する

<操作>

□メニュー：[Plot Settings]＞[Mark Data Points]

<説明>

デフォルトでは，グラフは連続した線で表示されていますが，実際はシミュレータが数点の計算結果をつないで描いています．これらの計算ポイントをドットで表示させることができます(図6-3)．

[91] 目盛りの最小値，最大値，ステップ幅を設定する

<操作>

□X軸またはY軸上にカーソルをもって行き，カーソルが━または┃になったときに

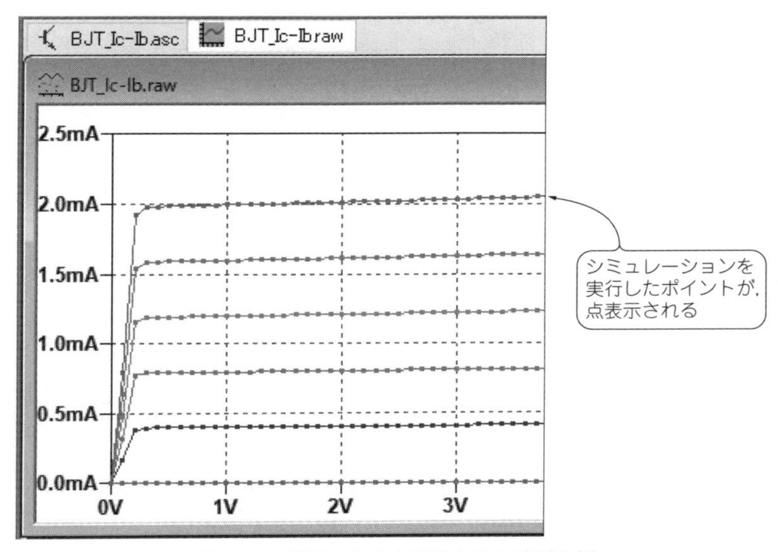

図6-3　シミュレーション・ポイントを点表示させた波形の例

クリックする(Ⅳ：左クリック，XⅦ：右クリック)→◆

□メニュー：[Plot Settings]＞[Manual Limits]→◆

□右クリック：(XⅦ)[View]＞[Manual Limits]→◆

◆下記に従って値を入力

X軸：[Left]最小値，[Tick]ステップ幅，[Right]最大値

Y軸：[Top]最大値，[Tick]ステップ幅，[Bottom]最小値

＜説明＞

上記の(1)の操作を行ったときのダイアログ・ボックスを**図6-4**に示します．このときは，現在設定されている値が入っています．これを表示させたいスケールに変更すると，グラフの軸が変更されます．(2)の操作では，**図6-4**の(a)と(b)が足し合わされたダイアログ・ボックスとなります．AC小信号解析の結果が表示されているときは，Y軸については**図6-4**ではなく**図6-5**のようなダイアログ・ボックスが現れますが，考え方は同じです．

＜関連項目＞

[92]リニア・スケール表示とログ・スケール表示を切り替える，[93]Y軸の目盛りをオート・スケールにする

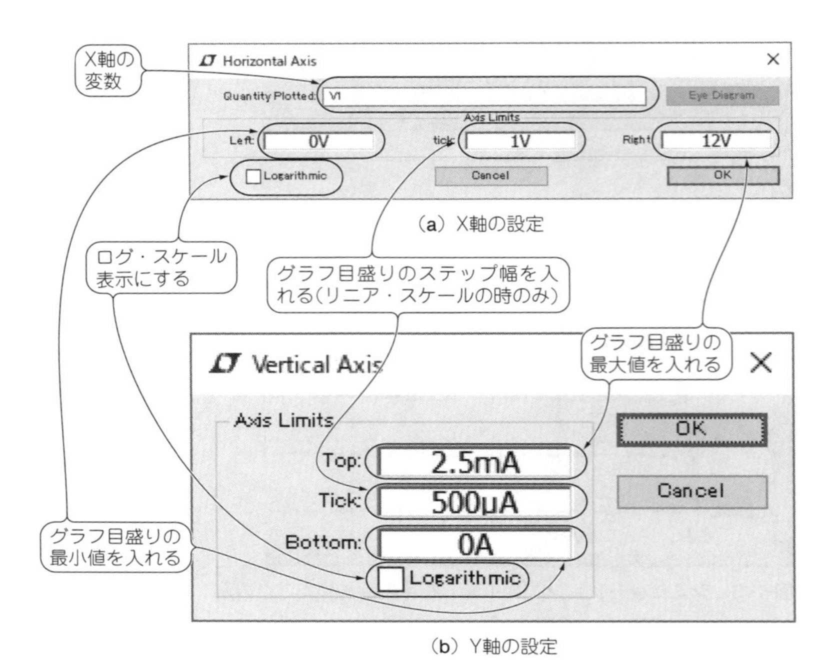

(a) X軸の設定

(b) Y軸の設定

図6-4　目盛りの最大値，最小値，ステップ幅を設定するダイアログ・ボックス

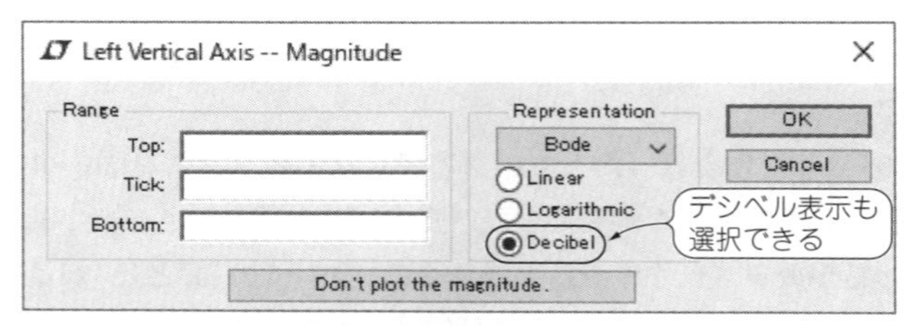

図6-5　AC小信号解析結果が表示されているときのY軸の場合

[92] リニア・スケール表示とログ・スケール表示を切り替える

＜操作＞

□X軸またはY軸上にカーソルをもって行き，カーソルが ▮ になったときにクリックする（Ⅳ：左クリック，XⅦ：右クリック）→◆

□メニュー：[Plot Settings]＞[Manual Limits] →◆

□右クリック：（XⅦ）[View]＞[Manual Limits]

◆[Logarithmic]のチェックをはずすとリニア・スケール
　[Logarithmic]のチェックを入れるとログ・スケール

＜説明＞

X軸，Y軸の目盛りがリニア・スケールかログ・スケールかは，シミュレーションの種類によって自動的に決まりますが，**図6-4**において[Logarithmic]にチェックを入れるかどうかで，後から変更することができます．

AC小信号解析の結果が表示されているときには，Y軸については**図6-4**ではなく，**図6-5**のようなダイアログ・ボックスが現れます．初期状態ではdB表示（Decibel）になっていますが，リニア・スケールやログ・スケールに変更することができます．

＜関連項目＞

[91]目盛りの最小値，最大値，ステップ幅を設定する

[93] Y軸の目盛りをオート・スケールにする

＜操作＞

□ツールバー：

□メニュー：[Plot Settings]＞[Autorange Y-axis]

□ホットキー：[CTRL]＋[Y]

□右クリック：[Autorange Y-axis]

＜説明＞

Y軸のスケールを変更した後に，上記の操作を行うとオート・スケールとなって初期のスケールに戻ります．Y軸のスケールを変更した場合や拡大表示をしたときに，最初の状態に戻すことができます．ただし，リニア/ログ・スケール/dB表示を切り替えている

場合は，その表示の種類は変わりません．

＜関連項目＞

[91]目盛りの最小値，最大値，ステップ幅を設定する

[94] 目盛りの補助線の表示/非表示を切り替える

＜操作＞

□メニュー：[Plot Settings]＞[Grid]

□ホットキー：[CTRL]+[G]

＜説明＞

グラフに目盛りの補助線を表示させるかどうかを切り替えることができます．メニューによる方法では[Grid]にチェックが入っている状態で表示され，ホットキーによる方法ではサイクリックにグリッドの表示/非表示が切り替わります．

[95] X軸の変数を変更する

＜操作＞

X軸変数にカーソルをもって行き，カーソルが▭になったときにクリックする(Ⅳ：左クリック，XⅦ：右クリック)

→[Quantity Plotted]に変数を入力する

＜説明＞

図6-4(a)において，[Quantity Plotted]をほかの変数に置き換えると，X軸はその置き換えられた変数となります．また，単に他の変数に置き換えるのではなく，演算も行うことができるので，多彩なグラフ表示が可能となります．

＜例＞

- V(1)からI(R1)に変更する →`I(R1)`
- V(1)の極性を反転する →`-V(1)`
- V(1)の10倍 →`10*V(1)`

＜関連項目＞

[96]Y軸の変数を編集する

[96] Y軸の変数を編集する

<操作>

Y軸の変数にカーソルをもっていき，カーソルが☜になったときに右クリックする

→[Enter an algebraic expression to plot]に変数を入力する

<説明>

図6-6のダイアログ・ボックスで，Y軸の変数を編集します．各種関数が使えるので，多彩なグラフ表示が可能となります．

<例>

- V(1)の極性を反転する →`-V(1)`
- V(1)とV(2)の差 →`V(1)-V(2)`
- V(IN)とV(OUT)の比率 →`V(OUT)/V(IN)`
- V(IN)とV(OUT)のdB比率 →`20*log10(V(OUT)/V(IN))`
- I(1)の絶対値 →`abs(I(1))`

<関連項目>

[87]表示されているグラフを消去する，[95]X軸の変数を変更する，[98]カーソル位置のグラフの値を読む

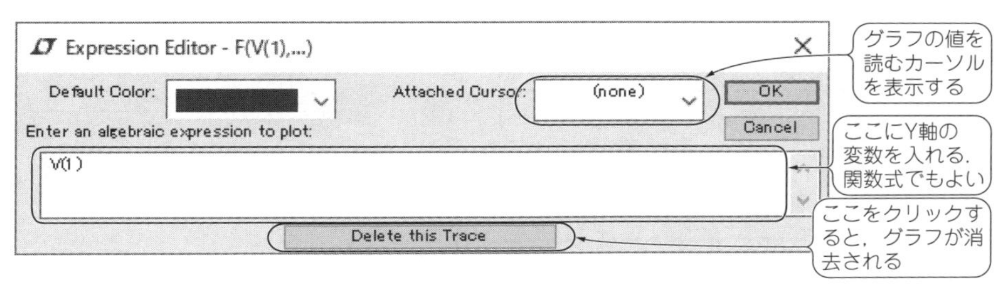

図6-6　Y軸の変数を編集するダイアログ・ボックス

[97] カーソル位置の値を読む

<説明>

カーソルの位置のX軸，Y軸の値はステータス・バーにその値が表示されます．また，

カーソルをドラッグすると，そのX軸/Y軸の差分が表示されます．グラフを拡大すれば，読み取り精度も高めることができます．

＜関連項目＞

[98]カーソル位置のグラフの値を読む，[100]グラフの選択した範囲を拡大する，[168]特定条件に合致する値を求める

[98] カーソル位置のグラフの値を読む

＜操作＞

(1) 1つのカーソル位置の波形を読む

[グラフの上にある変数名の上で左クリック]

→[グラフ上に十字カーソルが現れるので，そこにマウス・カーソルをもっていき，カーソルが①になった状態で読みたいところに移動する]

(2) 2つのカーソル位置の波形を読む

[グラフの上にある変数名の上で2回左クリック]

→[グラフ上に十字カーソルが現れるので，そこにマウス・カーソルをもっていき，カーソルが①あるいは②になった状態で読みたいところに移動する]

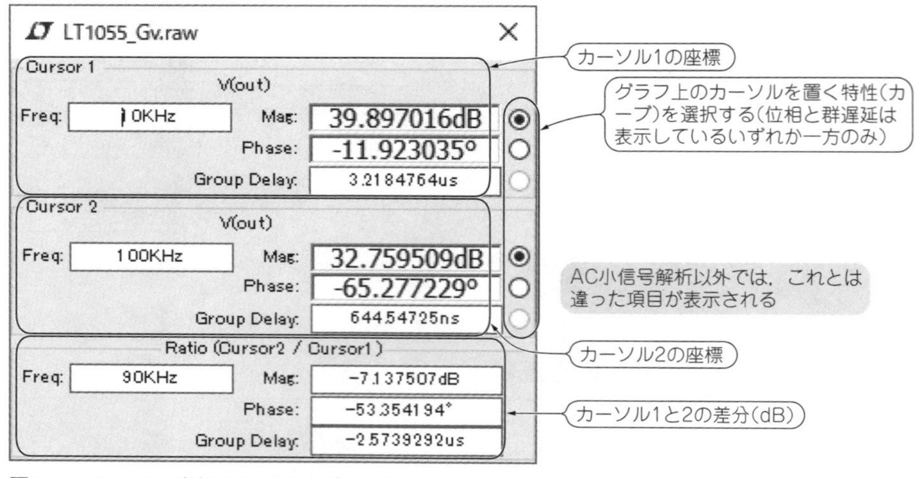

図6-7　カーソル座標を表示するダイアログ・ボックス

＜説明＞

グラフの上にある変数名をクリックすることで，カーソル位置を表示するダイアログ・ボックスが現れます．これで①や②を移動することで，カーソル位置の正確な値を読み取ることができます．**図6-7**は，周波数特性のグラフにおいて(2)の操作を行ったときのダイアログ・ボックスです．カーソル1でf = 10 kHzにおける利得・位相・群遅延が，カーソル2でf = 100 kHzの値，さらにその差分も表示されます．

なお，(1)の操作ではカーソル1のみ，(2)の操作ではカーソル1とカーソル2が表示されます．グラフの上にある変数名を右クリックして現れるダイアログ・ボックスで，[Attached Cursol]でどれを表示するかを選択することができます．また，特定条件に合致したポイントの値を読むような場合は，.MEASUREを使った方法のほうが便利です．

＜関連項目＞

[96]Y軸の変数を編集する，[97]カーソル位置の値を読む，[100]グラフの選択した範囲を拡大する，[168]特定条件に合致する値を求める

[99] 波形の平均値/実効値/発熱量を読む

＜説明＞

グラフの上にある変数名の上で，[CTRL]+左クリックする

＜説明＞

電圧/電流波形の場合，[Interval Start]から[Interval End]までの区間の電圧/電流の平均値と実効値が，**図6-8(a)**のように表示されます．また電力波形の場合は，[Interval Start]から[Interval End]までの区間の平均電力とその区間の発熱量が，**図6-8(b)**のよ

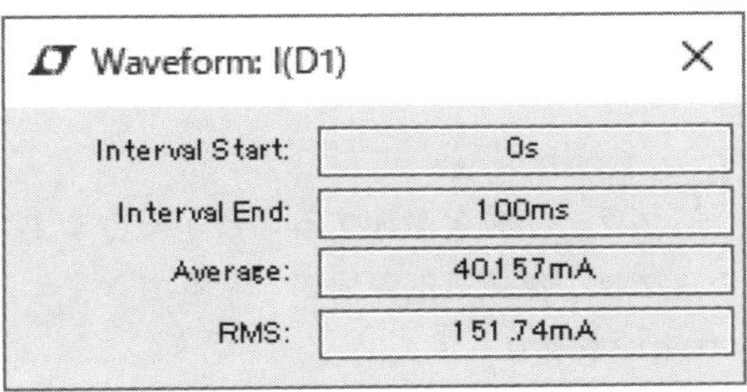

(a) 平均値と実効値の表示

Waveform: I(R1)*V(v+)
Interval Start: 0s
Interval End: 100ms
Average: 728.25mW
Integral: 72.825mJ

(b) 平均電流と発熱量の表示

図6-8　波形の平均値/実効値/発熱量を表示させた例

うに表示されます．

<関連項目>

［170］ステータス・バーに電圧／電流／消費電力を表示する

［100］グラフの選択した範囲を拡大する

<操作>

マウスでグラフの拡大したい領域をドラッグする

<説明>

グラフの拡大したい部分をドラッグすると，そこが拡大表示されます．元に戻すには，UNDO(［Plot Settings］>［Undo］)を行います．また，複数回拡大してから初期状態に戻すには，をクリックします．

［101］新たにグラフ領域を追加／削除する

<操作>

(1)新たにグラフ領域を追加する

□メニュー：［Plot Settings］>［Add Plot Pane］

□右クリック：［Add Plot Pane］

(2)アクティブなグラフ領域を削除する

□メニュー：［Plot Settings］>［Delete Active Pane］

［備考］グラフ領域に波形が表示されていなければ，ツールバー または［F5］で，カーソルが となった状態でグラフ領域をクリックすると，そのグラフ領域が削除される．

<説明>

現在表示されているグラフ領域に加えて，新たにグラフ領域を追加することができます．複数あるグラフ領域から，アクティブになっているグラフ領域を削除することもできます．グラフ領域をアクティブにするには，そのグラフ領域をクリックします．

[102] グラフ上にテキスト文字を書き込む

<操作>

□メニュー：[Plot Settings]＞[Notes & Annotations]＞[Place Text]

□右クリック：(XVII)＞[Draw]＞[Text]

<説明>

図6-9でテキスト文字を入力すると，グラフ上に文字を置くことができます(日本語はLTspice IVでは不可．XVIIならば可)．その際，[Color]によって色の設定も可能です．

<関連項目>

[104]グラフ上のテキスト文字・図形を移動/削除する

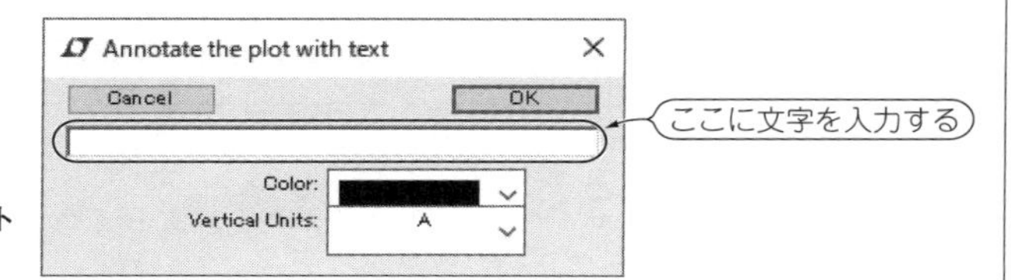

図6-9　グラフ上にテキストを置くダイアログ・ボックス

[103] グラフ上に図形を描く

<操作>

□メニュー：[Plot Settings]＞[Notes & Annotations]
→矢印 [Draw Arrow]/折れ線 [Draw Line]/四角形 [Draw Box]/円 [Draw Circle]/線種類・色 [Line Style/Color]

□右クリック：[Draw]
→矢印[Arrow]/折れ線[Line]/四角形[Rectangle]/円[Circle]/線種類・色[Line Style/Color]

<説明>

折れ線/四角形/円(楕円)の中から自分の描きたい形状を選択して，マウスを使って描くことができます(**図6-10**)．線の種類と色の選択も可能で，直線，点線，破線，一点破線，二点破線から，色は全部で13色の中から選択できます．ただし，これらは図形を描く前に選択しておく必要があります.

<関連項目>

[104]グラフ上のテキスト文字・図形を移動/削除する

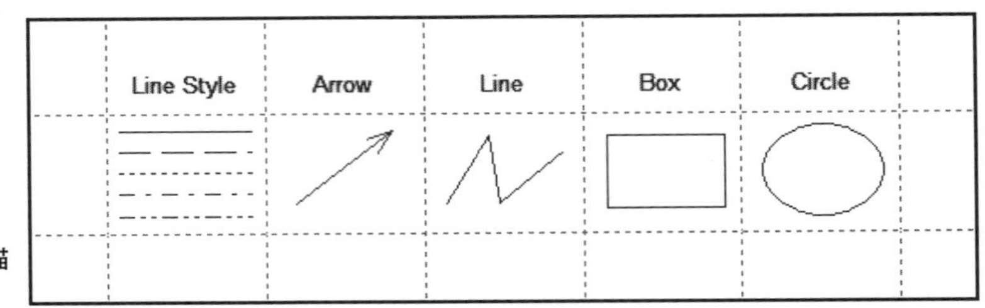

図6-10 グラフ上に描いた図形の例

[104] グラフ上のテキスト文字・図形を移動/削除する

<操作>

(1)図形を移動する

□メニュー：[Plot Settings]＞[Notes & Annotations]＞[Move] または [Drag]

(2)図形を削除する

「[9]部品または選択範囲を削除する」参照

<説明>

上記の操作により，グラフ上に置いたテキスト文字や図形を移動したり，削除したりすることができます．ドラッグして範囲を指定すると，その範囲内をまとめて移動/削除することができます．

<関連項目>

[9]部品または選択範囲を削除する，[102]グラフ上にテキスト文字を書き込む，[103]グラフ上に図形を描く

[105] グラフ表示形式を保存する

<操作>

□ツールバー：

□メニュー：[File]＞[Save Plot Settings]/[Save Plot Settings As]

□メニュー：[Plot Settings]＞[Save Plot Settings]

□右クリック：(XVII)[File]＞[Save Plot Settings]

[備考]波形ビュー画面(波形ビュー・ペイン)がアクティブになっていること.

＜説明＞

シミュレーション結果の波形を表示したグラフの表示形式(表示変数，X軸/Y軸設定など)を保存することができます．ただし，「[91]目盛りの最小値，最大値，ステップ幅を設定する」で指定した内容までは保存されません．ファイル名は，拡張子が`*.plt`で回路図の名前と同じで，デフォルトでは回路図ファイルの置かれているフォルダに保存されます.

＜関連項目＞

[106]グラフ表示形式を読み込む，[107]グラフ表示形式を再読み込みする，[142]解析結果やグラフの表示形式を保存するフィルダを変更する

[106] グラフ表示形式を読み込む

＜操作＞

□メニュー：[Plot Settings]＞[Open Plot Settings File]

＜説明＞

保存してあるグラフの表示形式を読み込むことができます.

＜関連項目＞

[105]グラフ表示形式を保存する，[107]グラフ表示形式を再読み込みする

[107] グラフ表示形式を再読み込みする

＜操作＞

□メニュー：[Plot Settings]＞[Reload Plot Settings]

□右クリック：(XVII)[File]＞[Reload Plot Settings]

＜説明＞

グラフの表示形式を再読み込みします．一度読み込んでから変更を行ったりしても，本操作により最初の状態に戻ります．当然のことながら，事前に表示形式を保存している必

要があります．

<関連項目>

[105]グラフ表示形式を保存する，[106]グラフ表示形式を読み込む

[108] よく使う定数/関数を定義する

<操作>

□メニュー：[Plot Settings]＞[Edit Plot Defs File] →◆

□右クリック：(XVII)[Edit]＞[Plot Defs Files]

◆plot.defsの中で定数/関数を定義する →[×]印をクリックして保存する

<書式>

定数：.PARAM <定数名1>=<値1>[<定数名2>=<値2> ･･･]

関数：.FUNC <関数名>={<関数>}

<説明>

波形表示において，定数や関数を定義することができます．波形ビュー画面で表示する変数を単純な電圧や電流ではなく関数や定数をよく使う場合に，よく使うものについてはこの定義をしておくと，簡単に呼び出して使うことができます．

＜操作＞の[Edit Plot Defs File]でplot.defsが別ウィンドウで開かれるので，書式に従って定数や関数を定義します．定数は複数を1行で定義できますが，関数は1行で1つしか定義できないので，複数の関数を定義するにはその数だけ定義式を記述します．なお，plot.defsはC:¥Users¥<ユーザー名>¥Documents¥LTspiceXVII(LTspiceⅣではLTspiceの実行ファイルと同じフォルダ)にあるので，テキスト・エディタで直接編集してもかまいません．

これらの定数や関数を使って波形表示を行うには，変数を指定する際に定数はそのまま記述し，関数は{}で囲って記述します．保存するには，ウィンドウ右上の[×]をクリックすると保存するかどうかを聞いてくるので，ここで保存を選ぶとここで記述した定義式が有効になります．

<例>

- 定数：$a=1$，$b=2$ → `.param a=1 b=2`
- 関数：$f_1(x)=x^2$ → `.func f1(x) {f1(x*x)}`
- 関数：$myfunc(x,\ y)=\sqrt{x^2+y^2}$ → `.func myfunc(x,y) {sqrt(x*x+y*y)}`

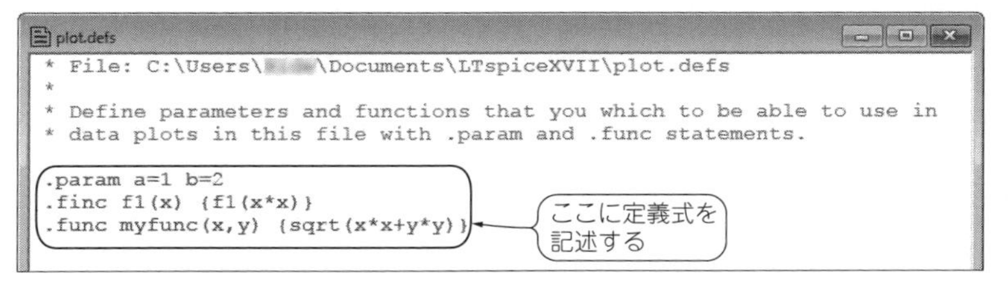

図6-11　定数と関数を定義したplot.defs
付属CD-ROMのSimulation Dataの中にある`plot.def`を使うにはLTspiceIVフォルダにコピーする必要があるが，アクセス拒否された場合はフォルダにアクセス権限を与えてから行う

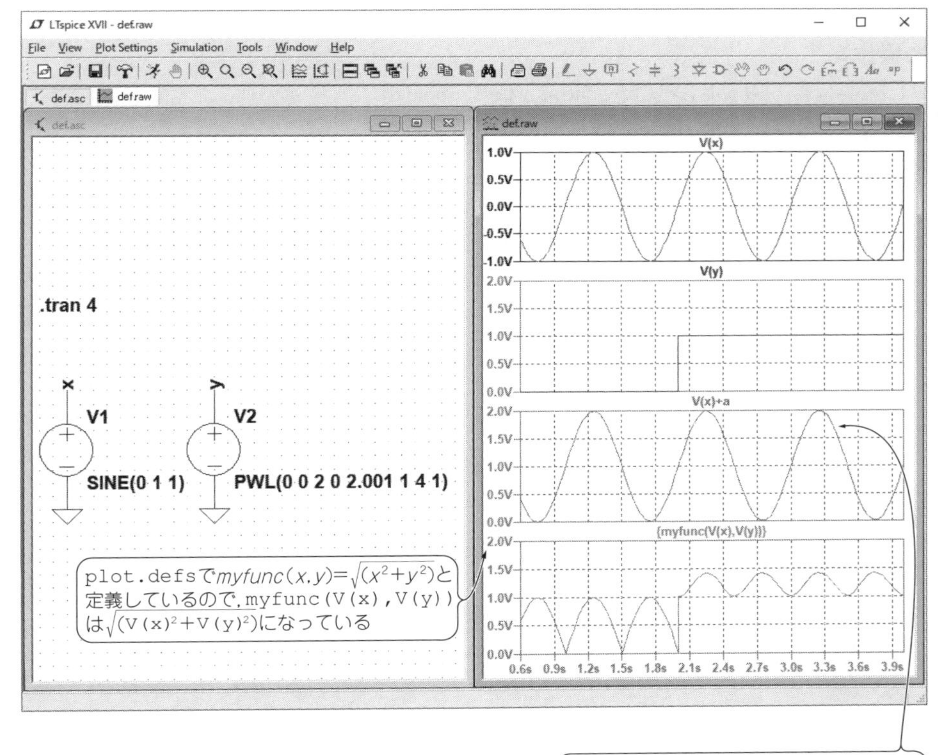

図6-12　定数と関数を用いて波形を表示した例(`def.asc`)

これらの定義を記述したplot.defsを**図6-11**に示します．定数はそのまま式の中で使いますが，関数は{ }で囲う必要があります．

この定義が行われていて，**図6-12**の回路でシミュレーションを行った結果を示します．V(x)，V(y)，V(x)+aは通常の波形を表示する方法で表示できますが，myfunc(V(x),V(y))はplot.defsで記述したときと同じように{ }で囲います．これを見ると，V(x)+aはV(x)に1Vを加えた波形，myfunc(V(x),V(y))は$\sqrt{V(x)^2+V(y)^2}$になっていることがわかります．

[109] 波形ビューの波形をクリップ・ボードにコピーする

<操作>

□メニュー：[Tools]＞[Copy bitmap to Clipboard]

□右クリック：(XVII)[View]＞[Copy bitmap to Clipboard]

<説明>

波形ビューに表示されている波形をイメージ形式でクリップ・ボードにコピーします．これにより，簡単にほかのアプリケーションに回路図を貼り付けることができます．

<関連項目>

[27]回路図をクリップ・ボードにコピーする

第7章
LTspice 標準モデルにない部品を使う
モデルとサブサーキット

アナログ・デバイセズ社以外のモデルの導入と，シンボルを作る

本章では，半導体の特性を記述しているモデルの使い方と変更方法，複数の回路部品を1つの部品のように扱うサブサーキットの作り方と編集方法について説明します．

[110] 登録されていないディスクリート半導体を使う

＜説明＞

LTspiceに登録されていないディスクリート半導体は，そのモデルを用意する必要があります．それには以下の3通りあり，それぞれ一長一短あります．具体的な方法は，次の項以降で説明します．

(1) 回路図上にモデルを直接記述する．

→「[111]回路図上にモデルを直接記述する」参照

[長所]簡単でわかりやすい．回路図を見てすぐにわかる．

[短所]回路図ごとに毎回モデルを記述する必要がある．

(2) モデルを記述したファイルを作って，.LIBでそのファイルを読み込む．

→「[112]モデルを登録してシミュレーションできるようにする」参照

[長所]モデルの記述は一度ファイルに記述するだけでよい．

追加したモデルが別ファイルになっているので，もともと登録されているモデルと区別しやすい．

[短所]回路図ごとに毎回SPICE Directiveで読み込み指定する必要がある．

LTspiceの部品リストに表示されない．

(3) LTspiceに登録されているモデルを記述しているファイルに新たに追加する．

→「[113]LTspice標準のモデル・ファイルにオリジナル・モデルを追加する」参照
[長所]LTspiceの部品リストに表示される(から選択することができる).
[短所]もともと登録されていたモデルと区別がつかない.
LTspiceのバージョン・アップで消えてしまう可能性がある.

[111] 回路図上にモデルを直接記述する

＜操作＞

① モデルを回路図上に配置する
□ツールバー：→◆
□メニュー：[Edit]＞[SPICE Directive]→◆
□右クリック：(XVII)[Draft]＞[SPICE Directive]→◆
◆[書式に従って.MODELでモデルを登録する]
② 登録した部品を使う部品の名前を，.MODELで記述した部品名にする.

＜説明＞

SPICE directiveで.MODELコマンドを使ってモデルを記述し，それを回路図上に置きます(①). 次に，.MODELで記述した部品名を回路図上の部品の名前として使うことで，その部品を使ったシミュレーションが行えるようになります(②). 書式や部品の名前の付け方は，LTspiceのヘルプ([LTspice XVII]＞[LTspice]＞[Circuit Elements])を参照してください.

＜例＞

- ダイオード1N914を使う
→SPICE directiveで下記のモデルを記述して回路図上に置く.

```
.MODEL 1N914 D(Is=2.52n Rs=.568 N=1.752 Cjo=4p M=.4
tt=20n Iave=200m Vpk=75 mfg=OnSemi type=silicon)
```

(便宜上，LTspiceに登録されている1N914のモデルをそのまま使っている)

＜関連項目＞

[4]部品の名前，値などを編集する，[5]部品の属性を編集する，[110]登録されていないディスクリート半導体を使う，[112]モデルを登録してシミュレーションできるようにする，[113]LTspice標準のモデル・ファイルにオリジナル・モデルを追加する，[148]SPICE Directive入力ボックスを開く

Column(7-A)

モデルの書式

部品の特性を表現するモデルは.MODELで定義され，以下のような書式で表されます．

.MODEL <モデル名> <type>[(パラメータ1=値1<パラメータ2=値2 …>)]

モデル名は部品の型名などに相当するもので，場合によっては自分で独自に名前を付けてもかまいません．また，typeはAppendix<部品一覧表>の中の部品の種類によって「type」を用います．

LTspiceにあらかじめ登録されているデバイスからいくつか見てみると，以下のようになっています．

▶1N914(スイッチング・ダイオード)

.MODEL 1N914 D(Is=2.52n Rs=.568 N=1.752 Cjo=4p M=.4 tt=20n ……)

▶2N3904(汎用NPNトランジスタ)

.MODEL 2N3904 NPN(IS=1E-14 VAF=100 Bf=300 IKF=0.4 XTB=1.5 ……)

▶IRF510(Nチャネル縦型DMOSFET)

.MODEL IRF510 VDMOS(Rg=3 Vto=3.8 Rd=200m Rs=54m Rb=250m ……)

.MODELに続くモデル名はデバイスの型名，その次のtypeはAppendix<部品一覧表>の中で記載されているものと同じです．これを見てもらえば，パラメータの意味はわからなくても，書式がどのようになっているかがわかると思います．

半導体のパラメータについてはここで簡単に説明できるようなものではなく，それだけで1冊の本になってしまうくらいなので，ここでその内容の説明はしませんが，興味のある方は調べてみてください．

半導体以外の受動部品については半導体ほど複雑ではありません．しかし，パラメータとして供給されているものはほとんど見当たらず，データシートや実測データから自分で作成する必要があります．これについては，それぞれのLTspiceのヘルプを参照してください．

[112] モデルを登録してシミュレーションできるようにする

<操作>

① .MODELの書式に従ってモデルを記述し，これをモデル登録ファイルとして保存する．

② 登録した部品を使う部品の名前を，.MODELで記述した部品名にする．

③ 回路図上でモデル登録ファイルを読み込む

□ツールバー：.op →◆

□メニュー：[Edit]＞[SPICE Directive] →◆

□右クリック：(XVII) [Draft]＞[SPICE Directive] →◆

◆「.LIB <絶対パス名>」と記述して回路図上に置く

[備考] モデル登録ファイルをドキュメントのLTspice XVII ¥lib¥subフォルダ，LTspice XVII ¥lib¥cmpフォルダ，または回路図の置いてあるフォルダに置いた場合は，ファイル名のみで可．LTspice XVIIの場合は，パスを通せばファイル名のみで可．

＜説明＞

最初に使いたいモデルを.MODELの書式に従ってテキストで記述します．.MODELの書式は部品の種類によって違っていますので，これについてはLTspiceのヘルプを参照してください．

次にモデル登録ファイルとして保存しますが，通常，拡張子は.libとします．ファイルを保存する場所は，基本はドキュメントのLTspiceXVII¥lib¥subですが，ここにはLTspiceであらかじめ登録されているファイルも多数あるので，たとえばLTspiceXVII¥libの下にmylibというようなフォルダを作り，そこに保存するとわかりやすいでしょう(C:¥Users¥<ユーザー名>¥Documents¥LTspiceXVII¥lib¥mylib) (①)．

この部品を使うには，回路図の中でその部品を使うシンボルの部品名を，.MODELで記述された部品名にします(②)．シミュレーションで登録ファイルを読み込むには，.LIBコマンドを使い(または.INC)，ファイル名または絶対パス名を指定して回路図上に置きます(③)．ここでモデル登録ファイルを回路図ファイルと同じフォルダ，LTspiceXVII¥lib¥subフォルダ またはLTspiceXVII¥lib¥cmpフォルダのいずれかに置く場合はファイル名のみで構いませんが，それ以外のフォルダでは絶対パスで記述する必要があります．

＜関連項目＞

[4]部品の名前，値などを編集する，[5]部品の属性を編集する，[110]登録されていないディスクリート半導体を使う，[111]回路図上にモデルを直接記述する，[113]LTspice標準のモデル・ファイルにオリジナル・モデルを追加する，[148]SPICE Directive入力ボックスを開く，[230]シンボル・ファイルの保存先のパスを設定する

[113] LTspice標準のモデル・ファイルにオリジナル・モデルを追加する

<操作>

① LTspiceのモデル登録ファイルに追加したいモデルを追加する

C:¥Users¥<ユーザー名>¥Documents¥LTspiceXVII¥lib¥cmp¥<ファイル名>を開く

→追加したいモデルを追記する

部品の種類によるファイル名は以下のとおり.

ダイオード：standard.dio　トランジスタ：standard.bjt

J-FET：standard.jft　MOS-FET：standard.mos

② 登録した部品の名前を，.MODELで記述した部品名にする.

<説明>

ダイオード，トランジスタ，J-FET，MOS-FETについては，あらかじめLTspiceにモデルが登録されているファイルに，新しくモデルを追加することもできます．これらのファイルはstandard.???となっていますが，いずれもテキスト・ファイルなので，テキスト・エディタで編集することができ，追加するモデルを直接追記します．なお，この作業はもともとのファイルを編集するため，必ずバックアップをとっておきます.

<関連項目>

[4]部品の名前，値などを編集する，[5]部品の属性を編集する，[110]登録されていないディスクリート半導体を使う，[111]回路図上にモデルを直接記述する，[112]モデルを登録してシミュレーションできるようにする，[148]SPICE Directive入力ボックスを開く

[114] アナログデバイセズ社製以外のモデル・パラメータを入手する

<説明>

アナログデバイセズ社製以外の半導体メーカでも，多くのメーカが自社製半導体のモデル・パラメータを公開しています．ただし，その充実度はかなり差があり，全般的に海外メーカのほうが充実していると言えます.

調べ方は簡単で,「<メーカ名> spice model」あるいは「<型名> spice model」

リスト1　モデル・パラメータが公開されているWebページ

新日本無線：https://www.njr.co.jp/products/semicon/design_support/macro/macro.html

東芝：https://toshiba.semicon-storage.com/jp/design-support/simulation.html

ルネサス：https://www.renesas.com/ja/jp/support/technical-resources/eda-data.html

ローム：https://www.rohm.co.jp/search/application-notes

ANALOG DEVICES：https://www.analog.com/jp/design-center/simulation-models/spice-models.html

Infineon：https://www.infineon.com/cms/en/product/promopages/power-mosfet-simulation-models/

MAXIM：https://www.maximintegrated.com/jp/design/tools/modeling-simulation/spice/

NXP Semiconductors：https://www.nxp.com/jp/support/developer-resources/models-and-test-data:MODELS-TEST-DATA

On Semiconductor：https://www.onsemi.jp/PowerSolutions/supportDoc.do?type=models

TI：http://www.tij.co.jp/adc/jp/docs/midlevel.tsp?contentId=31690

Vishay：https://www.vishay.com/how/design-support-tools/

- そのメーカのすべての製品についてモデル・パラメータが用意されているわけではありません.
- 個別製品の階層の深いところにモデルがある場合もあります.
- LTspiceにはそのままでは使えないモデルも含まれます.
- 2019年3月時点のものなので，その後，変更になっている可能性があります.

などで検索すると，たいがいの場合は直接その型名のモデルが掲載されているページがヒットします．参考までに主なメーカでは，**リスト1**のサイトがあります．

<関連項目>

[110]登録されていないディスクリート半導体を使う

[115] アナログデバイセズ社製以外のOPアンプを使う

<操作>

① 必要なOPアンプのSPICEモデルを入手する

② 入手したモデルのファイルをライブラリとして保存する

③ 回路図上でOPアンプを配置する

opamp2のシンボルを配置する →(a)または(b)

(a)「opamp2」の部分を右クリック →(c)

(b) シンボルの上で右クリックして属性エディタを開いて，[Value]のValue（「opamp2」の部分）をダブル・クリック →(c)

(c) ライブラリで設定されているOPアンプ名に書き換える

[備考]「opamp2」と表示されるのは初期状態で，書き換え後はそれが表示される．

④ 回路図上でライブラリ・ファイルを読み込む

□ツールバー：.op →(d)

□メニュー：[Edit]＞[SPICE Directive] →(d)

□右クリック：(XVII) [Draft]＞[SPICE Directive] →(d)

(d)「.LIB <絶対パス名>」と記述して回路図上に置く

[備考]モデル登録ファイルをドキュメントのLTspiceXVII¥lib¥subフォルダ，lib¥cmpフォルダ，または回路図の置いてあるフォルダに置いた場合は，ファイル名のみで可．LTspice XVIIの場合は，パスを通せばファイル名のみで可．

<説明>

アナログデバイセズ社製以外のOPアンプを使うには，まずそのSPICEモデルを入手する必要があるので，使えるOPアンプの種類は半導体メーカがそのモデルを用意していることが前提となります．これは，「[114]アナログデバイセズ社製以外のモデル・パラメータを入手する」を参考にしてください．

必要なモデルを入手できたら，これをLTspiceで使えるようにライブラリとして保存し

```
* BEGIN MODEL OPA827↓
* PINOUT ORDER +IN -IN +V -V OUT↓
* PINOUT ORDER  3   2   7  4  6↓
.SUBCKT OPA827 3 2 7 4 6↓
* BEGIN MODEL FEATURES↓
* OPEN LOOP GAIN AND PHASE, INPUT OFFSET VOLTAGE W TEMPCO,↓
* INPUT VOLTAGE NOISE WITH 1/F, INPUT CURRENT NOISE, INPUT↓
* BIAS CURRENT W TEMPERATURE EFFECTS, INPUT CAPACITANCE,↓
* INPUT COMMON MODE VOLTAGE RANGE, INPUT CLAMPS TO RAILS,↓
* CMRR WITH FREQUENCY EFFECTS, PSRR WITH FREQUENCY EFFECTS,↓
* SLEW RATE, OPEN LOOP OUTPUT IMPEDANCE, SETTLING TIME TO↓
* 0.01 PERCENT, QUIESCENT CURRENT WITH TEMPCO, OUTPUT↓
* CURRENT THROUGH SUPPLIES, OUTPUT CURRENT LIMIT, OUTPUT↓
* CLAMPS TO RAILS, OUTPUT SWING, OVERLOAD RECOVERY TIME,↓
* AND OUTPUT OVERSHOOT VERSUS CLOAD↓
* END MODEL FEATURES↓
* BEGIN SIMULATION NOTES↓
* FOR MORE ACCURATE INPUT BIAS CURRENT YOU MAY WANT TO SET↓
* GMIN FROM THE DEFAULT OF 1E-12 TO 1E-13↓
* FOR AID IN DC CONVERGENCE SET ITL1 FROM 400 TO 4000↓
* FOR AID IN TRANSIENT ANALYSIS SET ITL4 FROM 50 TO 500↓
* MODEL TEMPERATURE RANGE IS -40 C TO +125 C↓
* NOT ALL PARAMETERS TRACK THOSE OF THE REAL PART VS TEMP↓
* END SIMULATION NOTES↓
Q26 8 9 10 QON↓
Q27 11 9 12 QOP↓
Q28 13 14 15 QOP 23↓
Q29 16 17 18 QON 23↓
I4 8 17 5E-5↓
I5 14 11 5E-5↓
R34 19 18 1↓
R35 15 19 1↓
R47 20 19 7↓
E25 11 0 4 0 1↓
E26 8 0 7 0 1↓
I9 7 4 3.55E-3↓
R65 4 7 325E3↓
```

図7-1　OPA827.LIBの内容(一部抜粋)

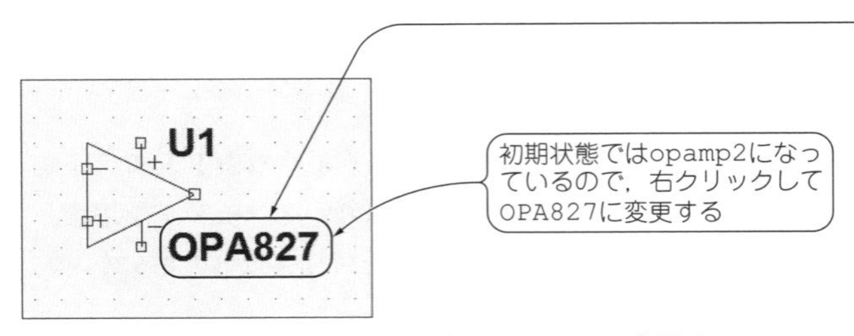

図7-2　opamp2のシンボルの名称をOPA827に変更する

ます．保存先はドキュメントのLTspiceXVII¥lib¥subフォルダの中に置くか，自分でフォルダを作ってそこに置きます．これで準備ができたことになります．ファイルの拡張子は通常.libですが，それ以外でも.LIBで指定するときにそのまま指定すれば読み込むことができます．

次に，回路図を作成します．ここで用いるOPアンプのシンボルは，[Opamps]の中にあるユニバーサルOPアンプのシンボル「opamp2」を使います．このシンボルを置いたら，opamp2と表示されている部分をライブラリで設定されているOPアンプ名に変更します．これは，ライブラリ・ファイルの中に記述されている

```
.SUBCKT xxxx N1 N2 N3 …
```

の行の「xxxx」の部分がそれに相当し，通常はOPアンプの型番が書かれています．

OPアンプを置いたら，.LIBコマンドでライブラリ・ファイルを指定して，これを回路図上に置きます．あとは，シミュレーションとしての回路図を作成するだけです．ここまでOPアンプを例に説明してきましたが，コンパレータの場合でもまったく同じです．

＜例＞

ここでは，TI(Texas Instruments)社のOPアンプOPA827を使う場合について説明します．最初にOPA827のモデルを入手する必要があります．これは「[114]アナログデバイセズ社製以外のモデル・パラメータを入手する」に記載されたTI社のWebページにある「PSpiceモデルのダウンロード」の「一般的なSPICEモデル・コレクション」(ti_pspice_models.zip)をダウンロードします．これを解凍して現れたopa827フォルダの中にあるsboc227a.zipをさらに解凍すると，OPA827.LIBというファイルが得られます(2017年6月現在)．これをlibの下に作ったmylibフォルダの中(C:¥Users¥<ユーザー名>¥Documents¥LTspiceXVII¥lib¥mylib)に保存します．このOPA827.LIBは**図7-1**のような内容ですが，.subcktが記述された行は，「.SUBCKT OPA827 ･･･」となっているので，回路図上で指定する型番はOPA827です．

次にLTspiceで，opamp2のシンボルを選択して回路図上に配置し，このシンボルのopamp2の部分をOPA827に書き換えます．これを**図7-2**に示します．

最後にSPICE Directiveで，

```
.LIB C:¥Users¥<ユーザー名>¥Documents¥LTspiceXVII¥lib¥mylib¥OPA827.LIB
```

として，これを回路図上に置きます．これで，このOPアンプをOPA827として使うことができます．なお，モデル登録ファイルの保存先のパスが設定されていれば，.LIBの後はファイル名のみで構いません．

＜関連項目＞

[3]部品を配置する，[4]部品の名前，値などを編集する，[5]部品の属性を編集する，[114]リニアテクノロジー社・アナログデバイセズ社製以外のモデル・パラメータを入手する，[116]リニアテクニノロジー社・アナログデバイセズ社製以外のOPアンプを登録する，[148]SPICE Directive入力ボックスを開く，[230]シンボル・ファイルの保存先のパスを設定する

[116] アナログデバイセズ社製以外のOPアンプを登録する

＜操作＞

回路図上にopamp2を置く →opamp2の属性エディタを開く

→[Open Symbol] →[Edit]＞[Attributes]＞[Edit Attributes]

→[Value]：「opamp2」の部分を，ライブラリで設定されているOPアンプ名に書き換える

[ModelFile]：モデル・ライブラリ・ファイルを指定

[Description]: 概要を記載

→[File]＞[Save as] →「OPアンプ名.asy」というファイル名で保存する

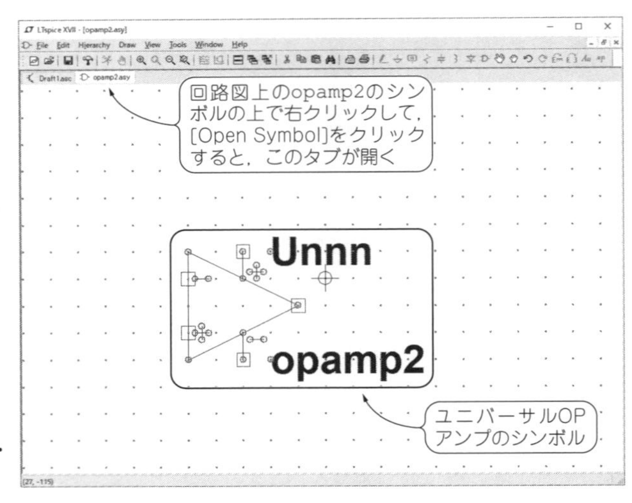

図7-3　opamp2のシンボル・エディタ画面

[備考][Description]の記述は必須ではない.

＜説明＞

アナログデバイセズ社製以外のOPアンプを何度も使うような場合は，部品リストに登録して簡単に使えるようにしたほうが便利です．最初に，回路図上にユニバーサルOPアンプopamp2を置きます．

の[Opamps]フォルダの中にあるユニバーサルOPアンプopamp2を回路図上に置いて，これを右クリックして属性エディタを開いて，そこにある[Open Symbol]をクリックすると，**図7-3**のようなシンボル・エディタ画面が開きます．この画面で[Edit]＞[Attributes]＞[Edit Attributes]で属性エディタを開くと，**図7-4**に示す属性エディタのダイアログ・ボックスが開きます．ここで，[Value]，[ModelFile]，[Description]を記述します．[Description]は必須ではありませんが，部品選択ボックスを開いたときはここに記述した内容が表示されるので，入力しておくとよいでしょう．

＜例＞

ここでは，「[115]アナログデバイセズ社製以外のOPアンプを使う」で取り上げたOPA827を部品リストに登録する方法を説明します．なお，ライブラリ・ファイルは事前に入手してあり，OPA827.LIBというファイル名でドキュメントのLTspiceXVII¥lib¥mylib(C:¥Users¥＜ユーザー名＞¥Documents¥LTspiceXVII¥lib¥mylib)に保存してあるものとします．

opamp2の属性エディタ・ダイアログ・ボックス(**図7-4**)を開くところは上記の説明のとおりで，ここで以下の設定を行います．

[Value]：OPA827　　[ModelFile]：C:¥Users¥＜ユーザー名＞¥Documents¥LTspiceXVII¥lib¥mylib¥OPA827.LIB

[Description]: OPA827 Low-Noise,High-Precision,JFET-Input Operational Amplifier

(モデル登録ファイルの保存先のパスが設定されていれば，[Model File]はファイル名のみで可)

これで属性エディタを閉じると，opamp2という名前がOPA827に変わります．これをOPA827.asyという名前でドキュメントのLTspiceXVII¥lib¥sym¥Opampsの下に保存すれば，以降は部品選択ボックスにOPA827が表示されて，最初から登録されている部品と同じように使うことができます(**図7-5**)．

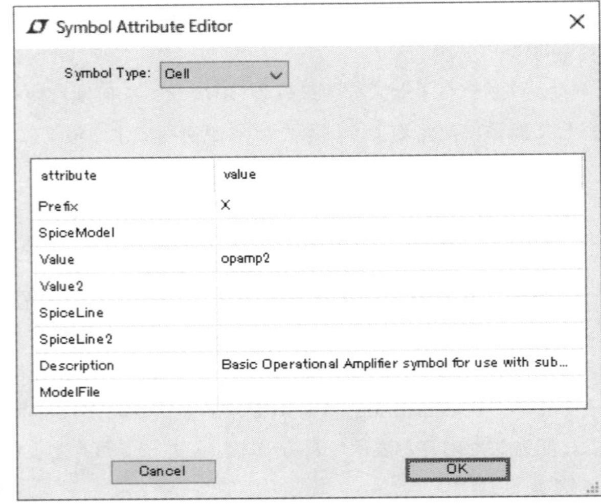

図7-4　opamp2の属性エディタ

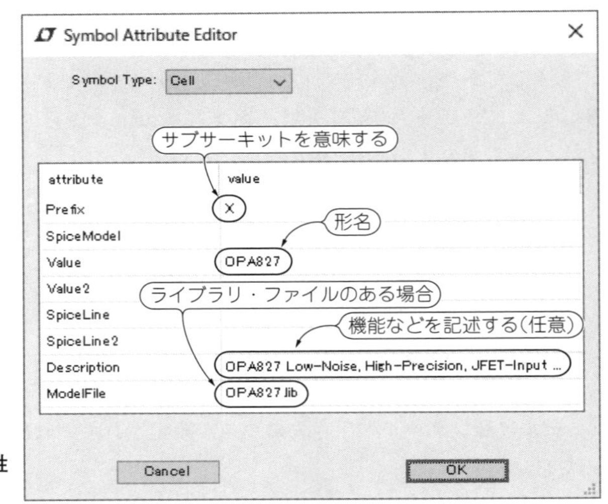

図7-5　OPA827を設定した属性エディタ

<関連項目>

[3]部品を配置する，[5]部品の属性を編集する，[114]アナログデバイセズ社製以外のモデル・パラメータを入手する，[115]アナログデバイセズ社製以外のOPアンプを使う，[230]シンボル・ファイルの保存先のパスを設定する

[117] アナログデバイセズ社製以外のMOSFETのモデルを使う

<操作>

① 必要なMOSFETのSPICEモデルを入手する

② 入手したモデルのファイルをライブラリとして保存する

③ 回路図上でMOSFETを置いてサブサーキットが使えるようにする

MOSFETのシンボルを配置する

→シンボルの上で右クリックして属性エディタを開く

→[Prefix]のValueを「X」に書き換える

[Value]のValueをサブサーキットで記述された型番に書き換える

④ 回路図上でライブラリ・ファイルを読み込む

□ツールバー：.op →◆

□メニュー：[Edit]＞[SPICE Directive] →◆

□右クリック：（XVII）[Draft]＞[SPICE Directive] →◆

◆「.LIB <絶対パス名>」と記述して回路図上に置く

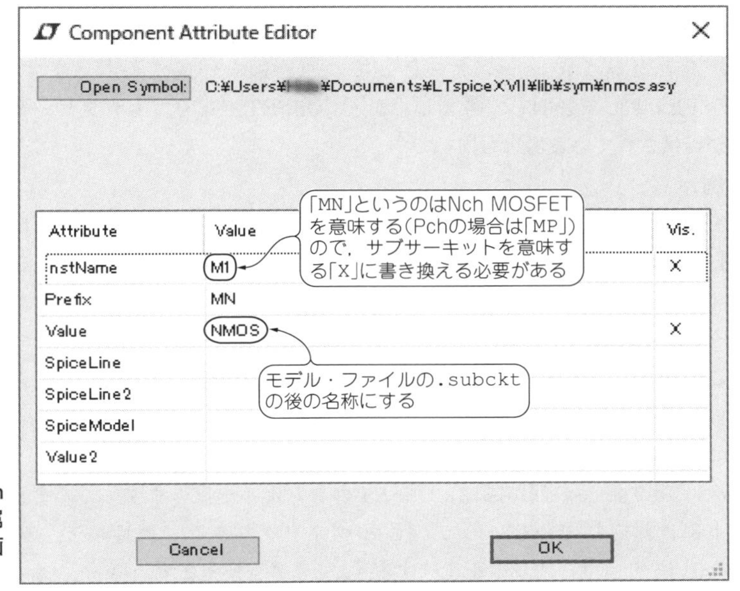

図7-6 Nch MOSFETの属性エディタ画面

[備考]モデル登録ファイルをドキュメントのLTspiceXVII¥lib¥subフォルダ，LTspiceXVII¥lib¥cmpフォルダ，または回路図の置いてあるフォルダに置いた場合は，ファイル名のみで可.

<説明>

MOSFETのモデルは，多くの場合サブサーキットの形で供給されているため，.MODELのみで記述された場合とは違った方法で使います.

「[114]アナログデバイセズ社製以外のモデル・パラメータを入手する」を参考にして，MOSFETのSPICEモデルを入手し，回路図のあるフォルダまたはlib¥subフォルダや自分で作ったフォルダに保存します．ファイルの拡張子は通常.libですが，それ以外でも.LIBで指定するときにそのまま指定すれば，それで読み込むことができます.

次に，回路図で部品選択ボックスからMOSFETのシンボル([nmos]または[pmos])を選択して回路図上に配置し，このシンボルの上で[CTRL]+右クリックして属性エディタを立ち上げます．これは**図7-6**のようになっています(Nchの場合)が，この[Prefix]にある「MN」というのは「Nch MOSFET」ということを意味しているので，「MN」はサブサーキットを意味する「X」に書き換える必要があります．さらに，[Value]をモデル・パラメータのファイルで記述されている名称にします．ファイルの.SUBCKTの後に記述されているものがこの名称に相当します.

最後に，.LIBコマンドでライブラリ・ファイルを指定して，これを回路図上に置きます．あとはシミュレーションとしての回路図を作成するだけです．ここの例ではMOSFETとして説明してきましたが，MOSFETでなくてもサブサーキットの形でモデルが提供されている場合も同様です.

<例>

Vishay社のパワーMOSFET：Si7450DPを使う場合について説明します．最初に，「[114]アナログデバイセズ社製以外のモデル・パラメータを入手する」に記載されたVishay社のHPからSi7450DPのモデルを入手します．その中にSi7450DP_PS.libというファイルがあります.

このファイルをテキスト・エディタで開いたのが**図7-7**です．これをlibの下に作ったmylibフォルダ(C:¥Users¥<ユーザー名>¥Documents¥LTspiceXVII¥lib¥mylib)にSi7450DP_PS.libというファイル名で保存します.

次に，LTspiceの回路図にMOSFETのシンボルを置きます．このままではサブサーキットには対応していないので，[CTRL]+右クリックで属性エディタを立ち上げて，[Prefix]をサブサーキットを意味する「X」に書き換えます．[Value]もモデル・ファイル

```
*Dec 10, 2012
*ECN S12-2956, Rev. C
*File Name: Si7450DP_PS.txt, Si7450DP_PS.lib
*This document is intended as a SPICE modeling guideline and does not
*constitute a commercial product datasheet. Designers should refer to the
*appropriate datasheet of the same number for guaranteed specification
*limits.
.SUBCKT Si7450DP 4 1 2
M1   3 1 2 2 NMOS W=3816184u L=0.50u
M2   2 1 2 4 PMOS W=3816184u L=0.60u
R1   4 3     RTEMP 62E-3
CGS  1 2     1000E-12
DBD  2 4     DBD
**************************************************************
.MODEL  NMOS          NMOS (LEVEL  = 3          TOX     = 10E-8
+ RS       = 4E-3           RD     = 0          NSUB    = 14.3E16
+ KP       = 1.5E-5         UO     = 650
+ VMAX     = 0              XJ     = 5E-7       KAPPA   = 50E-2
+ ETA      = 1E-4           TPG    = 1
+ IS       = 0              LD     = 0
+ CGSO     = 0              CGDO   = 0          CGBO    = 0
+ NFS      = 0.8E12         DELTA  = 0.1)
**************************************************************
.MODEL  PMOS          PMOS (LEVEL  = 3          TOX     = 10E-8
+NSUB      = 0.5E16         TPG    = -1)
**************************************************************
.MODEL DBD D (CJO=500E-12 VJ=0.38  M=0.40
+RS=0.01 FC=0.1 IS=1E-12 TT=4E-8 N=1 BV=200.5)
**************************************************************
.MODEL RTEMP RES (TC1=7.5E-3  TC2=5.5E-6)
**************************************************************
.ENDS
```

(＊)これを属性エディタで[Value]に入れる

図7-7　Si7450DPのモデル・パラメータ(サブサーキット)

の`.SUBCKT`の後に記述されている「Si7450DP」にします(**図7-8**).

最後に，SPICE Directiveで `.LIB C:¥Users¥<ユーザー名>¥Documents¥LTspiceXVII¥lib¥mylib¥Si7450DP_PS.lib`として，これを回路図上に置きます(モデル登録ファイルの保存先のパスが設定されていれば，[Model File]はファイル名のみで可).

これで，このMOSFETをSi7450DPとして使うことができるようになります.

＜関連項目＞

[3]部品を配置する,[4]部品の名前,値などを編集する,[5]部品の属性を編集する,[114]アナログデバイセズ社製以外のモデル・パラメータを入手する，[148]SPICE Directive入力ボックスを開く，[230]シンボル・ファイルの保存先のパスを設定する

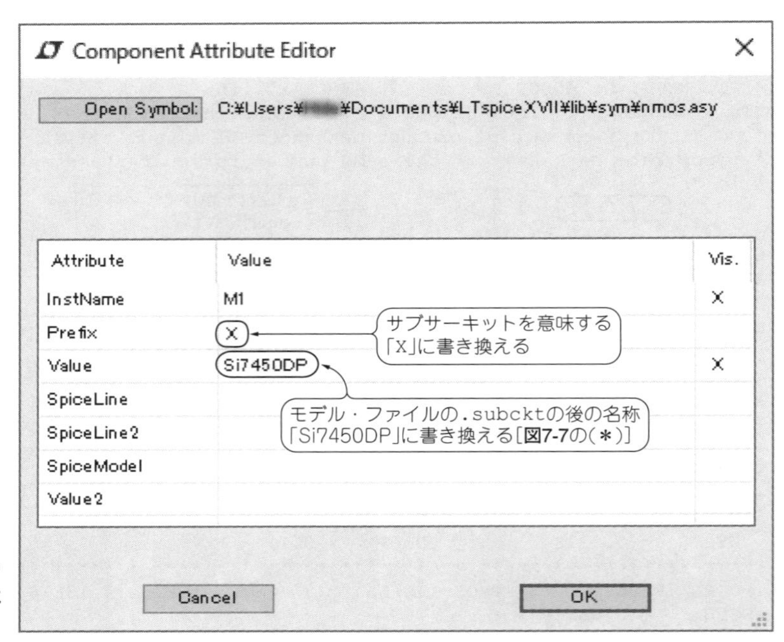

図7-8 サブサーキットが使えるようにする

[118] 既存のモデルを修正する

<操作>

C:¥Users¥<ユーザー名>¥Documents¥LTspiceXVII¥lib¥cmp¥<ファイル名>を開く

→(1)修正するモデルのモデル・パラメータをコピーして，回路図上に.MODELの記述を置く．

→「[111]回路図上にモデルを直接記述する」参照

(2)修正するモデルのモデル・パラメータをコピーして，別のファイルにして同じフォルダに保存し，そのファイルを.LIBで読み込む．

→「[112]モデルを登録してシミュレーションできるようにする」参照

Column (7-B)

トランジスタの出力特性(I_C-V_{CE}特性)とh_{FE}の関係

トランジスタの出力特性(I_C-V_{CE}特性)を見ると，能動領域が若干右上がりになっており，同じI_BでもV_{CE}が大きいほうのI_Cが大きくなっています．つまり実質的にh_{FE}が大きくなっていることがわかります．これはアーリー効果と言い，モデル・パラメータはアーリー電圧VAFがこれに相当します．I_C-V_{CE}カーブの直線部分を左に延長していくと一点で交わり，ここの電圧がアーリー電圧V_{AF}に相当します．

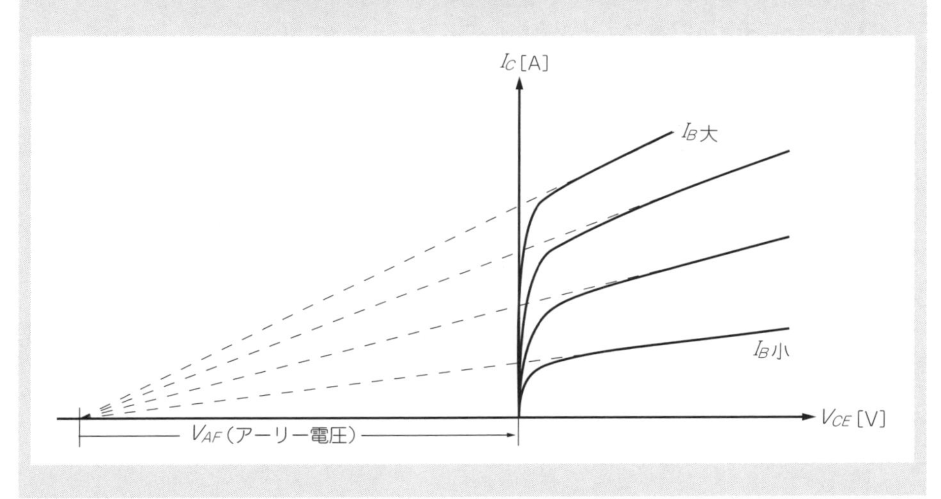

(3)修正するモデルのモデル・パラメータをコピーして，別のモデル名にして追記する．

→「[113]LTspice標準のモデル・ファイルにオリジナル・モデルを追加する」参照

[備考]
- 部品の種類によるファイル名は，以下のとおり．

  ダイオード：standard.dio　　トランジスタ：standard.bjt
  JFET：standard.jft　　MOSFET：standard.mos
- いずれの場合も，モデル名は変更すること．
- LTspiceで用意されたモデル以外のモデルを変更する場合は，そのモデルが記述されているファイル(または回路図)で行う．

<説明>

LTspiceには最初から多くの部品が登録されています．登録されている部品の特定の特性を変えて解析するには，以下の3通りの方法があります(下記(1)(2)(3)は<操作>の(1)(2)(3)に対応する)．

(1) LTspiceのモデル登録ファイルのモデル・パラメータを修正したものを，回路図上に直接記述する．

(2) LTspiceのモデル登録ファイルのモデル・パラメータを修正したものを別ファイルに保存・修正し，SPICE Directiveでそのファイルを読み込む．

(3) LTspiceのモデル登録ファイルを修正する．

この方法は，あくまで一時的な簡易シミュレーションを行う場合に限定し，通常は使用すべきではありません．なぜなら，特性一つとっても多くのパラメータが関係しているので，ある特性を変化させるために支配的なパラメータを変えると，予期せぬ別の特性が変わってしまったり，あるいはあるパラメータを変えたら別のパラメータもそれに伴って変えなくてはならないのに，そこまではできないために実際とは違った特性になることがあるためです．

<関連項目>

[119]既存のトランジスタのh_{FE}を変更する，[120]既存のJFETの$V_{GS(\mathrm{off})}$，I_{DSS}を変更する，[121]既存のMOSFETのV_{th}，R_{on}を変更する，[122]既存の定電圧ダイオードのツェナー電圧を変更する

[119] 既存のトランジスタのh_{FE}を変更する

<操作>

`C:¥Users¥<ユーザー名>¥Documents¥LTspiceXVII¥lib¥cmp¥standard.bjt`を開く

→ 変更したいモデルの`<BF>`，`<IKF>`を編集する

[備考]具体的な操作方法は，「[118]既存のモデルを修正する」を参照．

<説明>

トランジスタの代表的な特性に，直流電流増幅率h_{FE}があります．このh_{FE}に相当するパラメータは，順方向電流増幅率`BF`です．実際にシミュレーションを行ってみると，$h_{FE}(=I_C/I_B)$がほぼ`BF`になっていることがわかります．このため`BF`の値を変えると，

h_{FE}を変えることができます.

h_{FE}は大電流領域になると低下していきますが,これはニー電流の大きさで決まるもので,パラメータはIKFになります.コレクタ電流がIKFで設定された値になると,h_{FE}は小電流領域におけるh_{FE}(≒BF)のほぼ1/2になります.

<例>

2N3904の場合(パラメータ変更後は名前を2N3904xに変更している)

```
.MODEL 2N3904 NPN(IS=1E-14 VAF=100 BF=300 IKF=0.4 XTB=1.5 …
```

- h_{FE}を200にする

```
→.MODEL 2N3904x NPN(IS=1E-14 VAF=100 BF=200 IKF=0.4
 XTB=1.5 …
```

- コレクタ電流が0.3Aになったら,h_{FE}が半分になるようにする.

```
→.MODEL 2N3904x NPN(IS=1E-14 VAF=100 BF=300 IKF=0.3
 XTB=1.5 …
```

<関連項目>

[118]既存のモデルを修正する

[120] 既存のJFETの$V_{GS(off)}$,I_{DSS}を変更する

<操作>

C:¥Users¥<ユーザー名>¥Documents¥LTspiceXVII¥lib¥cmp¥standard.jftを開く

→変更したいモデルの<VTO>,<BETA><LAMBDA>を編集する

[備考]具体的な操作方法は,「[118]既存のモデルを修正する」を参照

<説明>

JFETの代表的な特性としてゲート-ソース間遮断電圧$V_{GS(off)}$とゼロ・バイアスのドレイン電流I_{DSS}がありますが,$V_{GS(off)}$はパラメータVTO(しきい値電圧)にほぼ等しいと言えます.一方,I_{DSS}は1つのパラメータでは表現できず,BETAとLAMBDAという2つのパラメータが関係し,近似的に以下の式で表されます.

$$I_{DSS} = \beta \cdot V_{TO}^2 \cdot (1 + \lambda \cdot V_{DS}) \qquad (\beta : \mathrm{BETA},\ \lambda : \mathrm{LAMBDA})$$

I_{DSS}を変更するには,LAMBDAは固定としてBETAを変更します.ただし,厳密にこの式の計算値になるとは限らないので,精度を高めるなら,実際にシミュレーションを行

って合わせ込みをしたほうがよいでしょう.

<例>

2N3819の場合(パラメータ変更後は名前を2N3819xに変更している)

```
.MODEL 2N3819 NJF(Beta=1.304m … Lambda=2.25m Vto=-3 …
```

- $V_{GS(\text{off})}$を-5 Vにする

→`.MODEL 2N3819x NJF(Beta=1.304m … Lambda=2.25m Vto=-5 …`

- $V_{DS} = 5$ VのときにI_{DSS}を20 mAにする

→ここではV_{TO}($= -3$ V)とλ($= 2.25$ m)を固定してβを求める

$$20\,\text{m} = \beta \cdot (-3)^2 \times (1 + 2.25\,\text{m} \times 5)$$

$$\beta = 9.1\,\text{m}$$

```
.MODEL 2N3819x NJF(Beta=9.1m … Lambda=2.25m Vto=-3 …
```

<関連項目>

[118]既存のモデルを修正する

[121] 既存のMOSFETのV_{th}, R_{on}を変更する

<操作>

C:¥Users¥<ユーザー名>¥Documents¥LTspiceXVII¥lib¥cmp¥standard.mosを開く

→変更したいモデルの<VTO>, <RD><RS>を編集する

[備考]具体的な操作方法は,「[118]既存のモデルを修正する」を参照.

<説明>

MOSFETのスレッショルド電圧V_{th}を変更するには,パラメータVtoを変更します.V_{th}は,ほぼVtoに等しいと言えます.

ON抵抗*Ron*にはゲート・オーミック抵抗RDとソース・オーミック抵抗Rsという2つのパラメータが関係しており,概略的には*Ron* = Rd + Rsとなっています.このため,*Ron*を変更するには,RdまたはRsを変更します.standard.mosの中を見てみるとRonというパラメータがありますが,これは部品リストを表示させたときに同時にそのリストに表示されるもので,シミュレーションとは関係ありません.

<例>

IRF510の場合(パラメータ変更後は名前をIRF510xに変更している)

```
.MODEL IRF510 VDMOS(Rg=3 Vto=3.8 Rd=200m Rs=54m Rb=250m …
```

- V_{th}を5 Vにする

  →.MODEL IRF510x VDMOS(Rg=3 Vto=5 Rd=200m Rs=54m Rb=250m …
- R_{on}を0.4 Ωにする

  →.MODEL IRF510x VDMOS(Rg=3 Vto=3.8 Rd=300m Rs=100m Rb=250m …

<関連項目>

[118]既存のモデルを修正する

[122] 既存の定電圧ダイオードのツェナー電圧を変更する

<操作>

C:¥Users¥<ユーザー名>¥Documents¥LTspiceXVII¥lib¥cmp¥standard.dioを開く

→変更したいモデルの<BV>を編集する

[備考]具体的な操作方法は，「[118]既存のモデルを修正する」を参照.

<説明>

定電圧ダイオードのツェナー電圧を表すパラメータは，BVです．このBVを変化させると，ツェナー電圧も等しく変化します.

<例>

- ツェナー電圧を10 Vにする →BV=10

<関連項目>

[118]既存のモデルを修正する

[123] 新規のシンボル作成画面を開く

<操作>

□メニュー：[Hierarchy]＞[Create a New Symbol]

<説明>

回路図画面(回路図ペイン)がアクティブな状態で上記の操作を行うことで，新規のシンボル作成画面が開きます.

＜関連項目＞

[124]登録されているシンボルの編集画面を開く，[128]編集したシンボルを保存する

[124] 登録されているシンボルの編集画面を開く

＜操作＞

□ツールバー： →◆

□メニュー：[File]＞[Open] →◆

◆[ファイルの種類]を「Symbols(*.asy)」にする

→ドキュメントのLTspiceXVII¥lib¥symまたはその下にあるフォルダを開く

→編集したいシンボルを選択する

[備考]*の部分は，部品選択ボックスに表示されている名前.

＜説明＞

登録されているシンボルの編集画面(シンボル・エディタ)を開きます．ここで，lib¥symの絶対パスは，C:¥Users¥＜ユーザー名＞¥Documents¥LTspiceXVII¥lib¥symです.

＜関連項目＞

[123]新規のシンボル作成画面を開く，[128]編集したシンボルを保存する

Column(7-C)

計算に寄与しないモデル・パラメータ(半導体の場合)

LTspiceのモデルには，記述はされていてもシミュレーションに関係しないパラメータが含まれています．各半導体の以下に示すパラメータは，シミュレーションには関係しません.

ダイオード……Vpk：最大ピーク電圧，Ipk：最大ピーク電流

Iave：最大平均電流，Irms：最大実効電流

トランジスタ……Vceo：V_{CEO}，Icrating：最大コレクタ電流

MOSFET………Vds：V_{DS}，Ron：R_{on}，Qg：ゲート入力電荷量

共通……………mfg：製造メーカ

[125] シンボルを描く/移動/コピー/削除する

＜操作＞

(1) シンボルを描く

□メニュー：[Draw]＞折れ線［Line］/ 四角形［Rect］/ 円［Circle］/
円弧［Arc］/ 線種類［Line Style］/ テキスト［Text］

(2) シンボルを移動/コピー/削除する

「[23] 回路図上に図形を描く/移動/コピー/削除する」参照

＜説明＞

折れ線/四角形/円(楕円)/円弧の中から自分の描きたい形状を選択して，マウスを使って描くことができます．これらのパーツは，事前に線種類(直線，点線，破線，一点破線，二点破線)が選択できます．テキストも入力可能です．描き方は，回路図における図形の描き方と同じです．

これらのパーツを置くと，グリッドの1/16ステップでしか配置できませんが，さらに外部への配線に関係する部分はグリッド上になるように置く必要があります．これは，外部への接続端子となるピンがグリッド上にしか置けないためです．これらの操作は，できるだけ で拡大して行ったほうがやりやすいでしょう．

移動/コピー/削除は回路図上の図形の場合と同様で，Dragでパーツを変形できるということも同じです．

＜関連項目＞

[22] 回路図上に図形を描く/移動/コピー/削除する，[126] シンボルに接続端子を追加する/移動/コピー/削除する

[126] シンボルに接続端子を追加する/移動/コピー/削除する

＜操作＞

(1) 接続端子を追加する

□メニュー：[Edit]＞[Add Pin/Port]

(2) 接続端子を移動/コピー/削除する

「[22] 回路図上に図形を描く/移動/コピー/削除する」参照

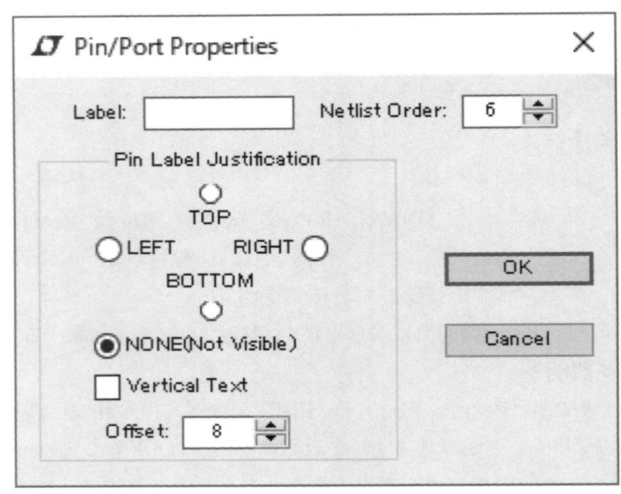

図7-9　接続端子のプロパティ

<説明>

シンボルには，入出力端子や電源端子など外部への接続端子を設ける必要があります．上記(1)の操作を行うと，**図7-9**のような端子のプロパティを設定するダイアログ・ボックスが表示されます．ここに，「[127]接続端子のプロパティを編集する」の説明に従って入力して[OK]をクリックすると，画面上に四角形が表示されるので，これを接続端子としたい場所に置きます．この接続端子は，回路図にシンボルが置かれたときに配線が接続

Column(7-D)

計算に寄与しないモデル・パラメータ(*RCL*部品の場合)

半導体と同じように，抵抗/コンデンサ/インダクタにもシミュレーションに関係しない数値がパラメータとして存在しています．これらは，部品を右クリックしたときに現れるダイアログ・ボックスに表示されています．

抵抗 ………… `Tolerance`：精度，`Power Rating`：電力定格
コンデンサ ….. `Voltage Rating`：電圧定格，`RMS Current Rating`：電流定格(実効値)
インダクタ ….. `Peak Current`：最大ピーク電流

されるため，グリッド上にしか置くことができません.

接続端子の移動/コピー/削除については，シンボルを構成するパーツや回路図における部品の移動/コピー/削除と同じです.

<関連項目>

[22]回路図上に図形を描く/移動/コピー/削除する，[125]シンボルを描く/移動/コピー/削除する，[127]接続端子のプロパティを編集する

[127] 接続端子のプロパティを編集する

<操作>

□メニュー：[Edit]>[Add Pin/Port]

□接続端子の上で右クリックする

<説明>

上記のいずれかの操作を行うと，**図7-9**のプロパティ編集のダイアログ・ボックスが開きます．それぞれの意味は，以下のとおりです.

[Label]：接続端子の名前を入れる

[Netlist Order]：接続端子の順番

[TOP]/[LEFT]/[RIGHT]/[BOTTOM]/[NONE]：Labelに入力した文字列の表示場所を選択する．[NONE]を選ぶと表示されない.

[Vertical Text]：Labelに入力した文字列を縦表示にする

[Offset]：Labelに入力した文字列と接続端子と距離

[Netlist Order]は接続端子の順番ですが，これは`.SUBCKT`でサブサーキットを指定するときに，端子の順番に対応するものです.

<関連項目>

[126]シンボルに接続端子を追加する/移動/コピー/削除する

[128] 編集したシンボルを保存する

<操作>

(1)上書き保存する

□ツールバー：

□メニュー：[File]＞[Save]

(2)名前を変えて保存する

□メニュー：[File]＞[Save As]

＜説明＞

上記の操作により編集したシンボルを保存できますが，シンボルを保存するフォルダは，ドキュメントのLTspiceXVII¥lib¥sym(C:¥Users¥＜ユーザー名＞¥Documents¥LTspiceXVII¥lib¥sym)の下が基本です．ここに直接置くか，種類によってこの下にあるフォルダに置くか，あるいは自分で作ったシンボルだけを入れたフォルダを作ってそこに保存します．

このシンボルをサブサーキット用のシンボルとして使う場合は，サブサーキットの回路図ファイルと合わせて，それを使用する親の回路図ファイルを置くフォルダと同じフォルダに置きます．

[129] 新しいシンボルを作る

＜操作＞

① 新しくシンボル作成画面を開く →「[123]新規のシンボル作成画面を開く」参照

Column(7-E)

ネットリストとは

LTspiceに限らず，現在のSPICE系のアプリケーションはすべて回路図入力のGUIが充実していますが，初期のSPICEでは回路図はテキストで記述していました．これをネットリストと言い，現在ではネットリストの知識が必要になることはほとんどなくなってしまいました．

では，まったく必要ないかといえば，エラーが生じた場合など，ネットリストを解読できる知識があるかどうかで対処できるかどうかが大きく違ってきます．また，メーカが提供するサブサーキット・モデルなどはネットリスト形式で提供されているので，ネットリストの知識があれば自分で回路図を起こすことができたりもします．

② シンボルを描く →「[125]シンボルを描く/移動/コピー/削除する」参照
③ 接続端子を置く →「[126]シンボルに接続端子を追加する/移動/コピー/削除する」参照
④ シンボルを保存する →「[128]編集したシンボルを保存する」参照

<説明>

上記の①から④の手順を行うことで，新しいシンボルを作ることができます．ただし，すでに登録してあるシンボルで似たような形状のものがあれば，最初から全部自分で作るよりも，それをベースに編集したほうが簡単にできます．

<関連項目>

[123]新規のシンボル作成画面を開く，[125]シンボルを描く/移動/コピー/削除する，[126]シンボルに接続端子を追加する/移動/コピー/削除する，[127]接続端子のプロパティを編集する，[128]編集したシンボルを保存する，[130]登録されているシンボル形状を変更する

[130] 登録されているシンボル形状を変更する

<操作>

① 変更したいシンボルを呼び出す
→「[124]登録されているシンボルの編集画面を開く」参照
② シンボルを修正する →「[125]シンボルを描く/移動/コピー/削除する」参照
③ 接続端子を追加/削除する
→「[126]シンボルに接続端子を追加する/移動/コピー/削除する」参照
④ 修正したシンボルを保存する →「[128]編集したシンボルを保存する」参照

<説明>

上記の①から④の手順を行うことで，登録されているシンボル形状を変更することができます．③の接続端子の追加/削除は，必要なときだけ行います．

<例>

NPNトランジスタのシンボルは**図7-10**ですが，ディスクリート・トランジスタで使われるリングで囲んだものにしてみましょう．

図7-10　NPNトランジスタのシンボル

NPNトランジスタのシンボルnpnを呼び出します．そこで表示されるのが，図7-11(a)です．[Draw]>[Circle]によって，このシンボルを囲む円を描いたのが同図(b)です．このままでは端子がリングの内部にあるので，外に出すために[Line]で直線の赤丸部分がコレクタ，ベース，エミッタそれぞれの接続端子のあるグリッドと重なるようにして直線を引きます(同図(c))．最後に✋を使って，接続端子の四角形を先ほど引いた直線のリングの外側の赤丸に移動し，また名称QNnnnと型番(モデル名)NPNがリングの内側になっているので，これも外側に移動します(同図(d))．これらの操作は，できるだけ拡大して行ったほうが確実に行うことができます．以上で，リングがあるNPNトランジスタのシンボルが作成できました．

これをそのまま上書き保存するとnpnのシンボルを書き換えられますが，万が一のことを考えてバックアップを取ってから保存するか，別名で保存します．ここではnpn_ring.asyというファイル名で保存しましたが，部品選択ボックスを見ると図7-12に示すようにリングをもつnpn_ringが追加されていることがわかります．

＜関連項目＞

[124]登録されているシンボルの編集画面を開く，[125]シンボルを描く/移動/コピー/削除する，[126]シンボルに接続端子を追加する/移動/コピー/削除する，[127]接続端子のプロパティを編集する，[128]編集したシンボルを保存する

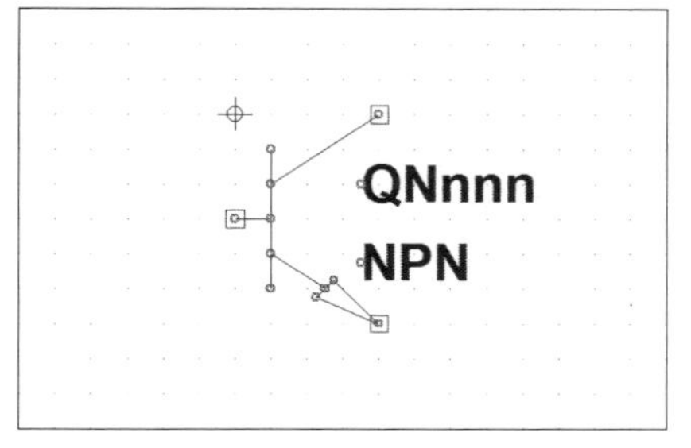

（a）npn のシンボル

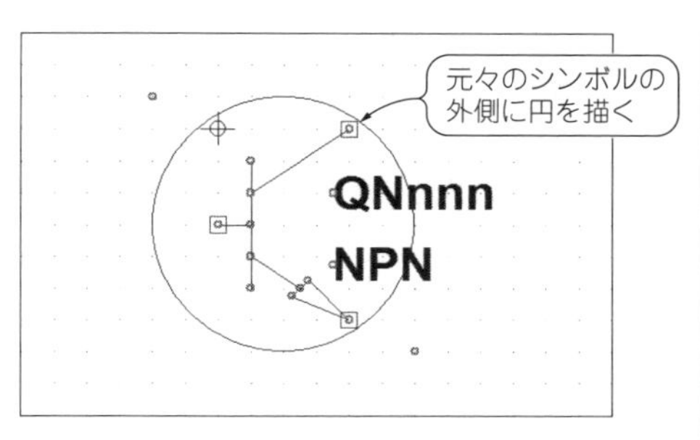

（b）リングの円を描く

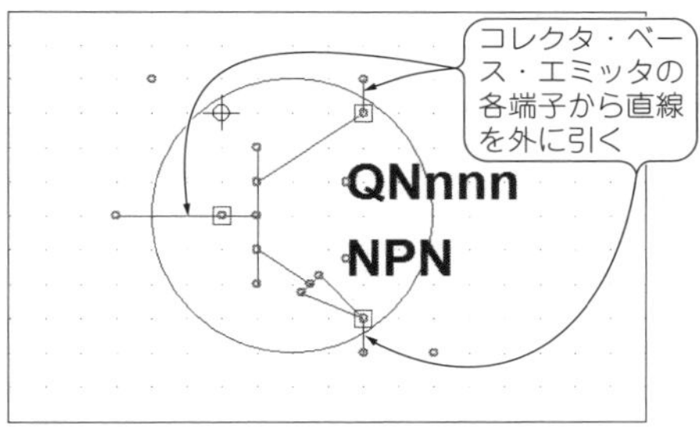

（c）端子の直線を引く

コレクタ・ベース・エミッタの各端子と，テキスト文字を移動する

QNnnn

NPN

（d）接続端子とテキストを移動する

図7-11　npnのシンボルを変更する

Column（7-F）

サブサーキットとは

サブサーキットとは，ひとまとまりの回路を1つのブロックとして，このブロックを1つの部品として扱えるようにしたもので，プログラムで言うならばサブルーチンのようなものです．

OPアンプやスペシャル・ファンクションIC，またパワーMOSFETなどでは1つのモデルで表すのが難しいため，複数のモデルや部品を組み合わせて，それをサブサーキットの形で提供しているのが一般的です．また，メーカが提供するものとは別に，自分でよく使う回路をサブサーキットとして1つの部品として使えるようにしたりもします．

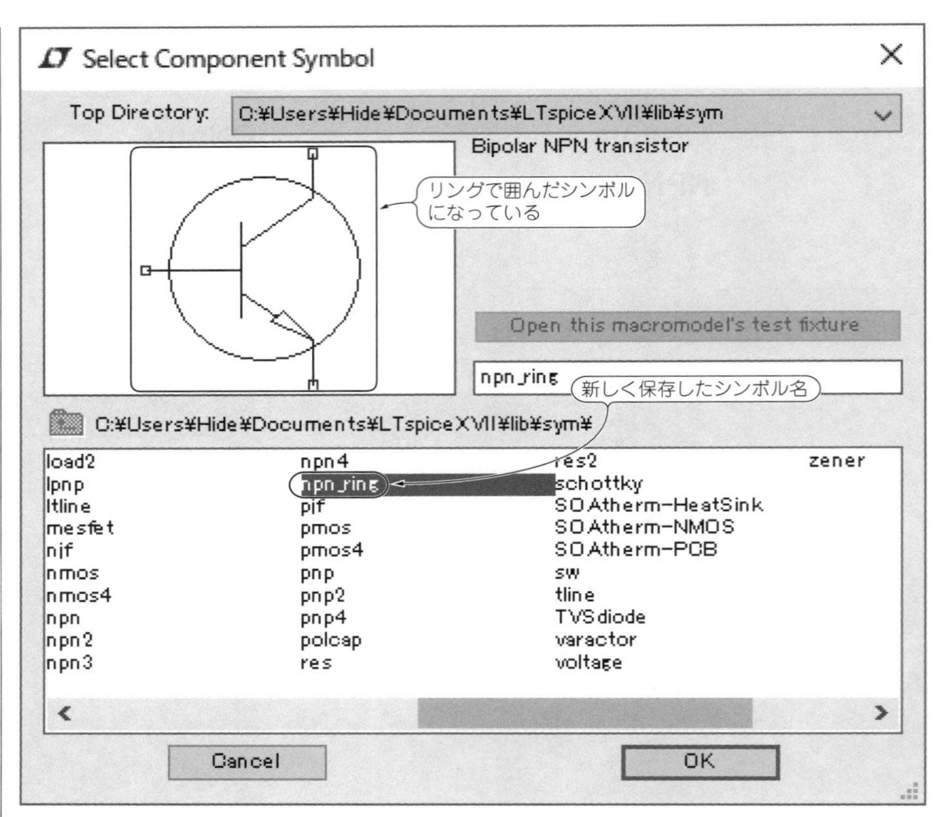

図7-12　npn_ringのシンボル

[131] オリジナル回路モジュールのモデル「サブサーキット」を作る

<操作>

① サブサーキットにしたい回路図を作る

→「[132]サブサーキット用の回路を描く」参照

→「[134]サブサーキット用の回路を保存する」参照

② サブサーキットのシンボルを描く

(a)「[129]新しいシンボルを作る」参照

(または「[130]登録されているシンボル形状を変更する」)

(b)「[133]シンボルを自動生成する」参照

＜説明＞

サブサーキットを作るには，まずサブサーキットにしたい回路図を作って，次にそれ用のシンボルを作成します．シンボル作成は，手作業で行う方法②(a)と，自動生成②(b)と2通りの方法があります．

[132] サブサーキット用の回路を描く

＜操作＞

回路図を描く →端子にしたいノードにラベルを付ける

[備考]ラベルのPort Typeは以下のとおり．

入力端子：`Input`　　出力端子：`Output`　　共通端子：`Bi-Direct.`

＜説明＞

サブサーキットの回路図を描いて，端子として出したいノードにラベルを付けます．ラベルを付ける際，その端子の機能によってPort Typeを選択し，電源/GNDや入出力いずれとも言えない端子は`Bi-Direct.`にしますが，これらについては実際のシミュレーションには関係しません．ただしNoneのままではサブサーキットの端子とは認識されません．また，GNDについては，これはグローバル・ノードなので，とくにラベルを設けなくても常にGNDとして認識されます．

回路図作成については，第3章，第4章，第5章，その他の章を参照してください．

図7-13に，一次のCR LPFをサブサーキット用の回路にした例を示します．コンデンサC1のCOM側端子はGND固定とするならば，GNDとして端子は出さなくてもかまいません．

＜関連項目＞

[11]ラベルを付ける，[14]入出力ポートのラベルを付ける，[131]オリジナル回路モジュールのモデル「サブサーキット」を作る，[133]シンボルを自動生成する

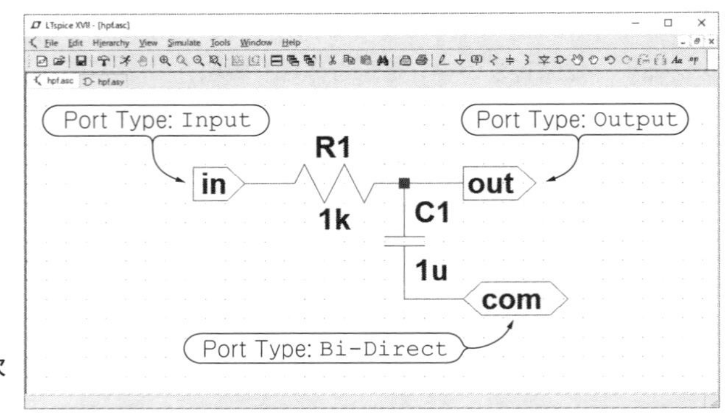

図7-13
サブサーキット用に作った1次*CR* LPFの例

[133] シンボルを自動生成する

＜操作＞

サブサーキット回路を用意する

→□メニュー：[Hierarchy]＞[Open this Sheet's Symbol]

□右クリック：(XVII) [Hierarchy]＞[Open this Sheet's Symbol]

＜説明＞

サブサーキット回路からシンボルを自動生成することもできます．ラベルを付けたサブサーキット回路を用意して上記の操作を行うと，シンボル・ファイルがまだ存在しないと[Couldn't find this sheet's symbol. Shall I try to automatically generate one?]というメッセージが表示されるので，[はい]をクリックするとそのサブサーキット回路に対応したシンボルが自動的に生成されます．このシンボルのファイルは，サブサーキット回路図のファイルのあるフォルダと同じフォルダに，サブサーキット回路図のファイル名の拡張子を`.asy`と変えた名前で保存されます．

自動生成されるシンボルの形状は四角形で，Port Typeが`Input`のラベルを付けた端子は四角形の左側に，`Output`および`Bi-Direct`のラベルを付けた端子は右側に配置されます．変更する場合は編集します．

図7-14は，**図7-13**のサブサーキット回路からシンボルを自動生成したものです．サブサーキット回路にあった[in][out][com]のそれぞれの端子が，シンボルで自動的に作られているのがわかります．またファイル名は，サブサーキット回路のフィルタ名の拡張子がシンボル・ファイルの拡張子になったものです(abc.asc →abc.asy)．

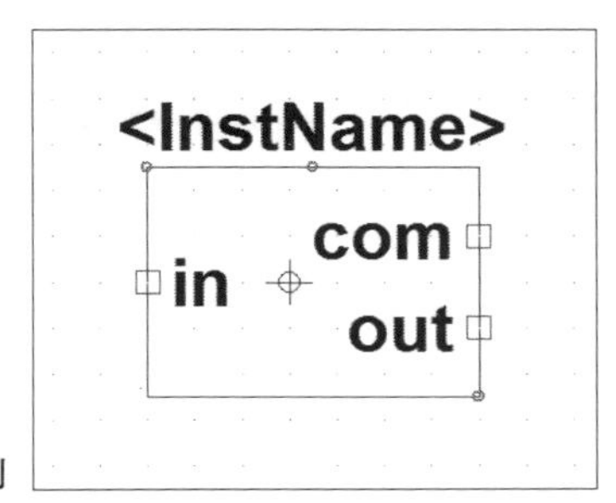

図7-14
シンボルを自動生成した例

＜関連項目＞

[131]オリジナル回路モジュールのモデル「サブサーキット」を作る，[132]サブサーキット用の回路を描く

[134] サブサーキット用の回路を保存する

＜操作＞

(1)上書き保存する

□ツールバー：

□メニュー：[File]＞[Save]

(2)名前を変えて保存する

□メニュー：[File]＞[Save As]

＜説明＞

保存の操作は通常の回路図と同じですが，サブサーキットの場合は回路図に対応するシンボルがあり，そのシンボルとサブサーキットの回路図ファイルはそのサブサーキットを使う新回路図のフォルダと同じフォルダに置く必要があります．つまり，サブサーキットを使用する回路，サブサーキットの回路，サブサーキットのシンボルを同じフォルダに置くということです．

＜関連項目＞

[128]編集したシンボルを保存する，[131]オリジナル回路モジュールのモデル「サブサーキット」を作る

[135] サブサーキットを読み込む

<操作>

□ツールバー：[icon] →配置したいサブサーキットのシンボル名を選択

□メニュー：[Edit]>[Component] →配置したいサブサーキットのシンボル名を選択

□ホットキー：[F2] →配置したいサブサーキットのシンボル名を選択

□右クリック：(XVII) [Draft]>[Component]

<説明>

自分で作成したサブサーキットを使うには，部品選択ボックスでそのサブサーキットのシンボルを選択しますが，これは回路図と同じフォルダにあるので[Top Directory]が回路図の置いてあるフォルダになっている必要があります．

<関連項目>

[128]編集したシンボルを保存する，[134]サブサーキット用の回路を保存する

[136] サブサーキットのシンボル/内部回路を開く

<操作>

(1)シンボルを開く

□サブサーキットのシンボルの上で右クリック

→[Open Symbol]をクリック

(2)内部回路を開く

□サブサーキットのシンボルの上で右クリック

→[Open Schematic]をクリック

<説明>

回路図画面において，サブサーキットの上で右クリックすると，**図7-15**のようなダイアログ・ボックスが現れます．ここで[Open Symbol]をクリックすると，このサブサーキットのシンボル編集画面が開くので，ここでシンボルの編集を行うことができます．

また，[Open Schematic]をクリックするとサブサーキットの回路図画面が現れるので，こちらでは内部回路の編集ができます．

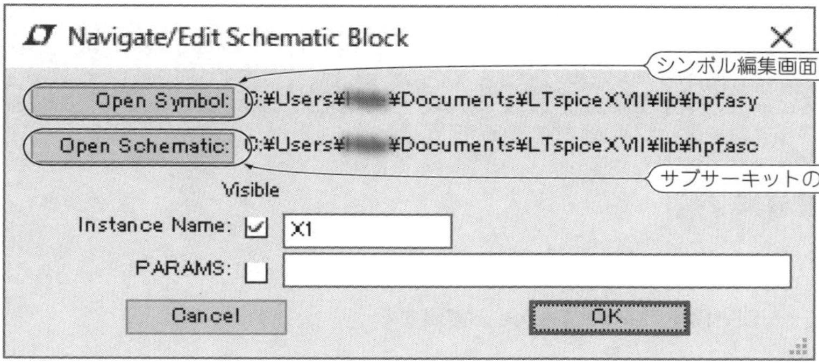

Navigate/Edit Schematic Block

シンボル編集画面が開く

Open Symbol: C:¥Users¥ ¥Documents¥LTspiceXVII¥lib¥hpf.asy

Open Schematic: C:¥Users¥ ¥Documents¥LTspiceXVII¥lib¥hpf.asc

サブサーキットの内部回路が開く

Visible

Instance Name: X1

PARAMS:

Cancel　OK

図7-15　シンボルを右クリックして現れるダイアログ・ボックス

＜関連項目＞

［124］登録されているシンボルの編集画面を開く，［125］シンボルを描く/移動/コピー/削除する，［130］登録されているシンボル形状を変更する，［137］編集しているシンボルの内部回路を開く

[137] 編集しているシンボルの内部回路を開く

＜操作＞

□メニュー：[Hierarchy]＞[Open Schematic]

＜説明＞

シンボル・エディタを開いているときに上記の操作を行うと，そのシンボルの内部回路(サブサーキット回路)を開くことができます.

＜関連項目＞

［136］サブサーキットのシンボル/内部回路を開く

第8章

画面やシミュレーション環境の設定を行う

各種設定

自分に合った使い勝手の良いLTspiceを実現する

本章では，文字フォント，ホットキーの各種設定方法を説明します．

[138] ツールバー/ステータス・バー/タブの表示/非表示を切り替える

<操作>

□メニュー：[View]

→ツールバー：[Toolbar]にチェックを入れると表示

ステータス・バー：[Status Bar]にチェックを入れると表示

タブ：[Window Tabs]にチェックを入れると表示

<説明>

メニューの[View]をクリックして，[Toolbar][Status Bar][Window Tabs]のそれぞれにチェックを入れると，ツールバー，ステータス・バー，タブが表示されます．初期状態ではいずれもチェックが入っていて，すべて表示される状態になっています．チェックが入っていない状態では，チェック・ボックスそのものが表示されていません(図8-1)．

[139] ウィンドウ内の各画面(ペイン)の配置を変更する

<操作>

(1)横に並べる　□メニュー：[Window]>[Tile Vertically]

□メニュー：[Window]>[Tile Horizontally]

(2)縦に並べる　□ツールバー：

(3)カスケード表示する　□メニュー：[Window]>[Cascade]

□ツールバー：

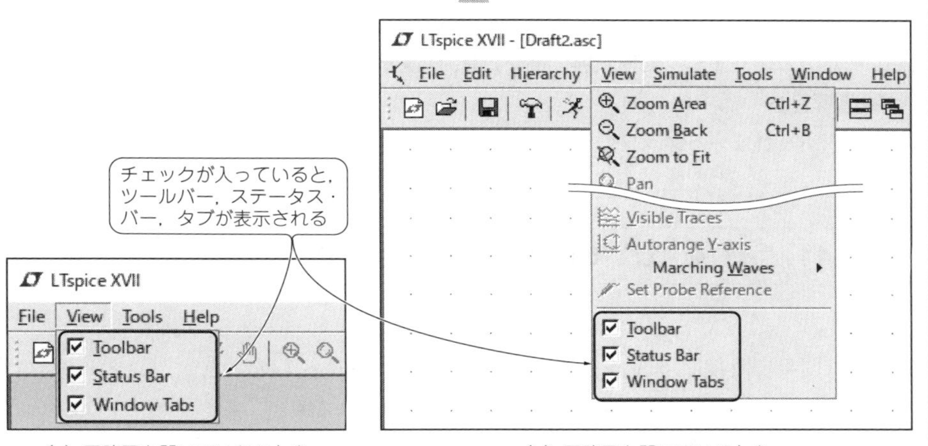

(a) 回路図を開いていないとき　(b) 回路図を開いているとき

図8-1　ツールバー，ステータス・バー，タブの表示/非表示の切り替え

<説明>

回路図画面(回路図ペイン)と波形ビュー画面(波形ビュー・ペイン)は，ドラッグすることで位置や大きさを変えることができますが，上記の操作を行うことで簡単に配置することができます．画面の数が4つの場合は，横に並べても縦に並べても同じです．

[140] 画面の色を変更する

<操作>

□メニュー：[Tools]>[Color Preferences]

→波形ビュー：[WaveForm]タブ

回路図：[Schematic]タブ

ネットリスト：[Netlist]タブ

→設定するタグを選択して色設定を行う

<説明>

回路図，波形ビュー，ネットリストの作成画面において，色の設定を変更することができます．色設定のダイアログ・ボックスを開いたら，[Selected Item]で変更したい項目を選び，[Selected Item Color Mix]でRGBのスライド・バーを移動するか，または，0～255の間の数値を入力して色設定を行います(**図8-2**)．[Selected Item]が何を示すのかは，その上のウィンドウ内でカーソルを移動すると，カーソル位置の説明が変化するので，それでわかります．初期状態に戻すには，[Default]をクリックします．

<関連項目>

[89]表示されているグラフの色を変える

[141] "μ" を "u" で代用できるようにする

<操作>

□メニュー：[Tools]＞[Control Panel] →[Netlist Options]タグ

→[Convert 'μ' to 'u']にチェックを入れる

[備考]初期状態ではチェックはされていない．

<説明>

10^{-6}を意味する"μ"は割り当てられている文字コードが英語と日本語で異なるため，そのままでは文字化けします．ここにチェックを入れると，"μ"の代わりに"u"を使うことができます．インストールした初期状態ではチェックされていないので，インストールしたら最初にチェックを入れる必要があります．

[142] 解析結果やグラフの表示形式を保存するフォルダを変更する

<操作>

□メニュー：[Tools]＞[Control Panel] →[Waveforms]タグ

→[Store .raw .plt and .log data files in a specific directory]にチェックを入れる

→[Browse]をクリックしてフォルダを指定する

[備考]初期状態ではチェックはされていない．

<説明>

シミュレーションを実行することで生成される解析データ・ファイルである`*.raw`，ログ・ファイルの`*.log`，さらに表示形式を保存する`*.plt`のファイルは，通常は回路

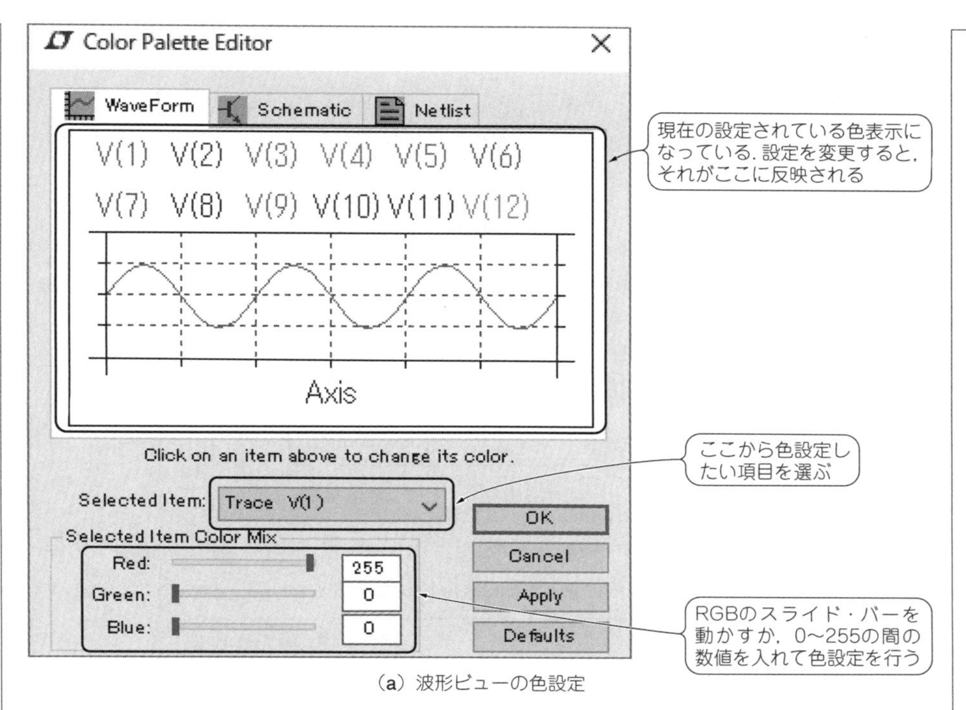

（a）波形ビューの色設定

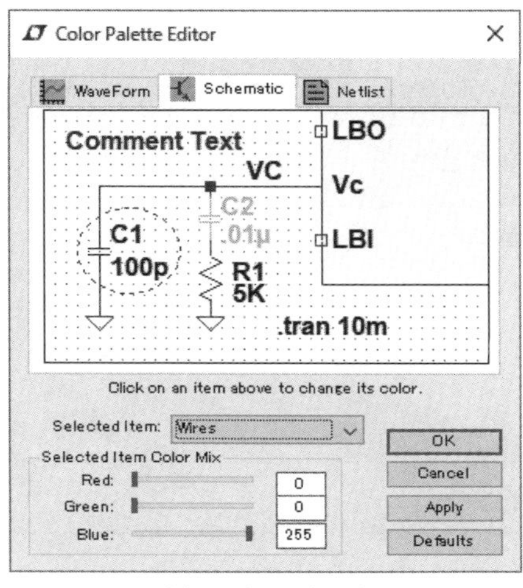

（b）回路図の色設定

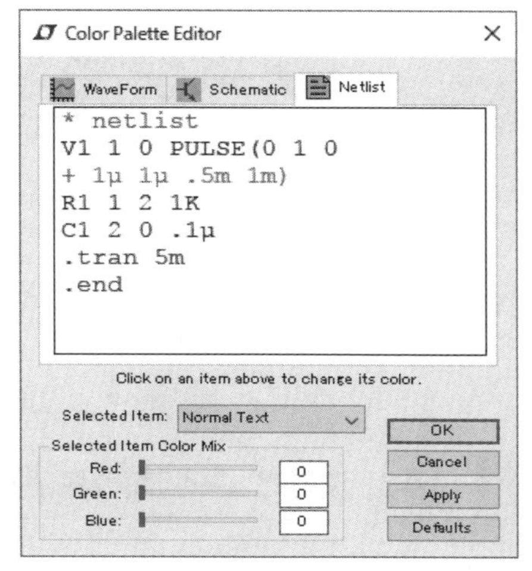

（c）ネットリストの色設定

図8-2　色設定のダイアログ

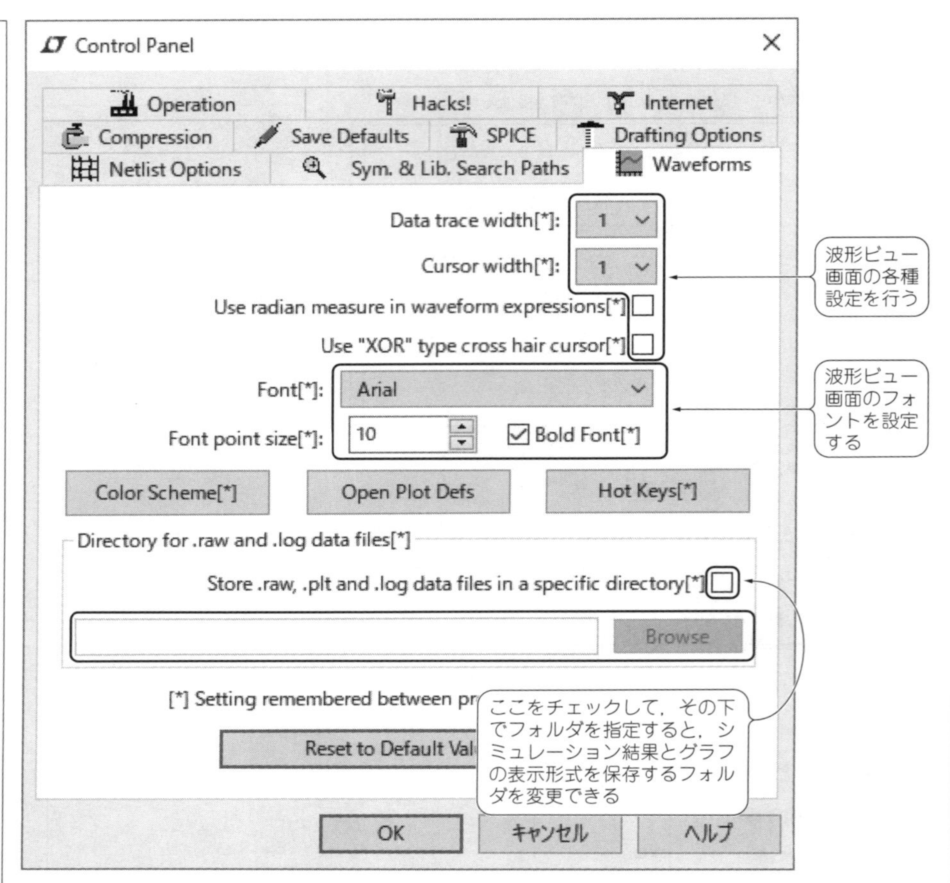

図8-3　コントロール・パネルのWaveforms設定画面

図ファイル*.ascの置かれているフォルダと同じフォルダに作られますが，この設定を行うことで別のフォルダに保存できるようになります(**図8-3**)．

[143] 波形ビュー画面の各種設定を行う

＜操作＞

□メニュー：[Tools]＞[Control Panel] →[Waveforms]タグ

<説明>

波形ビュー画面では以下の設定が可能です．

[Data trace width]

グラフのラインや波形の太さを指定する．

[Cursol width]

カーソル幅を指定する．

[Use radian measure in waveform expressions]

角度の単位を[ラジアン]にする．チェックが入っていないときは[°](度)になる．

[Color Scheme]

色設定画面を開く(「[140]画面の色を変更する」参照)

[Open Plot Defs]

定数/関数定義画面を開く(「[108]よく使う定数/関数を定義する」参照)

[Hot Keys]

ホットキー割り当て画面を開く(「[145]ホットキーに割り当てる機能を変更する」参照)

[144] 文字フォントを変更する

<操作>

(1)回路図画面

□メニュー：[Tools]＞[Control Panel] →[Drafting Options]タグ

(2)波形ビュー画面

□メニュー：[Tools]＞[Control Panel] →[Waveforms]タグ

<説明>

回路図と波形ビュー画面のフォント種類やフォント・サイズを変更することができます．回路図画面のフォント設定ダイアログでは，フォントの種類，大きさ，ボールドを選択できます(**図8-4**)．波形ビュー画面のフォント設定ダイアログでは，**図8-3**の[Font]の部

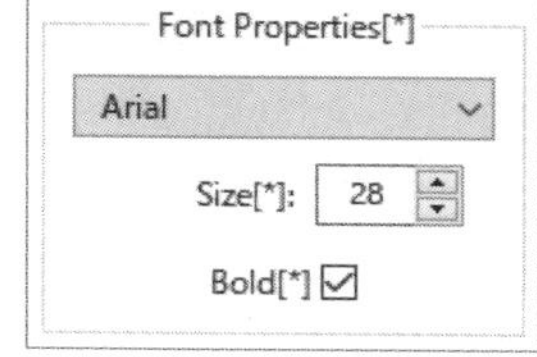

図8-4　回路図画面のフォント設定

分で設定できます.

[145] ホットキーに割り当てる機能を変更する

<操作>

□メニュー：[Tools]>[Control Panel] →[Drafting Options]タグ

→[Hot Keys] →[設定変更するタブ]

→[設定したいコマンドの右側をクリック] →[ホットキー設定]

[備考]設定変更するタブは以下のとおり.

[Schematic] [Symbol] [WaveForm] [Netlist]

<説明>

最初に設定パネルを開いた状態では，**図8-5**のようにホットキー設定部分が灰色文字になっているので，灰色の部分をクリックすると黒文字になり，その状態で設定したいキー設定を入力します．ホットキーの割り当てをやめる場合は，[DEL]キーを押します．リセットしてデフォルト状態に戻すには，[Reset to Default Values]をクリックします．

<例>

たとえば，部品選択ボックスを開く[Place Component]はデフォルトでは[F2]になっていますが，これを変更して[CTRL]+[F2]にしたい場合は，灰色で[F2]と書かれている部分をクリックして黒文字にして，[CTRL]+[F2]を押します．

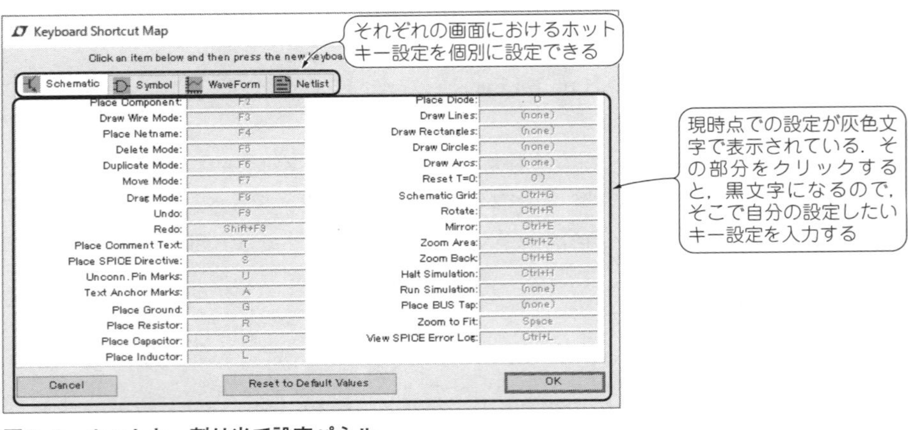

図8-5 ホットキー割り当て設定パネル

第2部

シミュレーション編

第1部では，回路図の描き方や部品モデルの登録，グラフの表示設定など，LTspiceの操作法をひととおり説明しました．第2部では，作成した回路図がもつ接続情報や部品の属性情報をもとに，シミュレーションを実行します．

LTspiceは次の6つの解析を行うことができます（かっこ内はコマンド）．

（1）DC動作点解析…（.OP）
（2）DCスイープ解析…（.DC）
（3）DC小信号伝達関数解析…（.TF）
（4）トランジェント解析（過渡解析）…（.TRAN）
（5）AC小信号解析（周波数解析）…（.AC）
（6）ノイズ解析…（.NOISE）

これらといくつかの別のコマンドを組み合わせると種々のシミュレーションが可能になります．本「シミュレーション編」では，具体的な回路を例にその方法を説明します．

第9章
シミュレーションを行うための各種設定を行う
シミュレーションの準備と基本操作

どのようなシミュレーションを行うかを設定する

回路図が完成したら，次にシミュレーションを行うための準備が必要です．LTspiceは，直流動作点解析，波形解析，周波数特性解析など，さまざまな計算機能を備えています．本章では，解析方法の選び方や計算条件の設定方法と，さらにシミュレーションに関する基本操作を紹介します．

[146] 解析モードの選択と計算条件設定のための2つの入り口

＜説明＞

シミュレーションを行うには，どのような解析を行うか．どのような条件で行うかを設定する必要があります．その設定は，次の2つのいずれかの方法で行います．

(1) シミュレーション設定パネル

(2) SPICE Directive入力ボックス

Column (9-A)

設定しなくても走るDC動作点解析(.OP)

周波数特性を計算するAC小信号解析(.AC)や波形を計算するトランジェント解析(.TRAN)など，ほとんどの解析はコマンドで指定しなければ実行されることはありません．

しかし，AC小信号解析もトランジェント解析も，直流動作点が求まっていないと計算を実行できません．DC動作点解析(.OP)は，トランジェント解析でオプション設定した場合を除き，特に指定をしなくても自動的に実行されます．

(1)は簡単で，シミュレーション・コマンドの知識がなくても使えますが，細かな条件設定やシミュレーション設定パネルにはないコマンドを使うときは，(2)を利用します．

<関連項目>

[147]シミュレーション設定パネルを開く，[148]SPICE Directive入力ボックスを開く

[147] 解析モード選択&設定ダイアログ その① シミュレーション設定パネルを開く

<操作>

□メニュー：[Edit] →[SPICE Analysis]

□メニュー：[Simulate]>[Edit Simulation Cmd]

□回路図上の何もないところで右クリックする →[Edit Simulation Cmd]

□回路図上のシミュレーション・コマンドの上で右クリックする

<説明>

上記のいずれかを操作することで，**図9-1**のようなシミュレーションを設定するパネ

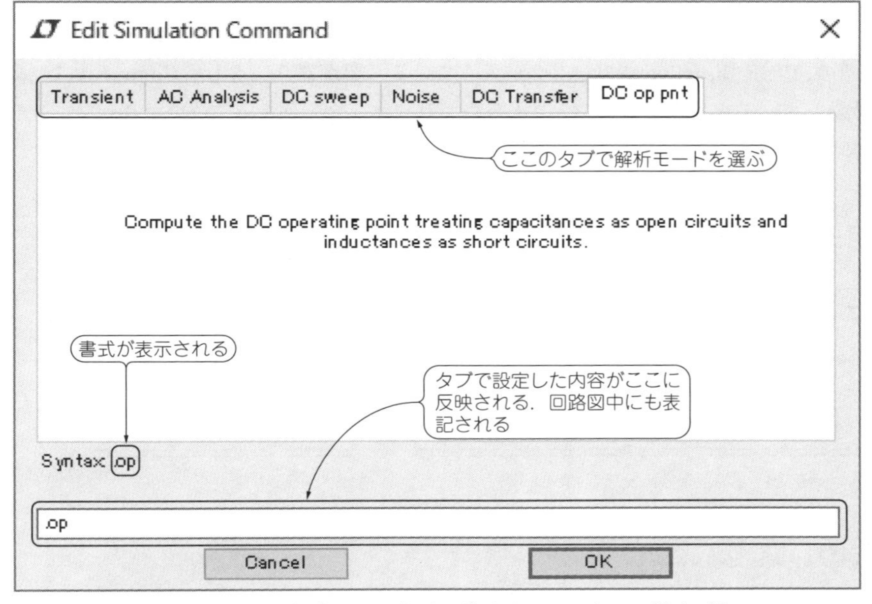

図9-1　解析モード選択&設定ダイアログ その① シミュレーション設定パネル

ルが開かれます．解析モードの種類を表すタブを選び，必要な条件を設定します．DC動作点解析の場合は条件の設定は不要です．

＜関連項目＞

[148]SPICE Directive入力ボックスを開く，[150]DC動作点解析を行う，[151]DCスイープ解析を行う①，[153]DC小信号伝達関数解析を行う①，[155]トランジェント解析を行う①，[158]AC小信号解析を行う①，[160]ノイズ解析を行う①

[148] 解析モード選択&設定ダイアログ その② SPICE Directive入力ボックスを開く

＜操作＞

□ツールバー：.op　□ホットキー：[S]

□メニュー：[Edit]>[SPICE Directive]　□右クリック：(XⅦ)[Draft]>[SPICE Directive]

＜説明＞

SPICE Directiveを直接入力するボックスを開きます(**図9-2**)．シミュレーション・コマンドやシンボルが登録されていない部品を直接入力するときに使い，[CTRL]+[M]で改行できます．シミュレーション・コマンドを有効にするには，[How to netlist this text]のSPICE directiveにチェックが入っている必要があり，もしもCommentにチェックが入っていると単なるコメント文とみなされます．文字列を縦に置いたり，フォントの大きさを変えることもできます．

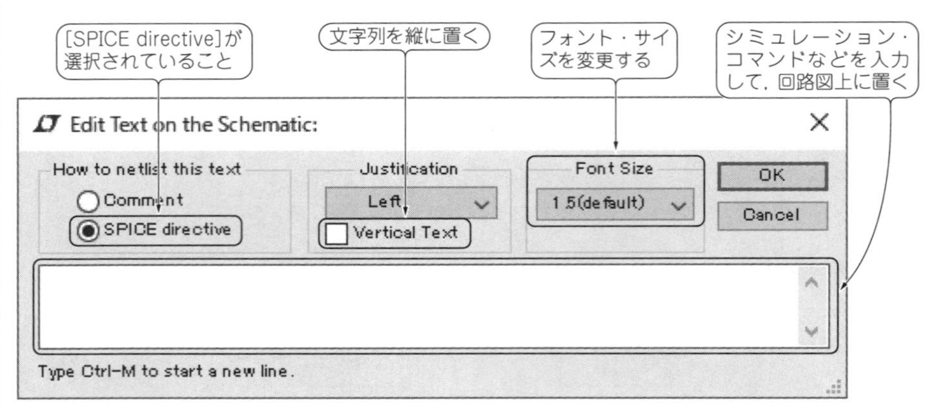

図9-2　解析モード選択&設定ダイアログ その② SPICE Directive入力ボックス

<関連項目>

[21]回路図上にコメント文を置く/移動/コピー/削除する，[147]シミュレーション設定パネルを開く

[149] シミュレーションを実行する

<操作>

□ツールバー：

□メニュー：[Simulate]＞[Run]

□回路図上の何もないところで右クリックする →[Run]

<説明>

シミュレーションを実行するには，回路図上にシミュレーション・コマンドが置かれた状態で，上記のいずれかの操作を行います．

[150] DC動作点解析を行う（.OP）

<操作>

(1) シミュレーション設定パネルを開く →[DC op pnt]タブ →シミュレーション実行

(2) SPICE Directive入力ボックスを開く →「.OP」と入力 →シミュレーション実行

<説明>

DC動作点解析とは，交流信号などの入力がなく回路が直流的に安定した状態で，接続点や部品の電圧・電流を調べるシミュレーション方法です．(1)では**図9-1**のシミュレーション設定パネルで，[DC op pnt]タブを選択して計算を実行します．(2)では**図9-2**のSPICE Directive入力ボックスに「`.OP`」と入力して計算を実行します．ほかのコマンドと異なり，条件設定なしで「`.OP`」単独で用います．

<関連項目>

[147]シミュレーション設定パネルを開く，[148]SPICE Directive入力ボックスを開く

[151] DCスイープ解析を行う① (.DC)

＜操作＞

□シミュレーション設定パネルを開く →◆

□回路図上の何もないところで右クリック：[Edit Simulation Cmd] →◆

◆ [DC sweep]タブ →必要な項目を入力する →シミュレーション実行

＜説明＞

DCスイープ解析とは，指定したDC電圧源あるいはDC電流源の値を連続的に変化させて，接続点や部品の電圧・電流の変化を調べるシミュレーション方法です．シミュレーション結果をグラフ表示すると，X軸は指定した電圧源または電流源，Y軸は見たいノードの電圧や線路の電流になります．

図9-3に示すように[DC sweep]タブを選びます．スイープ方法によってパラメータが異なり，**図9-4**のダイアログに示すように，値を変化させる範囲や増やし方を選んで設

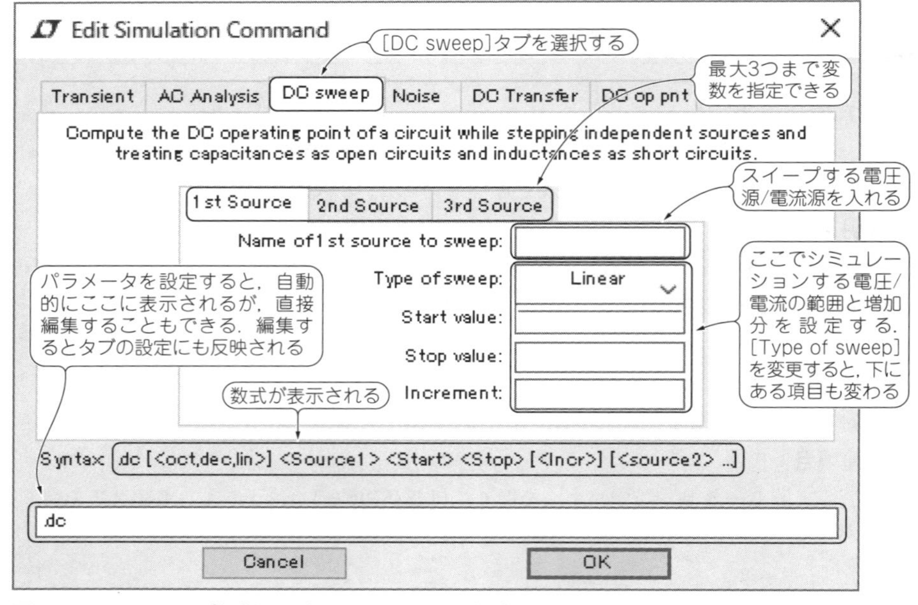

図9-3　DCスイープ解析のシミュレーション設定パネル

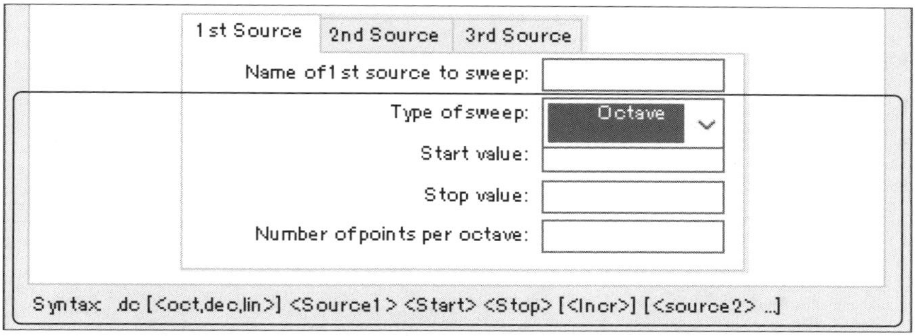

1st Source　2nd Source　3rd Source

Name of1st source to sweep:

Type of sweep: Octave

Start value:

Stop value:

Number of points per octave:

Syntax .dc [<oct,dec,lin>] <Source1> <Start> <Stop> [<Incr>] [<source2> ...]

(a) Octave

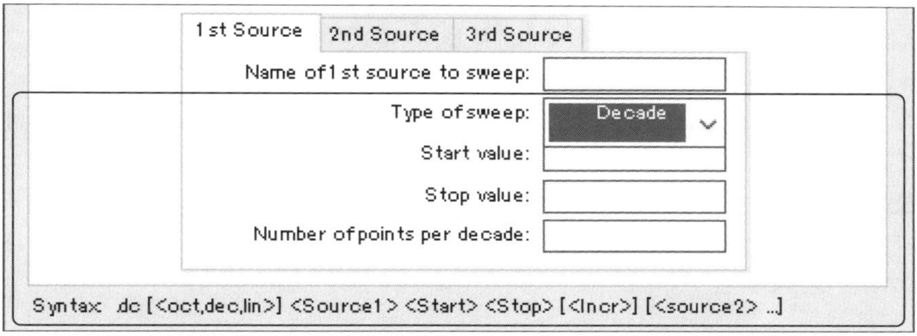

1st Source　2nd Source　3rd Source

Name of1st source to sweep:

Type of sweep: Decade

Start value:

Stop value:

Number of points per decade:

Syntax .dc [<oct,dec,lin>] <Source1> <Start> <Stop> [<Incr>] [<source2> ...]

(b) Decade

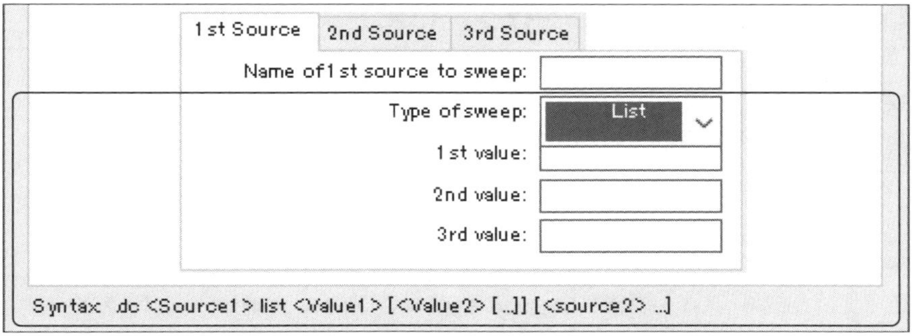

1st Source　2nd Source　3rd Source

Name of1st source to sweep:

Type of sweep: List

1st value:

2nd value:

3rd value:

Syntax .dc <Source1> list <Value1> [<Value2> [...]] [<source2> ...]

(c) List

図9-4 ［Type of sweep］欄で値を変化させる範囲や増やし方を選んで設定する

定します．各設定項目の意味を次に示します．

- Name of 1st source to sweep（必須）…… スイープする電圧／電流源
- Type of sweep …… スイープ方法（Linear|Octave|Decade|List）
- Start value（必須）…… 開始値［V］または［A］
- Stop value（必須）…… 終了値［V］または［A］
- Increment（Type of sweep = Linearのときのみ必須）…… 増加分［V］または［A］
- Number of points per xxx（Type of sweep = Octave，Decadeのときのみ必須）
  …… 区間ポイント数

スイープ方法にLinearを選ぶと，開始値から終了値まで，増加分ステップで計算が実行されます．Octaveに設定するとオクターブ（2倍）あたり，Decadeではディケード（10倍＝1桁）あたり区間ポイント数の数ずつ計算していき，結果がX軸に対数表示されます．Listに設定すると，シミュレーション・コマンドで直接指定した値で計算が行われます．増分と区間ポイント数は省略すると，LTspiceが内部で自動的に適当な値を設定して計算してくれます．

＜関連項目＞

［147］シミュレーション設定パネルを開く，［149］シミュレーションを実行する，［152］DCスイープ解析を行う②

［152］DCスイープ解析を行う②（.DC）

＜操作＞

SPICE Directive入力ボックスを開く …［148］
→書式に従って`.DC`コマンドを入力する
→シミュレーション実行 …［149］

＜書式＞

(i) `.DC [lin] <スイープ電源1> <開始値> <終了値> [<増加分>] [<スイープ電源2> ・・・]`

(ii) `.DC <oct|dec> <スイープ電源1> <開始値> <終了値> [<区間ポイント数>] [<スイープ電源2> ・・・]`

(iii) `.DC <スイープ電源1> list <設定値1> [<設定値2> ・・・] [<スイープ電源2> ・・・]`

［単位］：［V］または［A］ 開始値，終了値，増加分

<説明>

図9-2のSPICE Directive入力ボックスのテキスト欄に，書式に従ってコマンドを入力します．スイープ電源は連続的に変化させる電圧源または電流源です．

上記の(i)は**図9-3**でスイープ方法をLinearに設定したときの書き方です．(ii)はOctaveまたはDecade，(iii)はListに設定したときの書き方です．詳細は「[151]DCスイープ解析を行う①」を参照してください．**図9-3**のシミュレーション設定パネルで設定する場合は，スイープする電圧源/電流源は最大3個ですが，シミュレーション・コマンドを使うと，3つ以上指定できます．

<例>

- `V1`を0から10Vまで0.1Vステップでシミュレーションする
  →`.DC lin V1 0 10V 0.1V`　（「`lin`」と電圧の単位「`V`」は省略可能）
- `I1`を1μAから1mAまで1桁あたり20ポイント・ステップでシミュレーションする
  →`.DC dec I1 1uA 1mA 20`　（電流の単位「`A`」は省略可能）
- `Vx`が0，1V，5V，10V，20Vのポイントでシミュレーションする
  →`.DC Vx list 0 1 5 10 20`
- `V1`を1mVから10Vまで1桁当たり20ポイントで，`I1`を0.5mA，10mA，15mA，20mAの5ポイントで計算する
  →`.DC dec V1 1m 10 20 I1 list 0 5m 10m 15m 20m`

<関連項目>

[148]SPICE Directive入力ボックスを開く，[149]シミュレーションを実行する，[151]DCスイープ解析を行う①

[153] DC小信号伝達関数解析を行う① (.TF)

<操作>

□シミュレーション設定パネルを開く →◆

□回路図上の何もないところで右クリック：[Edit Simulation Cmd] →◆

◆ [DC Transfer]タブ →必要な項目を入力する →シミュレーション実行

<説明>

DC小信号伝達関数解析とは，入力となる電圧源または電流源の直流の微小変化に対して，指定したノードの電圧や線路の電流がどうなるか，その伝達関数を求めるシミュレー

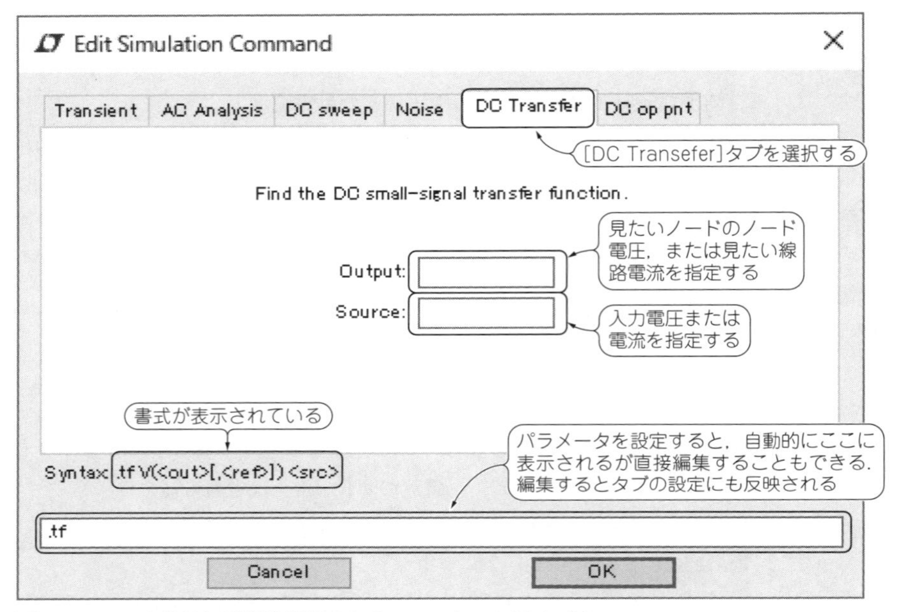

図9-5　DC小信号伝達関数解析のシミュレーション設定パネル

ション方法です．伝達関数のほかに入力インピーダンスと出力インピーダンスも同時に求めることができます．

［DC Transfer］タブの各項目の意味は，次のとおりです(**図9-5**)．

- Output(必須) … 出力ノード電圧または電圧源の電流
- Source(必須) … 入力電圧源または電流源

OutputはV(ラベル名)またはI(電圧源名)のように記述し，またSourceは電圧源や電流源の名前を直接記述します．

＜関連項目＞

［147］シミュレーション設定パネルを開く，［149］シミュレーションを実行する，［154］DC小信号伝達関数解析を行う②

[154] DC小信号伝達関数解析を行う② (.TF)

<操作>

□SPICE Directive入力ボックスを開く …[148]

→書式に従って，`.TF`コマンドを入力する

→シミュレーション実行 …[149]

<書式>

`.TF` <出力ノード電圧 | 出力線路電流> <入力電圧源 | 電流源>

<説明>

図9-2のSPICE Directive入力ボックスに，書式に従ってコマンドを入力します．出力となる電位点または電流経路と，入力となる電源を指定する必要があります．

<例>

- 電圧源`VIN`と`V(OUT)`の関係を示す伝達関数

  →`.TF V(OUT) VIN`

- 電圧源`VIN`と`V(OUT1) - V(OUT2)`の関係を示す伝達関数

  →`.TF V(OUT1,OUT2) VIN`

- 電圧源`V1`の電圧と電圧源`V2`に流れる電流の関係を示す伝達関数

  →`.TF I(V2) V1`

<関連項目>

[148]SPICE Directive入力ボックスを開く，[149]シミュレーションを実行する，[153]DC小信号伝達関数解析を行う①

[155] トランジェント解析を行う① (.TRAN)

<操作>

□シミュレーション設定パネルを開く →◆

□回路図上の何もないところで右クリック：[Edit Simulation Cmd] →◆

◆ [Transient]タブ →必要な項目を入力する →シミュレーション実行

[備考]PULSE，SINE，PWL，EXP，SFFMいずれかの電圧源または電流源があること

＜説明＞

トランジェント解析とは，各部の電圧や電流が時間とともにどのように変化するかを求めるシミュレーション方法です．オシロスコープで観測される波形が得られます．

[Transient]タブの各項目の意味は，以下のとおりです(**図9-6**).

- Stop time(必須) … 終了時間[s]
- Time to start saving data(任意) … 保存開始時間[s]
- Maximum Timestep(任意) … 最大ステップ時間[s]

以下は，オプションです．

- Start external DC supply voltages at 0 V … [startup] DC電圧源/電流源をシミュレーション開始時0 sとし，20 μs後に設定値にする．
- Stop simulating if steady state is detected … [steady] 定常状態になったらシミュレーションを停止し，定常状態のデータのみを保存する．
- Don't reset T = 0 when steady stage is detected … [nodiscard] 定常状態になったらシミュレーションを停止し，$t = 0$から定常状態になるまでのデータを保存する．

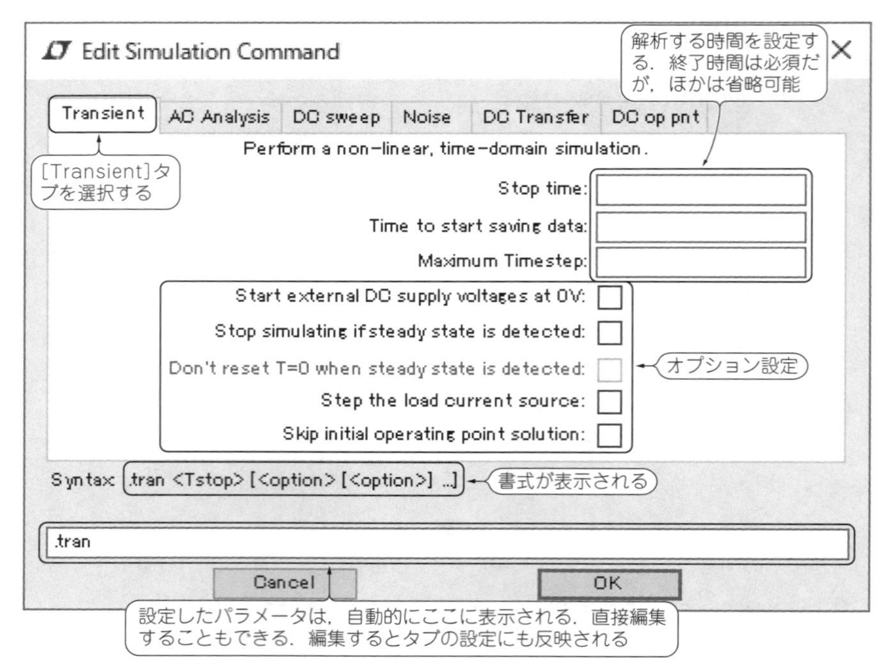

図9-6　トランジェント解析のシミュレーション設定パネル

[steady] がチェックされているときのみ選択可能.

- Step the load current source … [step] 電流負荷でその電流値をステップ変化させたときに，定常状態になるごとに次の電流値になる．[steady]がチェックされていないときのみ選択可能.
- Skip initial operating point solution … [UIC] DC動作点解析は行わずに，.ICの設定があればそれを初期値として使う.

.TRANは，$t=0$からシミュレーションを開始して，終了時間までシミュレーションを行います．トランジェント解析はデータ量が膨大になりがちなので，初期のデータが不要であれば，保存開始時間を設定することで，それ以降のデータのみを保存するようにできます．この場合は，シミュレーション結果を表示させたとき，X軸は保存開始時間から終了時間までではなく，0から終了時間-保存開始時間までスケール表示されます.

ステップ時間は変化率などから内部で自動的に決められますが，回路によっては誤差が大きくなりすぎます．そのような場合は最大ステップ時間を設定します．また**図9-6**に示すオプションを利用するとさまざまなトランジェント解析ができます.

＜関連項目＞

[147]シミュレーション設定パネルを開く，[149]シミュレーションを実行する，[156]トランジェント解析を行う②，[196]初期値を設定する

[156] トランジェント解析を行う② (.TRAN)

＜操作＞

□SPICE Directive入力ボックスを開く …[148]

→書式に従って，.TRANコマンドを入力する

→シミュレーション実行 …[149]

[備考]PULSE，SINE，PWL，EXP，SFFMいずれかの電圧源または電流源があること

＜書式＞

(i) `.TRAN <Tstop> [startup] [steady [nodiscard]] [step] [UIC]`

(ii) `.TRAN <Tstep> <Tstop> [Tstart [dTmax]] [startup] [steady] [nodiscard] [step] [UIC]`

Tstart … 保存開始時間[s]　　Tstop … 終了時間[s]

Tstep … 初期ステップ時間[s]　　dTmax … 最大ステップ時間[s]

[備考]LTspiceでは`Tstep`はほとんど意味を持たないので常に0とする.

<説明>

図9-2のSPICE Directive入力ボックスのテキスト欄に，上記書式に従ってコマンドを入力します．何もオプションを付けない書式(i)がもっともシンプルで，終了時間を設定するだけです．書式(ii)はそれ以外の設定も可能な書式です.

オプションの[startup]，[steady]，[nodiscard]，[step]，[UIC]は，「[155]トランジェント解析を行う①」のオプションと同じなので，そちらを参照してください. [nodiscard]を指定するには，[steady]が指定されている必要があります．[step]を指定するには[steady]が指定されていない必要があります.

<例>

- $t = 0$から1 msまでシミュレーションする →`.TRAN 1m`
- $t = 0$から1 msまでシミュレーションして，データは0.25 ms以降保存する
  →`.TRAN 0 1m 0.25m`
  (`.TRAN`の後の0は経過時間tではなく，初期ステップ時間`Tstep`であり，常に0とする．以下同様)
- $t = 0$ sから1 msまで最大10 μsステップで計算して，データは0.25 ms以降保存する
  →`.TRAN 0 1m 0.25m 10u`
- $t = 0$ sから100 msまで計算する．ただし，DC電圧源/電流源は$t = 0$ sでは0，$t = 20$ μsで定常値にする．→`.TRAN 100m startup`
- $t = 0$ sから100 msまで計算するが，定常状態になったらそこで計算を停止する.
  →`.TRAN 100m steady`
- $t = 0$ sから100 msまで，スタート時にDC動作点解析は実行せず，`.IC`で設定した初期値で計算する．→`.TRAN 100m UIC`

<関連項目>

[148]SPICE Directive入力ボックスを開く，[149]シミュレーションを実行する，[155]トランジェント解析を行う①，[196]初期値を設定する

[157] フーリエ解析を行う（.FOUR）

＜操作＞

□SPICE Directive入力ボックスを開く …[148]

→書式に従って .FOURコマンドを入力する

→シミュレーション実行 …[149]

[備考]PULSE，SINE，PWL，EXP，SFFMいずれかの電圧源または電流源があること

＜書式＞

.FOUR <基本波周波数> [高調波数] [周期] <測定ノード電圧 | 測定線路電流>

＜説明＞

フーリエ解析を使うと，基本波に対する各高調波成分の大きさと位相，さらに合計した高調波の基本波に対するレベルの比率(全高調波歪率)がわかります．

フーリエ解析はトランジェント解析の結果に対して行われるので，必ず.TRANと組み合わせる必要があります．高調波数を設定すると，設定した次数までの高調波を計算してくれます(デフォルト：9)．周期数を設定すると，最後から設定した周期数の前までのデータを使って計算が行われます．－1を設定すると，トランジェント解析の全範囲のデータが使われます(デフォルト：最後の1周期)．

＜例＞

- 基本波を1 kHzとして，V(out)における9次までの高調波を求める．
  - → .FOUR 1k V(out)
- 基本波を1 MHzとして，I(Vout)における20次までの高調波を求める．
  - → .FOUR 1MEG 20 I(Vout)
- 基本波を50 Hzとして，V(out)における10次までの高調波を全トランジェント解析区間で求める．
  - → .FOUR 50 10 -1 V(out)

＜関連項目＞

[148]SPICE Directive入力ボックスを開く，[149]シミュレーションを実行する，[155][156]トランジェント解析を行う②，[207]高調波歪率を求める

[158] AC小信号解析を行う① (.AC)

＜操作＞

□シミュレーション設定パネルを開く →◆

□回路図上の何もないところで右クリック：[Edit Simulation Cmd] →◆

◆ [AC Analysys]タブ →必要な項目を入力する →シミュレーション実行

[備考]AC電圧源または電流源があること

＜説明＞

AC小信号解析とは，交流の微小信号に対して出力の振幅や位相がどのようになるかを求めるシミュレーション方法です．正弦波の信号を入力して，その周波数を連続的に変化させながらゲインや位相の変化を計算し，周波数特性が得られます．シミュレーション結果から群遅延特性を求めることもできます．

[AC Analysys]タブの各項目の意味は，以下のとおりです(**図9-7**)．

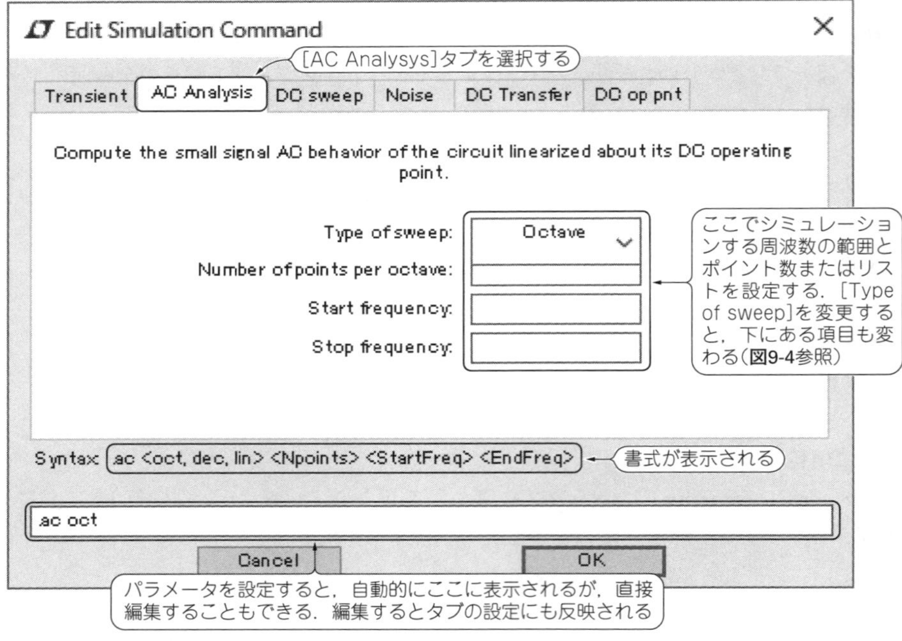

図9-7　AC解析のシミュレーション設定パネル

- Type of sweep（必須）… スイープ方法（Octave|Decade|Linear|List）
- Number of points (per xxx)（必須）… 区間ポイント数
- Start frequency（必須）… 開始周波数[Hz]
- Stop frequency（必須）… 終了周波数[Hz]

スイープ方法（Type of sweep）にOctaveを選択すると，開始周波数から終了周波数まで，2倍の周波数ごとに区間ポイント数の回数計算されます．Decadeに設定した場合は，開始周波数から終了周波数まで，10倍の周波数ごとに区間ポイント数の回数計算されます．結果は横軸が対数表示となります．Linearに設定すると，開始周波数から終了周波数までを区間ポイント数で分割した周波数で計算されます．Listに設定するとコマンドで指定した周波数で計算が実行されます．区間ポイント数は，通常はOctaveでは10～40，Decadeで20～100程度が目安です．周波数に対するレベル変化が大きいときは区間ポイントを増やします．

＜関連項目＞

[147]シミュレーション設定パネルを開く，[149]シミュレーションを実行する，[159]AC小信号解析を行う②

[159] AC小信号解析を行う② (.AC)

＜操作＞

□SPICE Directive入力ボックスを開く …[148]

→書式に従って .ACコマンドを入力する

→シミュレーションを実行する …[149]

[備考]AC電圧源または電流源があること

＜書式＞

(i) `.AC <oct|dec|lin> <区間ポイント数> <開始周波数> <終了周波数>`

(ii) `.AC list <周波数1> [<周波数2>…]`

[単位]開始周波数，終了周波数，周波数n：[Hz]

＜説明＞

図9-2のSPICE Directive入力ボックスのテキスト欄に，書式に従ってシミュレーション・コマンドを入力します．上記の(i)は，スイープ方法（Type of sweep）にOctave，Decade，Linearを選んだときの書き方です．(ii)は，Listを選んだときの書き方です（**図9-7**）．

<例>

- 1 Hz ～ 1 MHzまで，1桁あたり20ポイント・ステップでシミュレーションする
  →.AC dec 20 1 1MEG
- 10 Hz ～ 100 kHzまで1オクターブあたり10ポイント・ステップでシミュレーションする
  →.AC oct 10 10 100k
- 1 kHz ～ 10 kHzの間を10ポイントでシミュレーションする(1 kHzステップ)
  →.AC lin 10 1k 10k

<関連項目>

[148]SPICE Directive入力ボックスを開く，[149]シミュレーションを実行する，[158]AC小信号解析を行う①

[160] ノイズ解析を行う① (.NOISE)

<操作>

□メニュー：[Simulate]>[Edit Simulation Cmd] →◆

□回路図上の何もないところで右クリック：[Edit Simulation Cmd] →◆

◆ [Noise]タブ →必要な項目を入力する
→[OK]をクリックしてコマンドを回路図上に置く
→シミュレーション実行 …[149]

<説明>

ノイズ解析(.NOISE)は，出力ノイズ密度[V/$\sqrt{\mathrm{Hz}}$]の周波数特性を計算するシミュレーション方法です．シミュレーション設定パネルの[Noise]タブを**図9-8**に示します．それぞれの項目の意味は以下のとおりです．

- Output … 出力ノード電圧
- Input … 入力電源
- Type of sweep(必須) … スイープ方法
  (Octave，Decade，Linear，Listから選択)
- Number of points(per xxx) (必須) … 区間ポイント数
- Start Frequency(必須) … 開始周波数[Hz]
- Stop Frequency(必須) … 終了周波数[Hz]

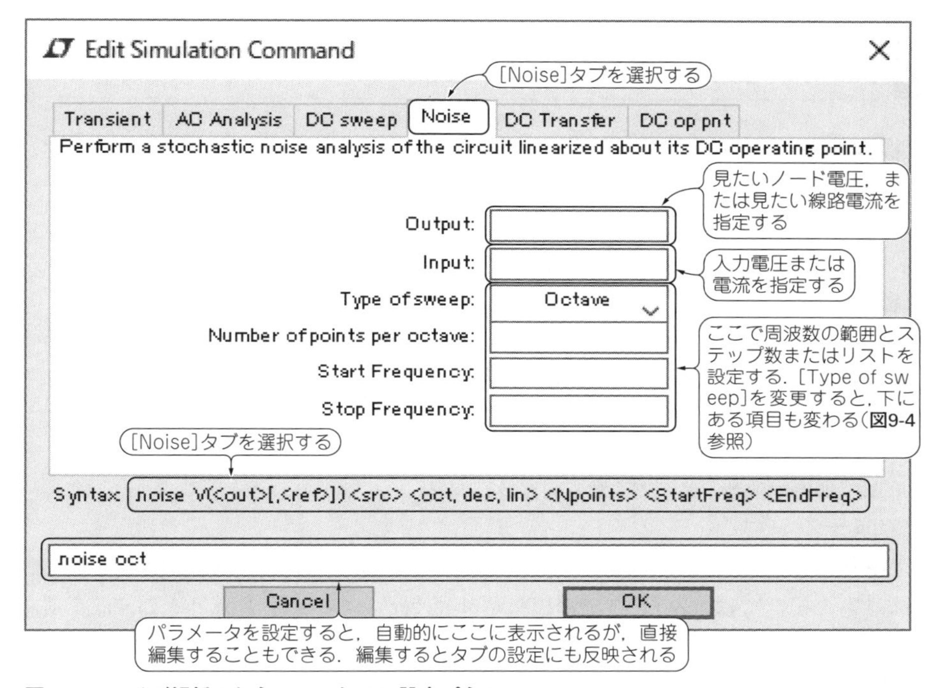

図9-8　ノイズ解析のシミュレーション設定パネル

スイープ方法にOctaveを選択すると，開始周波数から終了周波数まで，2倍の周波数ごとに区間ポイント数の回数計算されます．Decadeに設定した場合は，開始周波数から終了周波数まで，10倍の周波数ごとに区間ポイント数の回数計算されます．結果は横軸が対数表示になります．Linearを選ぶと，開始周波数から終了周波数までを区間ポイント数で分割した周波数ポイントで計算します．Listに設定すると，コマンドで直接指定した周波数で計算が実行されます．

<関連項目>

[147]シミュレーション設定パネルを開く，[149]シミュレーションを実行する，[161]ノイズ解析を行う②

[161] ノイズ解析を行う② (.NOISE)

<操作>

□SPICE Directive入力ボックスを開く …[148]

→書式に従って`.NOISE`コマンドを入力する

→シミュレーション実行…[149]

<書式>

(i) `.NOISE V(ラベル名1 [,ラベル名2])` <入力電圧源|電流源> `<oct|dec|lin>` <区間ポイント数> <開始周波数> < 終了周波数>

(ii) `.NOISE V(ラベル名1 [,ラベル名2])` <入力電圧源|電流源> `list` <周波数1> [<周波数2>…]

[単位]開始周波数，終了周波数，周波数n：[Hz]

<説明>

図9-2のSPICE Directive入力ボックスのテキスト欄に，書式に従ってコマンドを入力します．上記の(i)は，スイープ方法(Type of sweep)にOctave，Decade，Linearを選んだときの書き方です．(ii)は，Listを選んだときの書き方です(**図9-8**)．

<例>

- `Vin`に対する`V(out)`のノイズを，1 Hz ～ 100 kHzまで1オクターブあたり50ポイントのステップでシミュレーションする

  →`.NOISE V(out) Vin oct 50 1 100k`

- `Vin`に対する`V(out)`のノイズを，20 Hz ～ 20 kHzの間を100ポイント，等間隔でシミュレーションする(1 kHzステップ)

  →`.NOISE V(out) Vin lin 100 20 20k`

<関連項目>

[148]SPICE Directive入力ボックスを開く，[149]シミュレーションを実行する，[160]NOISE解析を行う①

[162] 温度をX軸にしてDC解析を行う

<操作>

(1)「[151]DCスイープ解析を行う①(.DC)」において，スイープ電源に「temp」と入れて設定を行う →シミュレーション実行 …[149]

(2) SPICE Directive入力ボックスを開く …[148]

→「.OP」と入力して回路図上に置く

→SPICE Directive入力ボックスを開く

→書式に従って.TEMPコマンドを入力する

→シミュレーション実行 …[149]

<書式>

(i) .STEP TEMP [lin] <開始温度> <終了温度値> [<増加温度>]

(ii) .STEP TEMP list <温度1> [<温度2> <温度3> …]

[単位]開始温度，終了温度，増加温度，温度n：[℃]

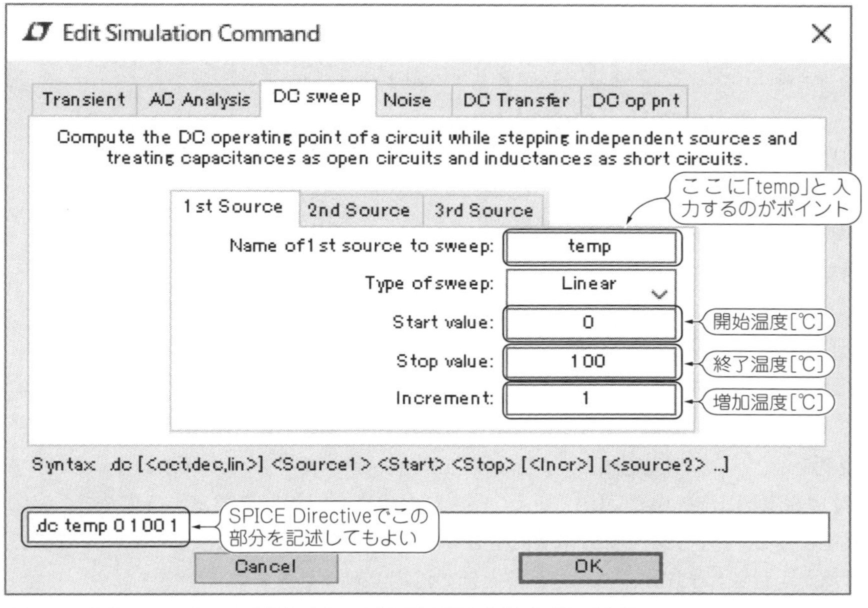

図9-9　シミュレーション設定パネルで温度設定を行う(X軸：温度)

<説明>

X軸を温度にしてDC解析を行います．前述の(1)はシミュレーション設定パネルを用いる方法です．スイープする電源として温度を意味するtempを入力します．以下の設定は，DCスイープ解析のときと同じです．

(2)は，SPICE Directiveで(i)または(ii)の書式で温度設定を行うものです．

<例>

図9-9に0℃から100℃まで1℃ステップでシミュレーションするときの設定パネルを示します(<操作>(1)による)．

<関連項目>

[148]SPICE Directive入力ボックスを開く，[149]シミュレーションを実行する，[151]DCスイープ解析を行う①，[163]温度をパラメータにした解析を行う

[163] 温度をパラメータにした解析を行う

<操作>

(1) SPICE Directive入力ボックスを開く …[148]
　→書式に従って，.TEMPコマンドを入力する
　→シミュレーション実行 …[149]

(2) 「[151]DCスイープ解析を行う①(.DC)」において，[2nd Source]以降のタブでスイープ電源に「temp」と入力する →シミュレーション実行 …[149]

[備考](2)はDCスイープ解析以外では使えない．

<書式>

(i) .TEMP <温度1> [<温度2> <温度3> …]

(ii) .STEP TEMP list <温度1> <温度2> [<温度3> …]

(iii) .STEP TEMP [lin] <開始温度> <終了温度値> [<増加温度>]

[単位]温度n，開始温度，終了温度，増加温度：[℃]

<説明>

(1)はSPICE Directiveで(i)～(iii)のいずれかの書式で温度を設定する方法です．(i)の書式を使うと，1ポイントでの温度設定も可能です．温度をとくに設定していないと27℃で計算が実行されますが，これを使うと別の温度で解析できます．

(iii)の書式を利用する場合，増加温度は省略可能ですが，そのままでは何℃で計算され

たかわかりません．これを見るには，[View]>[SPICE Error Log]（または[CTRL]＋[L]）でSPICEエラー・ログを開きます．

(2)はシミュレーション設定パネルを用いる方法で，DCスイープ解析のときにだけ使えます．スイープする電源として温度を意味する`temp`を入力します．DCスイープ解析の設定の後に温度を設定するので，[1st Source]タブで温度設定を行うことはありません．スイープの方法などは，DCスイープ解析のときと同じように設定します．順番として，`temp`を最後のスイープ変数にしないと期待と違う結果が表示されます．

＜例＞

- 0℃でシミュレーションする（＜操作＞(1)による）
  → `.TEMP 0`
- −25℃，＋25℃，＋75℃でシミュレーションする（＜操作＞(1)による）
  → `.TEMP -25 25 75`　または　`.STEP TEMP list -25 25 75`
  または　`.STEP TEMP -25 75 50`

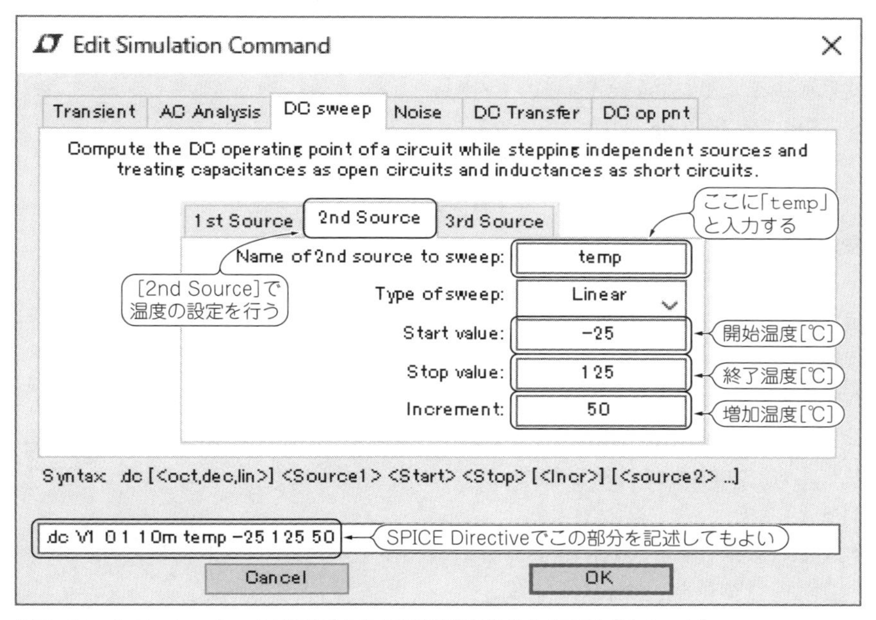

図9-10　シミュレーション設定パネルで温度設定を行う（温度パラメータ）

● **図9-10**に－25 ℃から＋125 ℃まで50 ℃ステップ(－25 ℃，＋25 ℃，＋75 ℃，＋125 ℃)で解析するときのシミュレーション設定パネルを示します．[2nd Source]タブのスイープ電源の欄([Name of 2nd source to sweep])に「temp」と記述するのがポイントです．

[1st Source]タブには，元のDCスイープ解析の条件が設定されています(<操作>(2)による)

<関連項目>

[147]シミュレーション設定パネルを開く，[148]SPICE Directive入力ボックスを開く，[149]シミュレーションを実行する，[151]DCスイープ解析を行う①，[162]温度をX軸にしてDC解析を行う，[172]SPICEエラー・ログを表示する

[164] 抵抗/コンデンサ/インダクタの値をパラメータにして解析する

<操作>

① パラメータにしたい抵抗/コンデンサ/インダクタの値を{ }で囲んで，{<パラメータ名>}とする．…[33]

② 式に従って，.STEPを記述する．

SPICE Directive入力ボックスを開く …[148]

→書式に従って，.STEPコマンドを入力する

→シミュレーション実行 …[149]

<書式>

(i) .STEP PARAM {<パラメータ名>} list <設定値1> [<設定値2> …]

(ii) .STEP PARAM {<パラメータ名>} [lin] <開始値> <終了値> [<増加分>]

<説明>

抵抗/コンデンサ/インダクタの値を変数にしてステップ解析を実行します．まず変数にしたい値を英字で始まる任意の文字列に置き換えます．次に，(i)または(ii)の書式に従って，.STEP PARAMを記述します．

<例>

● 抵抗R1の抵抗値を500 Ω，1 kΩ，2 kΩの3ポイントでシミュレーションする

→① R1の値を，{Rx1}とする

② .STEP PARAM {Rx1} list 500 1K 2K

＜関連項目＞

[33]抵抗/コンデンサ/インダクタの値を設定する，[148]SPICE Directive入力ボックスを開く，[149]シミュレーションを実行する，[165] 電圧/電流の値をパラメータにした解析を行う

[165] 電圧/電流の値をパラメータにして解析する

＜説明＞

操作方法や書式は，「[164]抵抗/コンデンサ/インダクタの値をパラメータにして解析する」と同じです．電圧や電流値をパラメータに書き換えるときは，「[50]電圧源/電流源のDC電圧値/電流値を設定する」を参照します．

＜例＞

- 1 mV，10 mV，100 mVの3ポイントでV1の電圧を計算する
  - →① V1の値を{Vparam}とする
  - ② .STEP PARAM {Vparam} list 1m 10m 100m

＜関連項目＞

[50]電圧源/電流源のDC電圧値/電流値を設定する，[148]SPICE Directive入力ボックスを開く，[164]抵抗/コンデンサ/インダクタの値をパラメータにして解析する

Column(9-B)

シミュレーション設定温度と実際

LTspiceをはじめとするSPICEシミュレータは，温度を指定しないときは27 ℃で自動的に計算します．これはすべての部品が27 ℃で動作するということです．

一方実際の部品は，周辺の温度(雰囲気温度)の影響を受け，外部(パッケージ)と内部の温度も違います．電力を消費して発熱しているパワー・デバイスのパッケージは，周囲の空気の温度よりも高くなっており，内部にあるチップはさらに高温です．放熱によって周辺の空気が温められ，筐体内の温度が上昇すると，それとともにパッケージも内部のチップの温度もその分高くなります．

回路にもよりますが，温度特性のシミュレーションを行うときには，これらのことを考慮して行う必要があります．

[166] ダイオード/トランジスタ/FETの特性をパラメータにして解析する

<操作>

□SPICE Directive入力ボックスを開く …[148]

→書式に従って，.STEPコマンドを入力する

→シミュレーション実行 …[149]

<書式>

(i).STEP <type> <型番>(<パラメータ名>) list <設定値1> [<設定値2> …]

(ii).STEP <type> <型番>(<パラメータ名>) [lin] <開始値> <終了値> [<増加分>]

<説明>

トランジスタのモデルは，電流増幅率h_{FE}や飽和電流I_Sなどのさまざまなパラメータでその特性が表現されています．これらを変数にすることもできます．ダイオードやFETについても同様です．これらについては，<関連項目>の[119][120][121][122]を参考にしてください．

<例>

● 2N3904のh_{FE}を50，100，200，400の4ポイントでシミュレーションする

→.STEP NPN 2N3904(BF) list 50 100 200 400

<関連項目>

[4]部品の名前，値などを編集する，[5]部品の属性を編集する，[148]SPICE Directive入力ボックスを開く，[149]シミュレーションを実行する，[164]抵抗/コンデンサ/インダクタの値をパラメータにして解析する

[167] 複数の抵抗/コンデンサ/インダクタの値をまとめて変化させる

<操作>

① パラメータにしたい値を{ }で囲んで，{<値*パラメータ名>}とする …[33]

② .PARAMを記述してシミュレーションを実行する

SPICE Directive入力ボックスを開く …[148]

→書式に従って，.STEPコマンドを入力する

→シミュレーション実行 …[149]

<書式>

.PARAM <パラメータ名1> = <値1> [<パラメータ名2> = <値2> …]

<説明>

.PARAMを使うと，複数の部品の値を同時に変化させることができます．変更したい値をパラメータ名に置き換えて，値を指定します．

<例>

- R1 = 1 kΩ，R2 = 2 kΩを2倍にする
  →① R1の値を{1k*X1}，R2の値を{2k*X1}とする
  ② .PARAM X1=2
- R1 = 1 kΩ，R2 = 10 kΩ，C1 = 0.001 μF，C2 = 0.01 μFで，抵抗の値を+5%，コンデンサの値を+10%にする
  →① R1の値を{1k*Xr}，R2の値を{10k*Xr}，C1の値を{0.001u*Xc}，C2の値を{0.01u*Xc}とする
  ② .PARAM Xr=1.05 Xc=1.1
- R1 = 1 kΩ，C1 = 100 pF，L1 = 10 μHをすべて100倍にする
  →① R1の値を{1k*X}，C1の値を{100p*X}，L1の値を{10u*X}とする
  ② .PARAM X=100

<関連項目>

[33]抵抗/コンデンサ/インダクタの値を設定する，[148]SPICE Directive入力ボックスを開く，[149]シミュレーションを実行する，[165]電圧/電流の値をパラメータにして解析する

[168] 特定条件に合致する値を求める

<操作>

① .MEASで読み込む条件を設定してシミュレーションを行う

ツールバー：op→書式に従って，.MEASコマンドで条件設定を行う

→シミュレーション実行 …[149]

② SPICEエラー・ログを表示する

□メニューまたは右クリック：[View]<[SPICE Error Log]

□ホットキー：[CTRL]+[L]

<説明>

.MEASURE(.MEASと省略可)は，特定の条件を設定してそれに合致する値を求めるシミュレーション・コマンドです．これを使うことで波形ビュー画面のグラフ上で，カーソルを当てるよりも，高い精度で値を読み取ることができます．使い方は回路図上に.MEASコマンドを置き，シミュレーション後にSPICEエラー・ログを表示させてその結果を見ます．

<書式と例>

.MEASUREには多くの計算オプションがあります．具体的な書式と例を以降に示します．書式の中の〈変数名〉はわかりやすい名前にします．

(1) X軸の値を指定して，そのときのノード電圧，線路電流または表現式の値を変数に入れる

▶書式(以下，.MEASと省略形で表記)

.MEAS <変数名> find <ノード電圧名 | 線路電流名 | 表現式> at=<X軸の値>

▶例

- X = 1 ms/1 mV/1 mAのときのV(1)の値をVx1に入れる

  →.MEAS Vx1 find V(out) at=1m

- X = 1 ms/1 mV/1 mAのときのV(1)×I(V1)の値をP1に入れる

  →.MEAS P1 find V(1)*I(V1) at=1m

- AC小信号解析で，X軸 = 1 MHzのV(2)の値をV20に入れる

  →.MEAS V20 find mag(V(2)) at=1MEG

(2) 条件式が成り立つときのノード電圧，線路電流または表現式のいずれかの結果あるいは傾きを変数に入れる

▶書式

.MEAS <変数名> <find|derive> <ノード電圧名|線路電流名|表現式> when <条件式> [td = <遅延>] [<rise|fall|cross> = [<カウント値>|last>]]

▶例

- V(1) = 0.1 Vとなるときのv(2)をVxに入れる
  → .MEAS Vx find V(2) when V(1)=0.1
- V(1) = 0.1 Vとなるときのv(2)の傾きをSRに入れる
  → .MEAS SR derive V(2) when V(1)=0.1
- V(1) = 0.1 Vが10回目に成り立つときのV(2)をVoutに入れる
  → .MEAS Vout find V(2) when V(1)=0.1 cross=10
- td = 10 ms以後にV(1) = 0.5 Vとなるときのv(2)をVxに入れる
  → .MEAS Vx find V(2) when V(1)=0.5 td=10m
- 最後の立ち上がりで，V(1) = 0.1 Vとなるときのv(2)をVxに入れる
  → .MEAS Vx find V(2) when V(1)=0.1 rise=last
- 最後の立ち下がりで，V(1) = 0.1 Vとなるときのv(2)をVxに入れる
  → .MEAS Vx find V(2) when V(1)=0.1 fall=last
- td = 1 ms以後にI(V1) = 2 × I(V2)が5回目に成り立つときのI(V3) × V(4)をPxに入れる
  → .MEAS Px find I(V3)*V(4) when I(V1)＝2*I(V2) td＝1m cross＝5

(3)条件式が成り立つときのX軸の値を変数に入れる

▶書式

.MEAS <変数名> when <条件式> [td = <遅延>] [<rise|fall|cross> = [<カウント値>|last>]]

▶例

- V(1) = 10 Vとなるときの X 軸の値をX1に入れる
  → .MEAS X1 when V(1)=10
- 1 ms以後に最初にV(1) = 10 Vとなるときの X 軸の値をX1に入れる
  → .MEAS X1 when V(1)=10 td=1m cross=1
- AC小信号解析で，V(out) = V(max)/$\sqrt{2}$のときの X 軸の値(周波数)をfc1に入れる
  → .MEAS tmp max mag(V(out))
  .MEAS fc1 when mag(V(out))=tmp/sqrt(2)

(4) 平均値/最大値/最小値/p-p値/実効値/積分値を変数に入れる

▶書式

.MEAS <変数名1> <モード><ノード電圧名|線路電流名> [from <X軸開始値>] [to <X軸終了値>]

モード：平均値[avg], 最大値[max], 最小値[min], p-p値[pp], 実効値[rms], 積分値[integ]

▶例

- V(out)の最大値をVo_maxに入れる(トランジェント解析)
  → .MEAS Vo_max max V(out)
- 1 m～2 ms/1 m～2 mV/1 m～2 mAの範囲のI(Vout)のp-p値をIppに入れる
  → .MEAS Ipp pp I(Vout) from 1m to 2m
- AC小信号解析で，V(out)の最小値をVo_minに入れる
  → .MEAS Vo_min min mag(V(out))
- AC小信号解析で，10 MHz以上でV(out)の最大値をVo_maxに入れる
  → .MEAS Vo_max max mag(V(out)) from 10MEG
- Vnoに出力ノイズを入れる
  → .MEAS Vno integ V(onoise)

(5) 条件1と条件2の差分を変数に入れる

下記の書式のtrig以下が条件1，targ以下が条件2になります．ノード電圧名，線路電流名，表現式のいずれもない場合はX軸の値の差分が変数に入ります．

▶書式

.MEAS <変数名> <avg|max|min|pp|rms|integ> <ノード電圧名|線路電流名|表現式>
trig <変数名1> val=<値1> td=<遅延1> [<rise|fall|cross>= [<カウント値1>|last>]]
targ <変数名2> val=<値2> td=<遅延2> [<rise|fall|cross>= [<カウント値2>|last>]]

▶例

- 1 ms以後に最初にV(1) = 1 VとなるときのR1の電流と，2 ms以後に最初にV(1) = 1.1 VになるときのR1の電流の差をdX1に入れる
  → .MEAS dX1 I(R1) trig V(1) val=1 td=1m rise=1 targ V(1)

val=1.1 td＝2m rise=1　または

.MEAS dX1 I(R1) trig when V(1)=1 td=1m rise=1 targ when V(1)=1.1 td=2m rise=1

- 1 ms/1 mV/1 mA以後に最初にV(1) ＝1 VとなるときのX軸の値と，2 ms以後に最初にV(1) ＝1.1 VになるときのX軸の値の差をdX2に入れる

　→.MEAS dX2 trig V(1) val=1 td=1m rise=1 targ V(1) val=1.1 td=2m rise=1　または

　.MEAS dX2 trig when V(1)=1 td=1m rise=1 targ when V(1)=1.1 td=2m rise=1

- AC小信号解析において，Vmaxに対してV(out)の低域側が－3 dBとなる周波数f_1と高域側の周波数f_2の差をBWに入れる

　→.MEAS BW trig mag(V(out))=Vmax/sqrt(2) rise=1 targ mag(V(out))=Vmax/sqrt(2) fall=last

(6)計算式の結果を変数に入れる

▶書式

.MEAS <変数名> PARAM <計算式>

▶例

- V1 × I1をP1に入れる(P1 = V1 × I1)

　→.MEAS P1 PARAM V1*I1

＜関連項目＞

[97]カーソル位置の値を読む，[98]カーソル位置のグラフの値を読む，[148]SPICE Directive入力ボックスを開く，[149]シミュレーションを実行する，[172]SPICEエラー・ログを表示する

[169] 抵抗/コンデンサ/インダクタンスの値をランダムにばらつかせる

＜操作＞

□ばらつかせる部品の値を，書式①に従って置き換える …[33]

　→書式②に従って精度を指定する

　→書式③に従ってステップ解析を指定する

　→シミュレーション実行 …[149]

<書式>

① `{mc(<値>,<精度名>)}`

② `.PARAM <精度名1>=<精度1> [<精度名2> = <精度2> …]`

③ `.STEP PARAM <変数名> 1 <シミュレーション回数> 1`

<説明>

実際の抵抗/コンデンサ/インダクタンスの値は必ずばらつきます．このばらつきシミュレーションを行うのが，部品の値をランダムに変化させて繰り返し計算する機能「モンテカルロ・シミュレーション」です．

最初に書式①でばらつかせたい部品の値を書き換えます．次に書式②でその精度を指定し，最後に書式③で.STEPでシミュレーションの繰り返し回数を指定します．最低でも20回，できれば100回以上に設定します．③の変数は一時的に使うダミー変数なので，名前に意味はありません．「1 <シミュレーション回数> 1」とは，1から<シミュレーション回数>まで1ステップで実行するという意味です．なお，このやり方では一様分布となりますが．正規分布のばらつきシミュレーションを行いたい場合は，gauss関数を使います．

<例>

- R1 = 1 kΩ，R2 = 10 kΩ，精度5%で，100回シミュレーションを繰り返す
  →R1の値を`{mc(1k,tol)}`，R2の値を`{mc(10k,tol)}`とする

```
.PARAM tol=0.05
.STEP PARAM x 1 100 1
```

- R1 = 1 kΩ，R2 = 10 kΩ，C1 = 1000 pFで，抵抗精度5%，容量精度10%で，100回シミュレーションを繰り返す
  →R1の値を`{mc(1k,tol_r)}`，R2の値を`{mc(10k,tol_r)}`，C1の値を`{mc(1000p,tol_c)}`とする

```
.PARAM tol_r=0.05 tol_c=0.1
.STEP PARAM x 1 100 1
```

- 他の例として，[183][219][226]を参照してください

<関連項目>

[34]抵抗/コンデンサ/インダクタの精度を設定する，[148]SPICE Directive入力ボックスを開く，[149]シミュレーションを実行する

[170] ステータス・バーに電圧/電流/消費電力を表示する

<操作>

見たい配線ライン/部品上にカーソルを置く

[備考] ● 事前にDC動作点解析，DC小信号伝達関数解析，AC小信号解析，ノイズ解析のいずれかを行っていること

● ステータス・バーが表示状態になっていること…[138]

<説明>

DC動作点を求めるシミュレーションを実行した後であれば，各ノードの電圧や部品の電流，消費電力をステータス・バーに表示させることができます．トランジスタやFETでは端子電流が表示されます．電源の電圧源にカーソルを当てて表示される電流と電力は，回路全体の消費電流と消費電力に相当します．

<例>

図9-11に示すように，DC動作点解析を行った後にトランジスタQ1のコレクタの位置にカーソルを移動させると，ステータス・バーにコレクタ電流が表示されます．同様に，ベースにカーソルを移動すると，ベース電流が表示されます．Q1の中に移動すると，Q1の消費電力が表示されます．抵抗RBの上にカーソルを移動すると，RBを流れる電流とRBの消費電力が表示され，ライン上にもっていけばそのラインの電圧が表示されます．

<関連項目>

[138]ツールバー/ステータス・バー/タブの表示/非表示を切り替える，[171]配線ラインに電圧を表示する

[171] 配線ラインに電圧を表示する

<操作>

回路図上の何もないところで右クリックする

→(Ⅳ) [View]>[Place .op Data Label]

(XⅦ) [Draft]>[.op Data Label]

→電圧を表示させたい配線上でクリックする

[備考]事前にDC動作点解析，DC小信号伝達関数解析，AC小信号解析，ノイズ解析の

いずれかを行っていること

＜説明＞

DC動作点を求めるシミュレーションを実行した後であれば，回路図上の任意の配線ラインの電圧を表示させることができます．表示が「???」となっている場合は，再度シミュレーションを行うと電圧が表示されます．条件を変えてシミュレーションを行うと新しい値が反映されます．

＜例＞

図9-11は，トランジスタQ1のベース電位を表示させたものです．

＜関連項目＞

[170]ステータス・バーに電圧/電流/消費電力を表示する

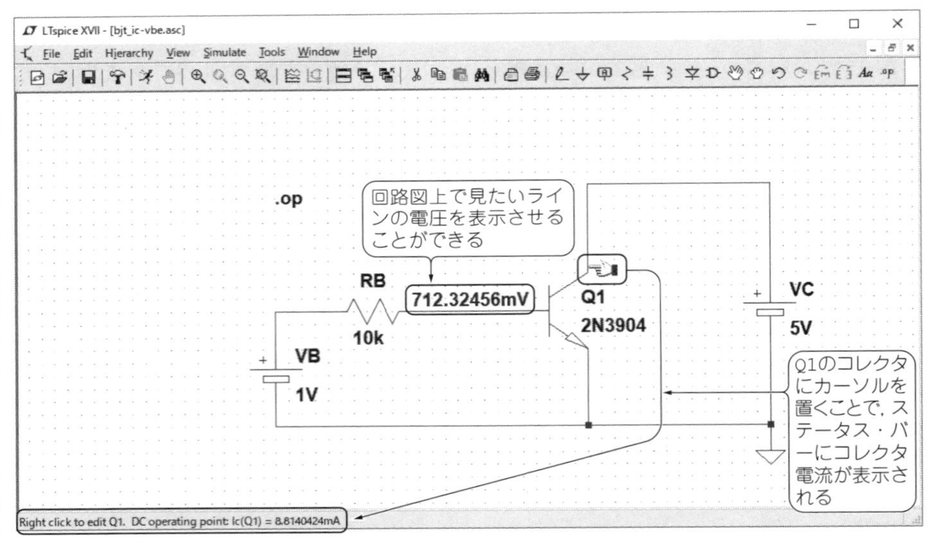

(a) Q1のコレクタにカーソルを置いたとき

(b) RBの上にカーソルを持っていったとき

図9-11 シミュレーション結果の表示

[172] SPICEエラー・ログを表示する

<操作>

□メニューまたは右クリック：[View]＞[SPICE Error Log]

□ホットキー：[CTRL]＋[L]

<説明>

シミュレーションを実行した結果のログを表示します．名称はエラー・ログとなっていますが，エラーがない場合でも有効で，たとえば.MEASコマンドを使えばその結果はこのエラー・ログに表示されます．

<関連項目>

[168]特定条件に合致する値を求める

[173] 線路を流れる電流を求める

<説明>

図9-12のように接続された回路では，そのままでは電流を観測することはできません．このような場合は，観測したい線路に0Vの電圧源や動作に影響を与えない微小抵抗を挿入して，その電圧源や抵抗に流れる電流を観測します．

<関連項目>

[170]ステータス・バーに電圧/電流/消費電力を表示する，[177]接続点の直流電圧や部品に流れる直流電流を求める

[174] シミュレーション結果を保存する

<説明>

シミュレーションを実行すると，回路図ファイル(*.asc)と同じフォルダに*.rawというシミュレーション結果が収められたファイルが自動的に生成されます．グラフの表示形式もいっしょに保存できます．

ただ現実的には複数の条件や設定でシミュレーションすると，後でどの回路の結果なの

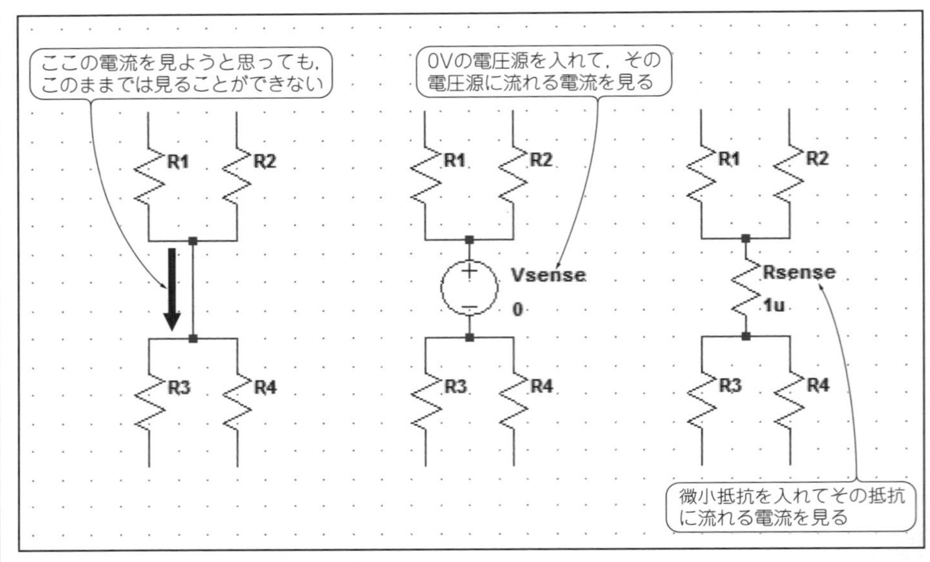

図9-12　配線中を流れる電流(線路電流)を知りたいときはどうする？

か整理できなくなりますし，*.rawはトランジェント解析のときにファイル・サイズが大きくなるので，回路図ファイル(*.asc)だけを保存しておいたほうがよいでしょう．

＜関連項目＞

[106]グラフ表示形式を読み込む，[175]保存していたシミュレーション結果を読み込む

[175] 保存していたシミュレーション結果を読み込む

＜操作＞

□ツールバー：[View] →◆

□メニュー：[File]＞[Open] →◆

□ホットキー：[CTRL]＋[O] →◆

◆ファイルの種類Waveforms(*.raw,*.fra)を選択してファイルを開く

＜説明＞

以前にシミュレーションを行って，解析結果を保存している場合，*.rawファイルを

読み込むとその解析結果を表示することができます．ただし表示形式を同時に保存しておかないと，グラフは表示されません．

<関連項目>

[105]グラフ表示形式を保存する，[174]シミュレーション結果を保存する

[176] 計算精度を高める

<操作>

(1)ステップ幅を細くする

□DCスイープ解析：区間ポイント数を多くする

□トランジェント解析：最大ステップ時間を短くする

□AC小信号解析：区間ポイント数を多くする

(2)倍精度計算を行う

□`.OPTIONS`コマンドで，`numdgt`を6よりも大きくする

(3)シミュレーション・データの圧縮度を下げる，圧縮をやめる

□`.OPTIONS`コマンドで，`plotwinsize`を小さくする

<説明>

(1) DCスイープ解析/トランジェント解析/AC小信号解析においては，X軸の値は指定または自動的に設定されるステップ幅で，回路の電圧や電流を求めていきます．この解析ステップ幅が大きいと，電圧や電流が急激な変化を見逃す可能性がありますから，次のような条件設定が必要です．

DCスイープ解析モードとAC小信号解析モードの場合は，できるだけステップ数(Number of points (per xxx))を多くするか，または増加分(Increment)を小さくします．トランジェント解析では最大ステップ幅(Maximum Timestep)を設定して，X軸の刻み幅を小さくします．

(2)桁数の多い2つの数値が近く，その差を利用するときに有効です．6よりも大きな数字にします(例：`.OPTIONS numdgt=15`)．

(3)シミュレーション結果を保存する際にデータ圧縮率を下げるとデータ容量は大きくなりますが，精度は上がります．`plotwinsize`のデフォルトは`300`ですが，小さくすると精度が上がり，0にすると圧縮されません(例：`.OPTIONS plotwinsize=10`)．なお解析精度そのものには影響しません．

<関連項目>

[151][152]DCスイープ解析を行う，[155][156]トランジェント解析を行う，[158][159]AC小信号解析を行う

Column(9-C)

収束性を高める

規模の大きな回路や複雑な回路を解析すると，非常に時間がかかって結果が得られない(収束できない)ことがあります．そのようなとき，以下のことを試みると収束する可能性が高くなります．

(1) .NODESETを行う

DC動作点解析を行う際に，インピーダンスの高いノードに対して，おおよその値を最初に設定します．

(2) .OPTIONSで収束性に関するパラメータを設定する

(a)繰り返し計算回数を多くする

繰り返し回数のリミットによって収束しない場合は，その回数を増やすことで収束する可能性があります．

→ITL1(DC繰り返し計算)，ITL2(DC伝達曲線繰り返し計算)，ITL4(トランジェント解析)

(b) Gminを大きくする

PN接合や絶縁抵抗のデフォルトのコンダクタンスで，大きくすると(抵抗値を下げると)収束しやすくなりますが，精度は低下します．

(c)計算精度を下げる

許容誤差を大きくすることで収束性を高めようというものです．Gminの場合でもそうですが，特別な回路や仕様でない限り，多少精度を低くしても問題になることはほとんどありません．収束する回路で実際に精度を変えながら，シミュレーションを繰り返すと変化の度合いをつかむことができます．

→Abstol(電流の絶対誤差)，chgtol(電荷の絶対誤差)，reltol(相対誤差)，trtol(トランジェント誤差)，vntol(電圧の絶対誤差)

第10章

デジタルテスター/カーブトレーサのように直流電圧電流を求める

DC解析

入力電圧や電源変化による電圧電流変化，半導体素子の直流電流を明らかにする

本章では，DC動作点解析(`.OP`)とDCスイープ解析(`.DC`)の2つのシミュレーション機能を使って，アナログ回路や半導体素子の直流特性を求める方法を紹介します．温度や電圧，電流をパラメータにした静特性の変化を調べる方法も紹介します．

[177] 接続点の直流電圧や部品に流れる直流電流を求める

＜操作＞

DC動作点解析を行う …[150]

＜説明＞

図10-1に示す差動増幅回路を例にシミュレーションを行ってみましょう．

この回路は，`Q1`(または`Q2`のベース)に信号を加えると，`Q1`と`Q2`のコレクタに差動信号が出力されます．この回路の各ノード電圧と各部品に流れる電流を求めるにはDC動作点解析を行います．

＜シミュレーション結果＞

シミュレーションを実行すると(Vinは0 V)，**図10-2**のようなウィンドウが表示されます．ここには，全ノード電圧と全線路電流が表示されています．これを見るとトランジスタの動作電流は，`Ic(Q1)` = `Ic(Q2)` = 0.500119 mA，`out1`，`out2`の電位は4.99881 Vということがわかります．この結果が表示されたウィンドウを閉じても，をクリックすると再度表示されます．

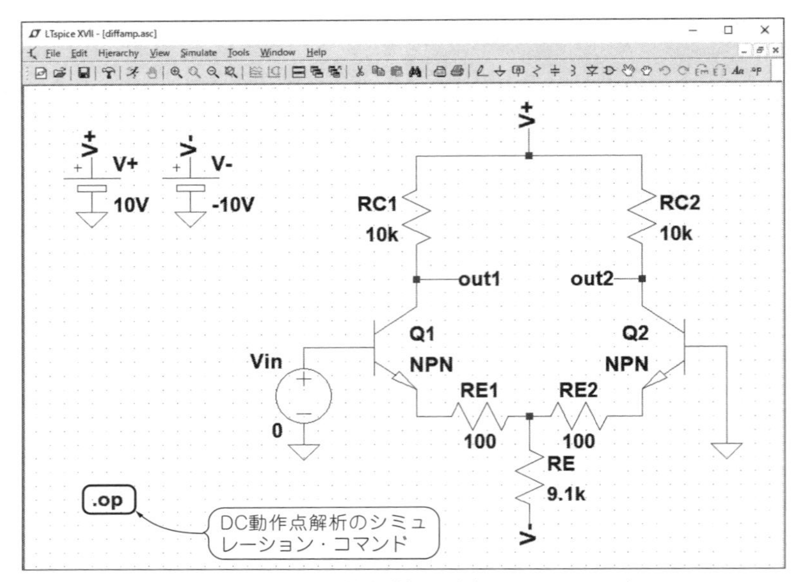

図10-1　DC動作点解析の例題…差動増幅回路(diffamp.asc)

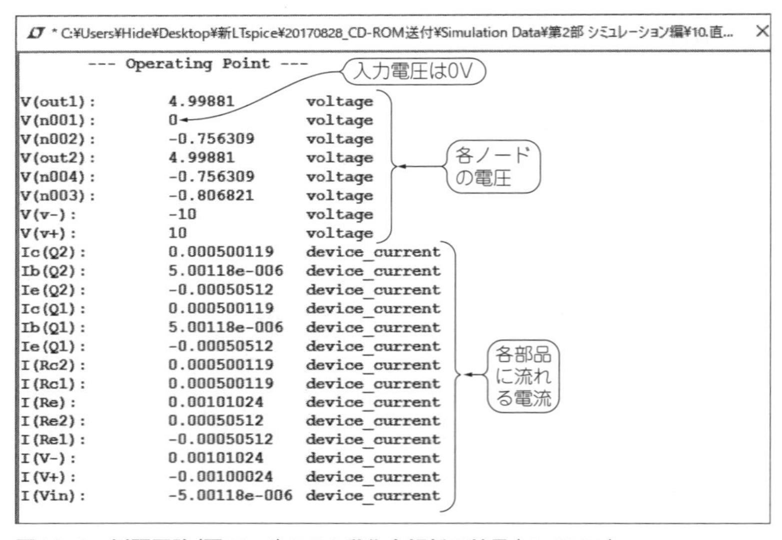

V(out1):	4.99881	voltage
V(n001):	0	voltage
V(n002):	-0.756309	voltage
V(out2):	4.99881	voltage
V(n004):	-0.756309	voltage
V(n003):	-0.806821	voltage
V(v-):	-10	voltage
V(v+):	10	voltage
Ic(Q2):	0.000500119	device_current
Ib(Q2):	5.00118e-006	device_current
Ie(Q2):	-0.00050512	device_current
Ic(Q1):	0.000500119	device_current
Ib(Q1):	5.00118e-006	device_current
Ie(Q1):	-0.00050512	device_current
I(Rc2):	0.000500119	device_current
I(Rc1):	0.000500119	device_current
I(Re):	0.00101024	device_current
I(Re2):	0.00050512	device_current
I(Re1):	-0.00050512	device_current
I(V-):	0.00101024	device_current
I(V+):	-0.00100024	device_current
I(Vin):	-5.00118e-006	device_current

図10-2　例題回路(図10-1)のDC動作点解析の結果(Vinは0 V)

[178] 入力電圧を変化させたときの出力電圧と出力電流の変化を求める

＜操作＞

① スイープさせる電圧源をVinにして，DCスイープ解析を行う … [151][152]

② 出力電圧とQ_1とQ_2のコレクタ電流のグラフを表示させる … [82][91][101][139]

回路図ペインと波形ビュー・ペインを左右配置にする

→V(out1)，V(out2)を表示する →新しいグラフ領域を追加する

→Ic(Q1)，Ic(Q2)を表示する →X軸のきざみ幅を変更する

＜説明＞

図10-1の回路で，入力電圧Vinを変化させたときの出力電圧V(out1)，V(out2)と出力電流Ic(Q1)，Ic(Q2)を求めるために，DCスイープ解析を行います．Vinは，

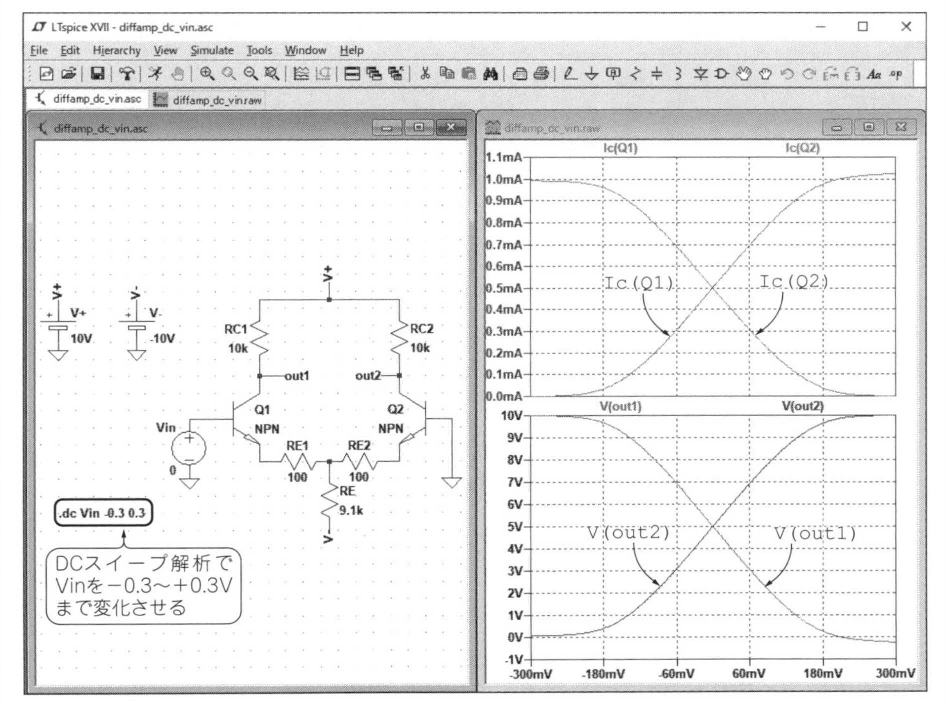

図10-3　差動増幅回路のVinを変数としてDCスイープ解析を行う(diffamp_dc_vin.asc)

－0.3～＋0.3Vまで変化させました．これが図10-3の回路図ペインです．

<シミュレーション結果>

シミュレーション結果は図10-3の波形ビュー・ペインです．ただしシミュレーションを行った直後はこのような画面ではなく，回路図ペインと波形ビュー・ペインが上下配置になっています．そこで，メニューバーの[Windows]＞[Tile Vertically]で左右配置にしてV(out1)，V(out2)を表示させ，さらに表示グラフを追加し，そこにIc(Q1)，Ic(Q2)を表示させて，X軸の目盛りのステップ幅を変更しています．

グラフを見ると，出力電圧V(out1)，V(out2)，出力電流Ic(Q1)，Ic(Q2)ともに差動的に出力されているのがわかります．Vinがプラス側かマイナス側で飽和域の値(V(out1)とV(out2)の最小値，およびIc(Q1)とIc(Q2)の最大値)がわずかに異なっています．これは入力が差動信号になっていないためです．

[179] 正負電源電圧を変化させて各部の電圧/電流を求める

<操作>

① 電源を利得－1倍の電圧制御電圧源に置き換える … [76]
② スイープさせる電圧源を正電源にして，DCスイープ解析を行う … [151][152]
③ 観測したいノード電圧，線路電流のグラフを表示する … [82][91][101][139]
　回路図ペインと波形ビュー・ペインを左右配置にする
　→V(v-)とV(out1)を表示する →新しいグラフ領域を追加する
　→Ic(Q1)を表示する →X軸のきざみ幅を変更する

<説明>

DCスイープ解析で電源電圧を変化(スイープ)させます．図10-1の回路で，電源電圧を0～±10Vまで変化させたときに各部の電圧電流を調べてみましょう．

図10-1の回路ではV+とV-の正負の電源をもっているので，このままでは変数が2つありDCスイープ解析ができません．このため，V-を電圧制御電圧源にして，V+の電圧を入力としてそれを－1倍して出すようにして，それからDCスイープ解析を行います．このようにしたのが図10-4の回路です．ここでは正負2電源ですが，多電源でも同様の考え方でシミュレーションできます．

<シミュレーション結果>

シミュレーションを行った後，図10-4のように回路図ペインと波形ビュー・ペインを

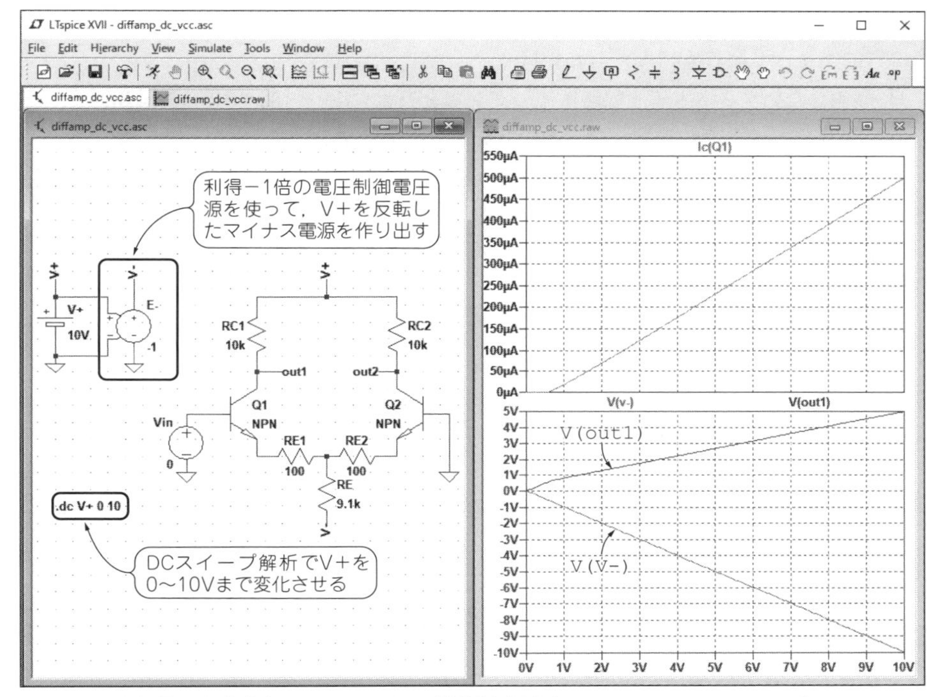

図10-4　電源電圧を変数としてDCスイープ解析を行う(diffamp_dc_vcc.asc)

左右に配置して見たいところのグラフを出します．ここでは，V-がきちんと0～－10 Vになっているかを確認するために，マイナス側電源電圧V(V-)と，Q1のコレクタ電位V(out1)，さらにはQ1のコレクタ電流Ic(Q1)を表示させました．

V(V-)はきちんとV(V+)を反転した値になっています．V(out1)とIc(Q1)は，電源電圧が0.7 V程度からリニアな動作になっています．

[180] 電流をパラメータにしてDCスイープ解析を行う

<操作>

①パラメータにしたい電流の値の記述を{<パラメータ>}の形に置き換える … [164][165]

② .STEPを記述する … [164][165]

③ DCスイープ解析を行う … [151][152]

④ 観測したいノード電圧，線路電流のグラフを表示する … [82][91][101][139]

回路図ペインと波形ビュー・ペインを左右配置にする

→V(out1)，V(out2)を表示する →新しいグラフ領域を追加する

→Ic(Q1)，Ic(Q2)を表示する →X軸のきざみ幅を変更する

[備考]電流をパラメータとして解析しないなら，①と②は不要

<説明>

図10-1の回路でエミッタ共通抵抗REを電流源に置き換えて，これをパラメータにして入出力関係を求めてみましょう．回路図を**図10-5**に示します．電流源Ioをパラメータとするので，電流値の部分をパラメータ変数で置き換えて{Iox}とします．Ioを0.5 mA, 1 mA, 1.5 mAの3つの値で変化させると，.STEPの記述は以下のようにします．

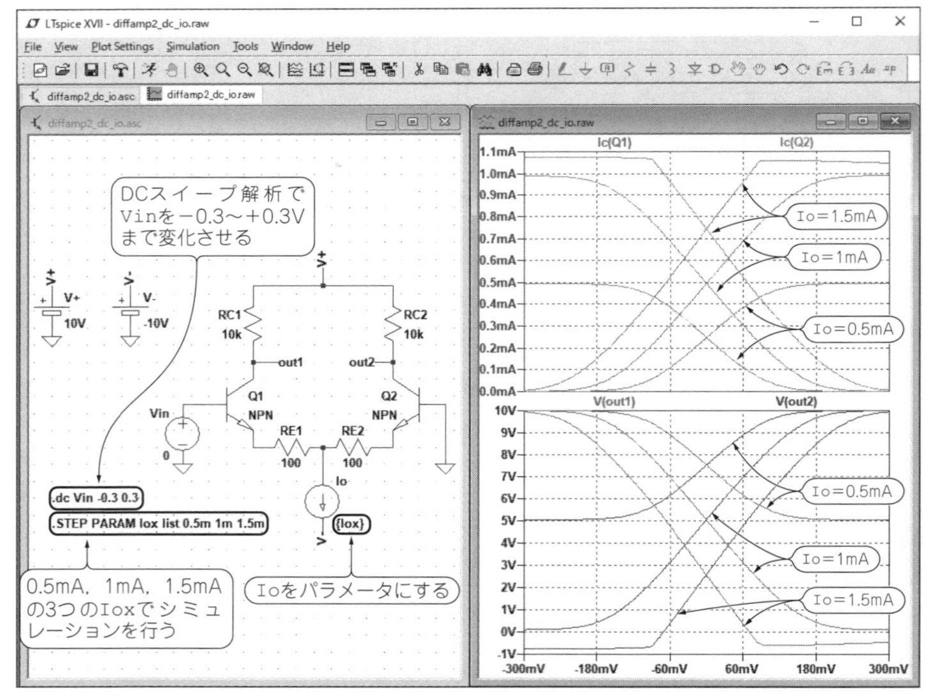

図10-5 電流をパラメータとしてDCスイープ解析を行う(diffamp2_dc_io.asc)

```
.STEP PARAM Iox list 0.5m 1m 1.5m
```

<シミュレーション結果>

最初に回路図ペインと波形ビュー・ペインを左右配置にして，出力電圧V(out1)，V(out2)のグラフを表示させます．次に，新しいグラフ領域を追加して，Q1，Q2のコレクタ電流Ic(Q1)，Ic(Q2)を表示させ，X軸のきざみ幅を調整します．これが**図10-5**のグラフで，Ioをパラメータとして入出力関係が得られています．Io = 1.5 mAではトランジスタが飽和状態になり，差動出力のリニアリティ範囲が狭くなっていることがわかります．

[181] 抵抗をパラメータにしてDCスイープ解析を行う

<操作>

① パラメータにしたい抵抗の値の記述を{<パラメータ>}の形に置き換える … [164]
② .STEPを記述する … [164]
③ DCスイープ解析を行う … [151][152]
④ 観測したいノード電圧，線路電流のグラフを表示する … [82][91][101][139]
　回路図ペインと波形ビュー・ペインを左右配置にする
　　→V(out1)，V(out2)を表示する →新しいグラフ領域を追加する
　　→Ic(Q1)，Ic(Q2)を表示する →X軸のきざみ幅を変更する

[備考]抵抗をパラメータとして解析しないなら①と②は不要

<説明>

図10-6の回路でエミッタ抵抗RE1，RE2をパラメータにしたときの入出力関係を求めてみましょう．RE1，RE2をパラメータとするので，抵抗値の部分をパラメータ変数で置き換えて{REx}とします．REを1 mΩ，100 Ω，200 Ω，400 Ωの4つの値で変化させることとすると.STEPの記述は以下のようになります．

```
.STEP PARAM REx list 1m 100 200 400
```

<シミュレーション結果>

最初に回路図ペインと波形ビュー・ペインを左右配置にして，出力電圧V(out1)，V(out2)のグラフを表示させます．次に，新しいグラフ領域を追加してQ1，Q2のコレクタ電流Ic(Q1)，Ic(Q2)を表示させ，X軸のきざみ幅を調整します．これが**図10-6**のグラフで，REをパラメータとして入出力関係が得られていることがわかります．REが

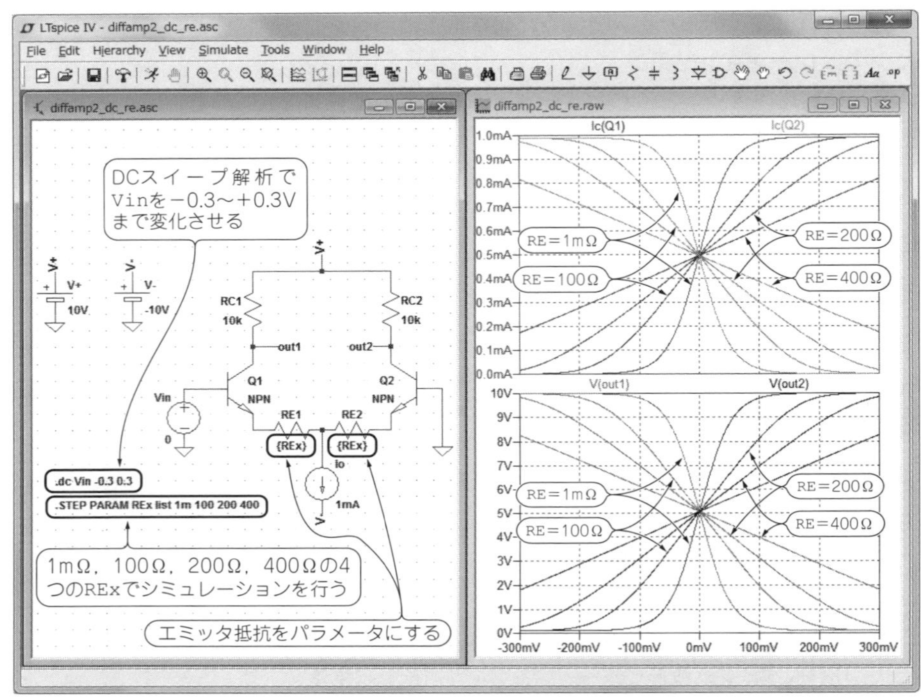

図10-6　抵抗をパラメータとしてDCスイープ解析を行う（diffamp2_dc_re.asc）

小さいほうの傾斜が急ですが，これは利得や伝達コンダクタンスが高いことを意味しています．一方，REが大きいほうが，リニアリティの得られる範囲が広くなっています．

[182] 温度をパラメータにしてDCスイープ解析を行う

<操作>

① .TEMPを記述する… [163]

② DCスイープ解析を行う … [151][152]

③ 観測したいノード電圧，線路電流のグラフを表示する … [82][91][101][139]

　回路図ペインと波形ビュー・ペインを左右配置にする

　　→V(out1)，V(out2)を表示する →新しいグラフ領域を追加する

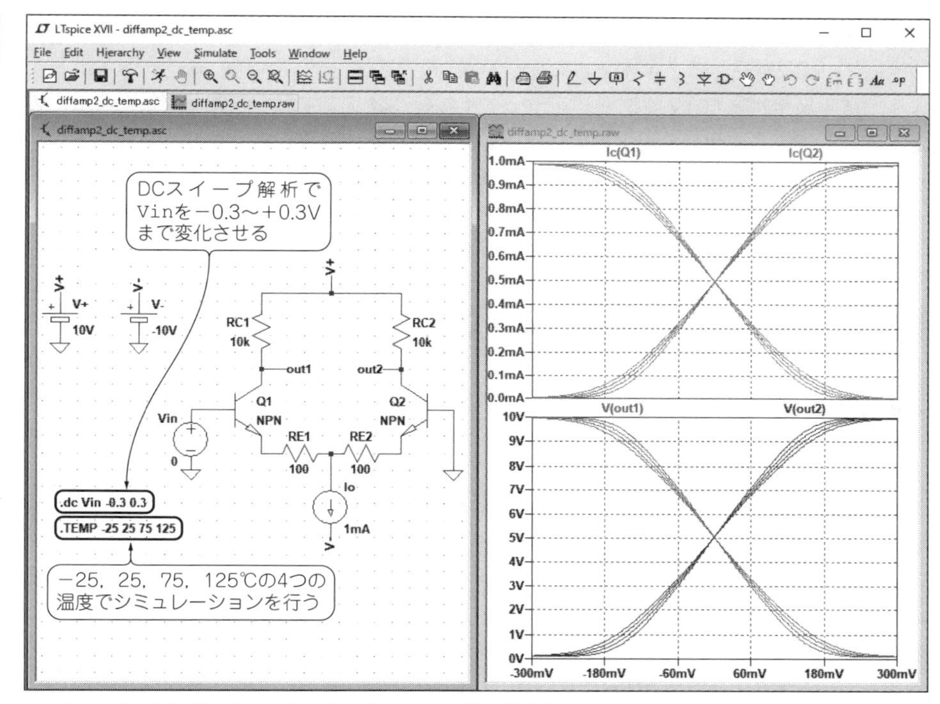

図10-7　温度をパラメータとしてDCスイープ解析を行う(diffamp2_dc_temp.asc)

→Ic(Q1), Ic(Q2)を表示する →X軸のきざみ幅を変更する

[備考]温度をパラメータとして解析しないなら①は不要.

<説明>

図10-7の回路で温度をパラメータにして, 入出力関係を求めてみます. 温度をパラメータにする場合は, .TEMPコマンドを使って, シミュレーションしたい温度を指定します. ここでは, −25, 25, 75, 125℃の4つの温度でシミュレーションします. 記述は次のとおりです.

```
.TEMP -25 25 75 125
```

それ以外は通常のDCスイープ解析と同じです.「[178]入力電圧を変化させたときの出力電圧と出力電流の変化を求める」に, .TEMPコマンドを追加しただけです.

<シミュレーション結果>

シミュレーション後, 最初に回路図ペインと波形ビュー・ペインを左右配置にして, 出力電圧V(out1), V(out2)のグラフを表示させます. 次に, 新しいグラフ領域を追加して, Q1, Q2のコレクタ電流Ic(Q1), Ic(Q2)を表示させ, X軸のきざみ幅を調整します. 解析結果は**図10-7**の波形ビュー・ペインのとおりですが, 温度が変化すると出力電圧・出力電流も変化し, 温度の低いほうが傾きが急で, 利得が高くなっていることがわかります. 実際の回路では, エミッタ共通電流Ioの温度特性も関係してくるので, それも含めた回路でシミュレーションする必要があります.

[183] 抵抗値ばらつきの動作点への影響を求める

<操作>

① ばらつかせる抵抗の値の記述を{mc(<抵抗値>,tol)}の形に書き換える … [169]
② .PARAMで精度を指定して, .STEP PARAMでシミュレーション回数を指定する … [169]
③ DC動作点解析を行う … [150]
④ 観測したいノード電圧, 線路電流のグラフを表示する … [84]

<説明>

図10-8の回路図において, すべての部品がばらつかなければ, 出力電位はV(out1) = V(out2)です. ここで抵抗(RC1, RC2, RE1, RE2)が±1%ばらついたときの出力電圧のとり得る値をシミュレーションしてみましょう. 抵抗値でモンテカルロ・シミュレーションするには, 抵抗の記述を以下のように書き換えます.

```
{mc(<抵抗値>,tol)}
```
(tolは精度名で任意)

次に精度を指定します. 精度1%なので,

```
.PARAM tol=0.01
```

となります. シミュレーションを100回繰り返すとすると, 以下のようにします.

```
.STEP PARAM x 1 100 1
```

これらをSPICE Directiveで回路図上に置き, DC動作点解析を行います.

ここでは全抵抗を±1%精度としていますが, ±1%と±5%の抵抗が混在する場合は, {mc(<抵抗値>,tol1)}, {mc(<抵抗値>,tol5)}というように精度名を分けて, .PARAMコマンドの部分を,

```
.PARAM tol1=0.01 tol5=0.05
```

と記述します. なお, 上記のやり方ではばらつき分布は一様分布なので, 正規分布で行いたい場合はgauss関数を使います.

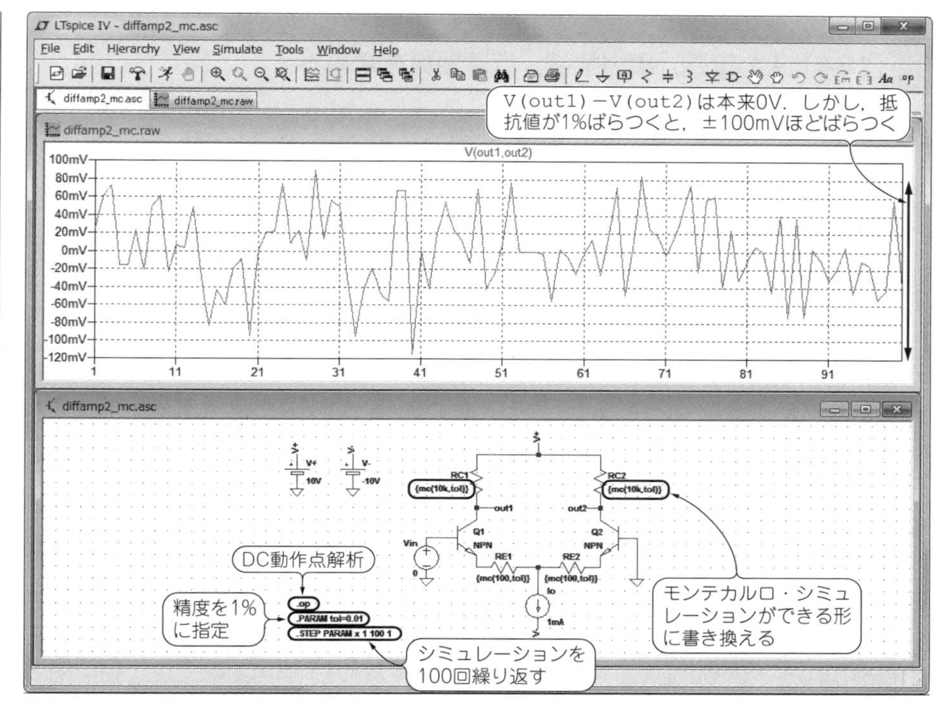

図10-8　抵抗値が1％ばらついたときのDC動作点解析(diffamp2_mc.asc)

<シミュレーション結果>

V(out1,out2)(＝V(out1)－V(out2))を表示させて，それがどのようにばらつくかを見てみます．X軸は繰り返し回数番号になります．抵抗値がばらつかなければ，V(out1, out2)＝0になります．しかし1％ばらつくと，－100 mV付近から＋100 mV近くまでばらつきます．シミュレーション回数は100回としましたが，回数を増やして1000回にするとさらにばらつきの幅は大きくなり，±130 mV以上になります．実際には，Q1とQ2のばらつき(V_{BE}マッチング誤差)もあるので，出力電圧差の範囲はさらに大きくなります．

[184] 入力抵抗，出力抵抗，伝達関数を求める

＜操作＞

DC小信号伝達関数解析を行う … [153][154]

＜説明＞

図10-8の回路で，入力信号`Vin`が接続される`Q1`のベースにおける入力抵抗，出力となる`Q1`のコレクタにおける出力抵抗，そして，入力から出力までの伝達関数(この場合は電圧利得)を求めます.

これには，`.TF`でDC小信号伝達関数解析を行います．設定は簡単で，`.TF`のシミュレーション設定パネルで，Outputに`V(out1)`，Sourceに`Vin`を指定するだけです．SPICE Directiveで指定するときは，以下のようにします.

```
.TF V(out1) Vin
```

＜シミュレーション結果＞

図10-9に結果を示します．Transfer_functionは伝達関数，`Vin`#Input_impedanceは`Vin`における入力抵抗，output_impedance_at_V(out1)は`V(out1)`における出力抵抗です．伝達関数が負になっているということは，位相が反転しているということです．出力抵抗は10 kΩとなっていますが，これはトランジスタの出力抵抗が非常に大きいため負荷抵抗の10 kΩがそのまま見えているだけです．デフォルトのモデルは理想的なので，トランジスタの出力抵抗が無限大になっているため，実際のトランジスタのモデルを用いると多少小さな値になります.

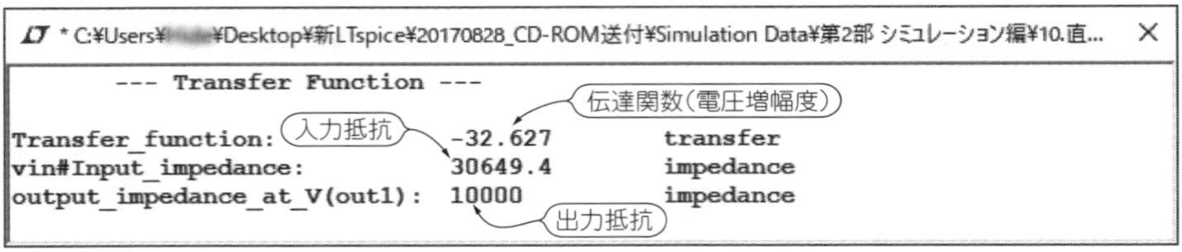

```
* C:¥Users¥     ¥Desktop¥新LTspice¥20170828_CD-ROM送付¥Simulation Data¥第2部 シミュレーション編¥10.直...   X

       --- Transfer Function ---

Transfer_function:              -32.627         transfer
vin#Input_impedance:            30649.4         impedance
output_impedance_at_V(out1):    10000           impedance
```


図10-9　DC小信号伝達関数解析の結果(`diffamp2_tf.asc`)
伝達関数は－32.6(この場合は電圧増幅度が32.6倍で，マイナスは位相が反転しているということ)，入力抵抗は30.6 kΩ，出力抵抗は10 kΩ．ただし出力抵抗は負荷抵抗が見えているだけである

[185] ダイオードのI_F-V_F特性(温度パラメータ)を求める

<操作>

① 温度をパラメータにしたDCスイープ解析を行う … [163]

② X軸に順方向電圧V_F，Y軸に順方向電流I_Fを表示する … [82][92][95][101][139]

回路図ペインと波形ビュー・ペインを左右配置にする

→X軸の変数を順方向電圧`V(vf)`に変更する

→X軸をリニア・スケールにする →順方向電流`I(D1)`を表示する

→新しいグラフ領域を追加する →順方向電流`I(D1)`を表示する

→Y軸をログ・スケールにする

<説明>

LTspiceに登録されているダイオード1N914で，温度をパラメータにしてI_F-V_F特性を調べてみます(**図10-10**)．シミュレーションは温度をパラメータにして，順方向電流を変数としてDCスイープ解析を行うだけです．順方向電流の変化範囲の設定は，微小電流領域も見るために，ディケード(dec)を選択して1 μ～0.3 Aにしました．

<シミュレーション結果>

シミュレーションを実行すると，順方向電流I_1を変数としているのでX軸はI_1になり，またI_1の範囲をするときにdecで指定しているので，X軸はログ・スケールになっています．通常，I_F-V_F特性は，X軸がV_Fでリニア・スケールで，Y軸はI_Fで，リニア/ログ・スケール両方あるので，波形ビューで②の操作を行いました．

[186] ダイオードの順方向電圧の温度特性(温度パラメータ)を求める

<操作>

① 温度をX軸にしたDCスイープ解析の記述を行う … [162]

② パラメータにする電流の値を，{<パラメータ>}の形に置き換える … [165]

③ `.STEP`を記述して，DCスイープ解析をする … [151][152]

④ 順方向電圧`VF`を表示する … [82]

<説明>

図10-10では温度をパラメータにしてI_F-V_F特性を見ました．今度はI_Fをパラメータ

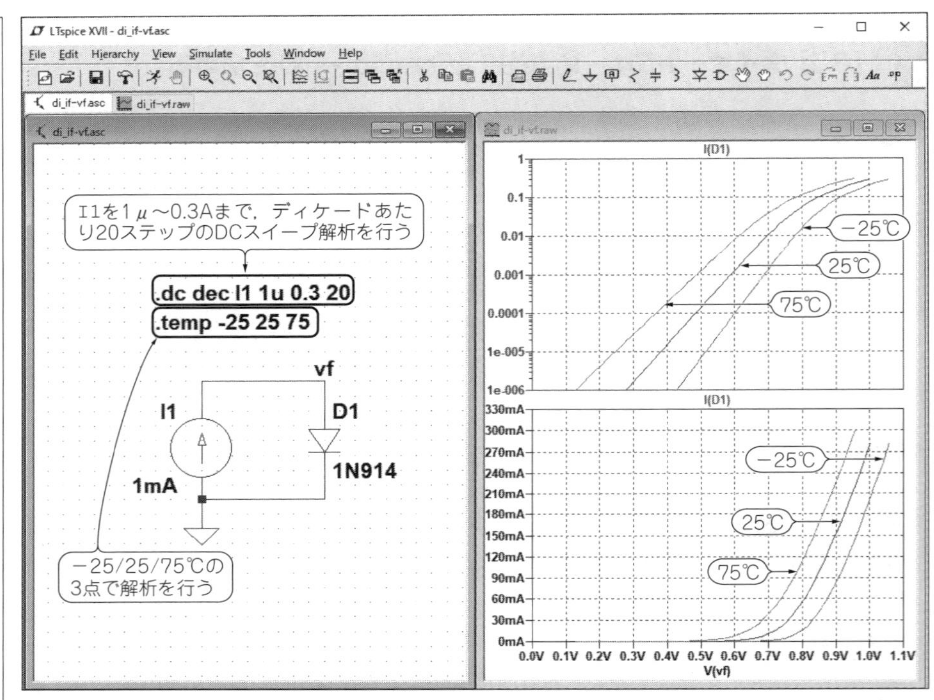

図10-10　温度をパラメータにして調べたダイオードのI_F-V_F特性の変化(di_if-vf.asc)

にして，温度に対してV_Fがどのように変化するのかを見てみます．X軸を温度にするために，DCスイープ解析で温度を変数にして，－25℃から＋125℃まで5℃ステップでシミュレーションします．.DCコマンドを使って次のように記述します．

```
.DC TEMP -25 125 5
```

電流をパラメータにするため，電流値をパラメータ変数{Ix}で置き換えて，これをステップ解析します．100μ，1m，10mAの3点でシミュレーションするので，.STEPコマンドは次のような記述になります．

```
.STEP PARAM Ix list 100u 1m 10m
```

これらの記述を回路図上においてシミュレーションを実行します．これが図10-11です．

<シミュレーション結果>

シミュレーションを行うと順方向電流I1をパラメータにして，X軸が温度で，ダイオードの順方向電圧V(vf)がY軸となるグラフが得られます．これを見ると，高温になる

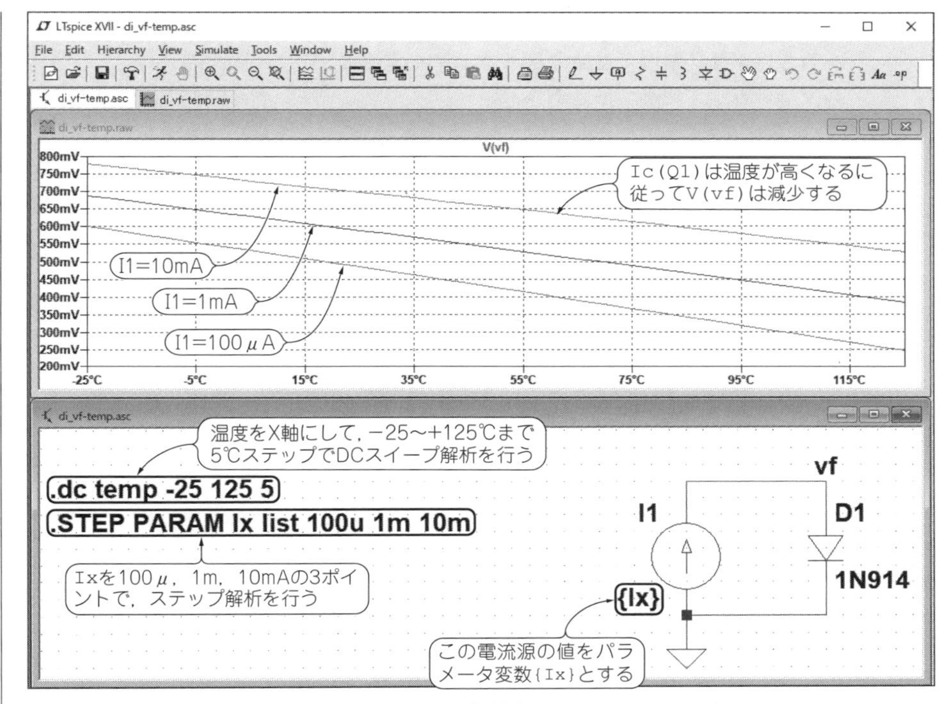

図10-11　ダイオードの順方向電圧(V_F)の温度特性(di_vf-temp.asc)

ほどV(vf)は小さくなっていきます．傾きはコレクタ電流の大きさによって違いますが，−2 mV/℃程度です．**図10-10**の結果とも一致しています．

[187] 定電圧ダイオードのV_Z-I_Z特性(温度パラメータ)を求める

<操作>

① 温度をパラメータにしたDCスイープ解析を行う … [163]

② X軸にツェナー電圧V_Z，Y軸にツェナー電流I_Zを表示する … [82][92][95][101][139]

回路図ペインと波形ビュー・ペインを左右配置にする

→X軸の変数をツェナー電圧V(vz)に変更する

→X軸をリニア・スケールにする →ツェナー電流I(D1)を表示する
→新しいグラフ領域を追加する →ツェナー電流I(D1)を表示する
→Y軸をログ・スケールにする

<説明>

LTspiceに登録されている定電圧ダイオード1N750で，温度をパラメータにしたI_Z-V_Z特性を求めてみます(**図10-12**)．シミュレーションは温度をパラメータにして，ツェナー電流を変数としてDCスイープ解析を行います．微小電流領域も見るために，ディケード(dec)にして1 μ～50 mAの範囲でツェナー電流をスイープします．

<シミュレーション結果>

最初，X軸はI1でログ・スケールになっているので，波形ビューで②の操作をして，リニア・スケールに変更します．I(D1)はそのままでは負になっているので，正表示させるために-I(D1)としています．

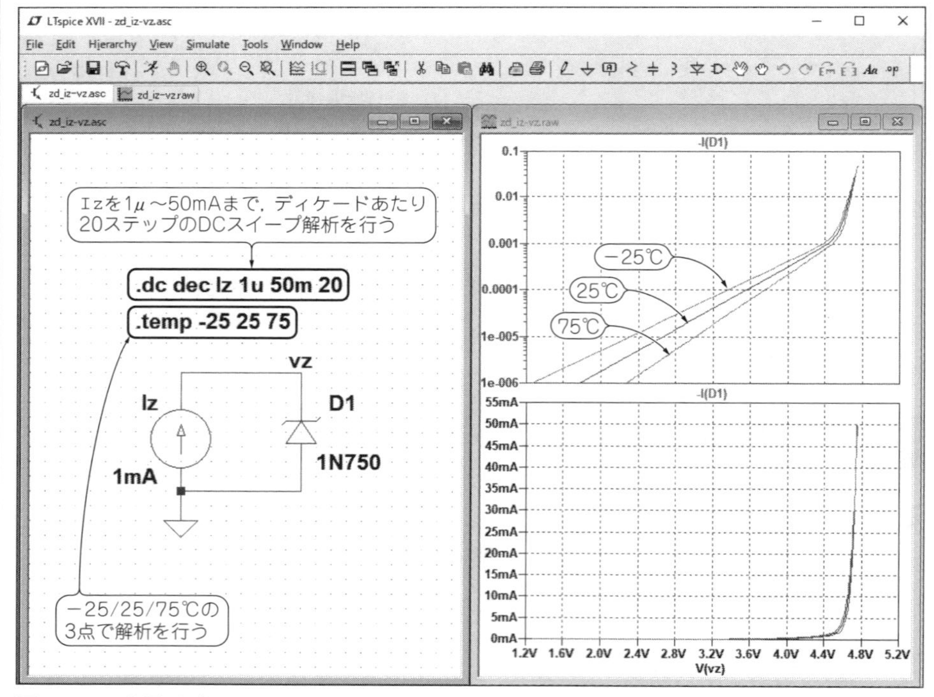

図10-12　定電圧ダイオードのI_Z-V_Z特性(zd_iz-vz.asc)

[188] 定電圧ダイオードのZ_Z(動作抵抗)-I_Z特性(温度パラメータ)を求める

＜操作＞

① 入力をツェナー電流，出力をツェナー電圧にして，温度をパラメータにしたDC小信号伝達関数解析を行う … [153][154][163]

② X軸にツェナー電流I_Z，Y軸に動作抵抗Z_Zを表示する … [92]

□ツールバー：[アイコン]→◆

□メニュー：[Plot Settings]＞[Visible Traces] →◆

□右クリック：(IV)［Visible Traces］→◆

：(XVII)［Views]＞[Visible Traces] →◆

：(XVII)［Waveforms]＞[Visible Traces] →◆

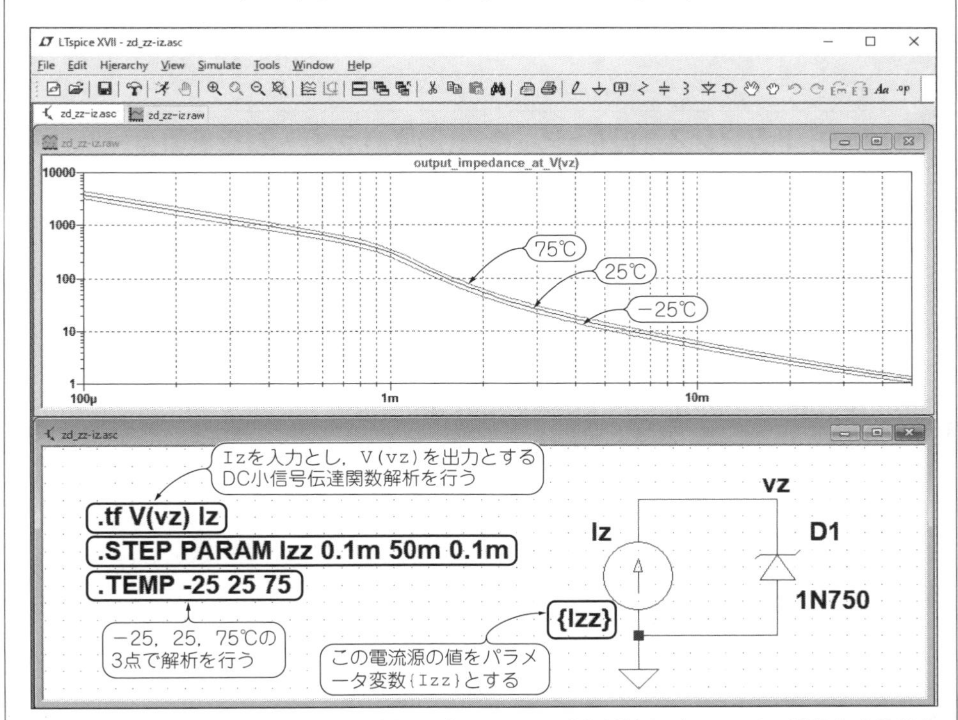

図10-13　温度をパラメータにして定電圧ダイオードの動作抵抗(Z_Z)-ツェナー電流(I_Z)特性を調べた(zd_zz-iz.asc)

◆［output_impedance_at_V(vz)］を選択
　→X軸をログ・スケールにする］→Y軸をログ・スケールにする

<説明>

定電圧ダイオード1N750のZ_Z-I_Z特性を，温度をパラメータにしてシミュレーションします(**図10-13**)．Z_Zは動作抵抗で出力抵抗に相当し，DC小信号伝達関数解析で調べます．これ単独では動作点1ポイントの出力抵抗しか得られないので，X軸をツェナー電流とするために`.STEP PARAM`でツェナー電流をパラメータにしてステップ解析を行います．さらに，温度をパラメータとするために，`.TEMP`コマンドを使います．

<シミュレーション結果>

DC小信号伝達関数解析なので，グラフを表示するにはをクリックするか，または，メニュー：［Plot Settings］>［Visible Traces］から［output_impedance_at_V(vz)］を選択します．その後に，X軸/Y軸をログ・スケールに変更すると，**図10-13**のようなグラフが得られます．

[189] トランジスタのI_C-V_{BE}特性(温度パラメータ)を求める

<操作>

① 温度をパラメータにしてDCスイープ解析を行う … [163]
② X軸にベース-エミッタ間電圧V_{BE}を，Y軸にコレクタ電流I_cを表示する
… [82][92][95][101][139]

回路図ペインと波形ビュー・ペインを左右配置にする
　→X軸をベース・エミッタ間電圧`V(b)`に変更する
　→コレクタ電流`Ic(Q1)`を表示する →新しいグラフ領域を追加する
　→コレクタ電流`Ic(Q1)`を表示する →Y軸をログ・スケールにする

<説明>

LTspiceに登録されているトランジスタ2N3904で，温度をパラメータにしてI_C-V_{BE}特性を求めます(**図10-14**)．シミュレーションは温度をパラメータにして，V_{BE}を与えるための電圧源`VB`を変数としてDCスイープ解析を行います．ベースに直接電圧を加えず，抵抗`RB`を介している理由は，`VB`の小さな変化に対してコレクタ電流が過敏になるからです．`VB`ではなく電流源をベースに接続して，それをスイープしてもかまいません．

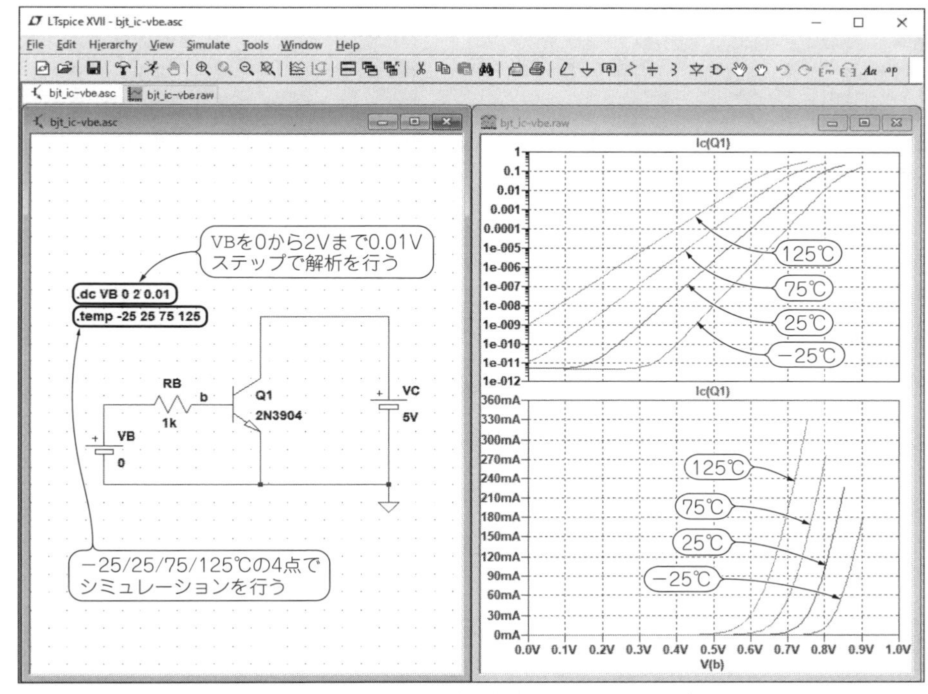

図10-14　トランジスタのI_C-V_{BE}特性の温度感度(bjt_ic-vbe.asc)

<シミュレーション結果>

シミュレーション直後は，X軸はスイープ変数VBになっているので，V_{BE}に相当するV(b)をX軸の変数にします．これでコレクタ電流を表示させ，リニア・スケールとログ・スケールの両方を表示させた結果が図10-14のグラフです．

[190] トランジスタのI_C-V_{CE}特性(I_Bパラメータ)を求める

<操作>

① 1つ目のスイープ変数をコレクタ電圧，2つ目のスイープ変数をベース電流にして，DCスイープ解析を行う … [151][152]

② コレクタ電流I_Cを表示する … [82]

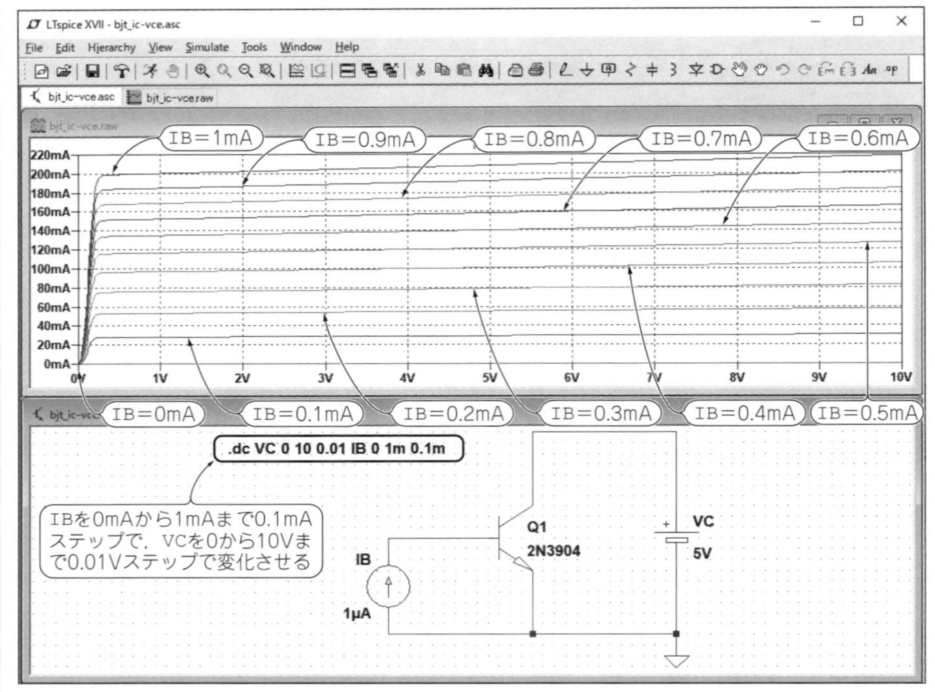

図10-15　ベース電流を変えながら解析したトランジスタのI_C-V_{CE}特性(bjt_ic-vce.asc)

＜説明＞

I_C-V_{CE}特性は，I_Bをパラメータにして，V_{CE}を0Vから所定の電圧までスイープさせて，I_CがV_{CE}に対してどのように変化するのかをグラフにしたものです．

1st Sourceのスイープ変数にVCを指定して，0Vからシミュレーションしたい電圧までスイープさせ，2nd Sourceのスイープ変数にIBを指定して，希望するIBの値をLinearまたはListで指定します．1st SourceにIB，2nd SourceにVCを指定すると，所望のグラフにはなりません．

図10-15では，VCを0～10Vまでスイープさせ，IBは0から1mAまで0.1mAステップで増加させて解析した結果です．

＜シミュレーション結果＞

図10-15のグラフにシミュレーション結果を示します．Y軸を0～220mAとし，20mAステップでIC(Q1)を表示しました．IBの増加に従ってコレクタ電流も増加しているのがわかります．

[191] トランジスタのh_{FE}-I_C特性を求める

<操作>

① ベース電流を変数としてDCスイープ解析を行う … [151][152]

② X軸にコレクタ電流I_C，Y軸にh_{FE}を表示する … [82][95][96]

コレクタ電流を表示する →Y軸の変数をIc/IBに変更する

→X軸の変数をIcに変更する

<説明>

h_{FE}はI_CとI_Bの比(I_C/I_B)なので，シミュレーションではI_Bをスイープさせて，I_Cを求めてからh_{FE}を表示します．ここでは，I_Bを1 n ～ 1 mAまでディケードあたり20ポイントでスイープします(**図10-16**)．

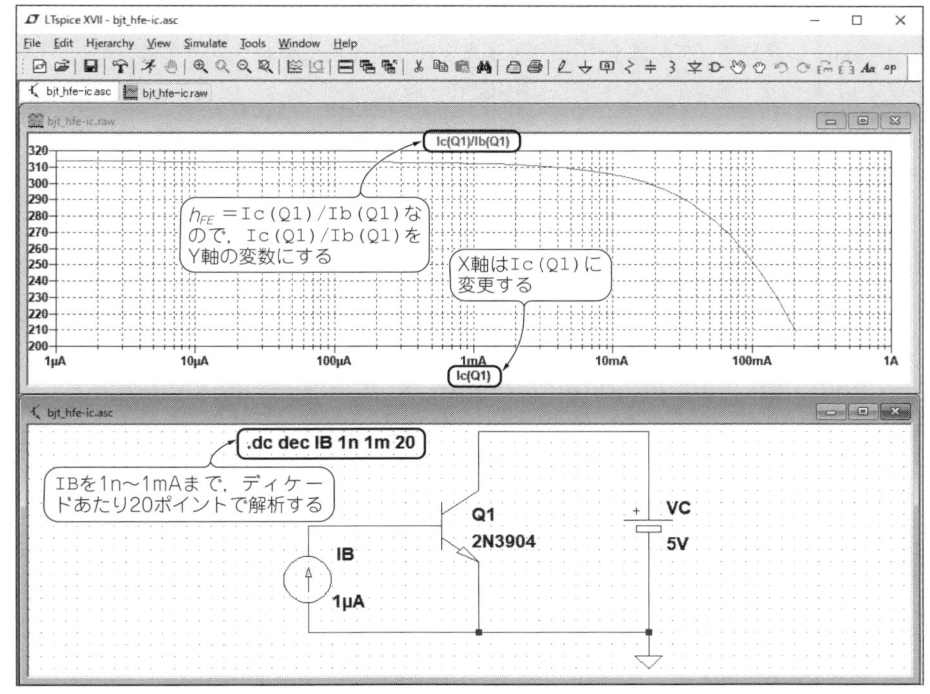

図10-16　ベース電流I_Bをスイープして求めたトランジスタのh_{FE}-I_C特性(bjt_hfe-ic.asc)

<シミュレーション結果>

シミュレーションが終わったら，Ic(Q1)を表示させます．次に，波形ビューのIc(Q1)を右クリックしてIc(Q1)をIc(Q1)/Ib(Q1)に変更します．このようにするとY軸はh_{FE}になります．このままではX軸がIb(Q1)なので，Ib(Q1)を右クリックしてIb(Q1)をIc(Q1)に変更します．これでh_{FE}-I_C特性が得られます．最後にX軸を所望のスケールに変更します．

[192] J-FETのI_D-V_{GS}特性(温度パラメータ)を求める

<操作>

① 温度をパラメータにしたDCスイープ解析を行う … [163]

② ドレイン電流I_Dをグラフ表示する … [82]

<説明>

LTspiceに登録されているJ-FET 2N5432を使って，温度をパラメータにしたJ-FETのI_D-V_{GS}特性をシミュレーションします(**図10-17**)．

シミュレーションは，温度をパラメータにして，V_{GS}を与えるための電圧源VGを変数とし，DCスイープ解析を行います．

2N5432はディプレション型なので，VGは負の範囲でスイープします．MOSFETの場合はVGを正の範囲でスイープすれば，I_D-V_{GS}特性が得られます．

<シミュレーション結果>

図10-17のグラフにシミュレーション結果を示しますが，ID(J1)を表示させただけのものです．ID(J1)はVGが0Vに向かって大きくなっていきます．VG＝－4.4V付近で温度特性が0になる点よりも右側では，温度が高いほど電流が小さくなります(温度係数が負)．

[193] J-FETのI_D-V_{DS}特性(V_{GS}パラメータ)を求める

<操作>

① 1つ目の変数をドレイン-ソース間電圧，2つ目の変数をゲート-ソース間電圧にして，DCスイープ解析を行う … [151][152]

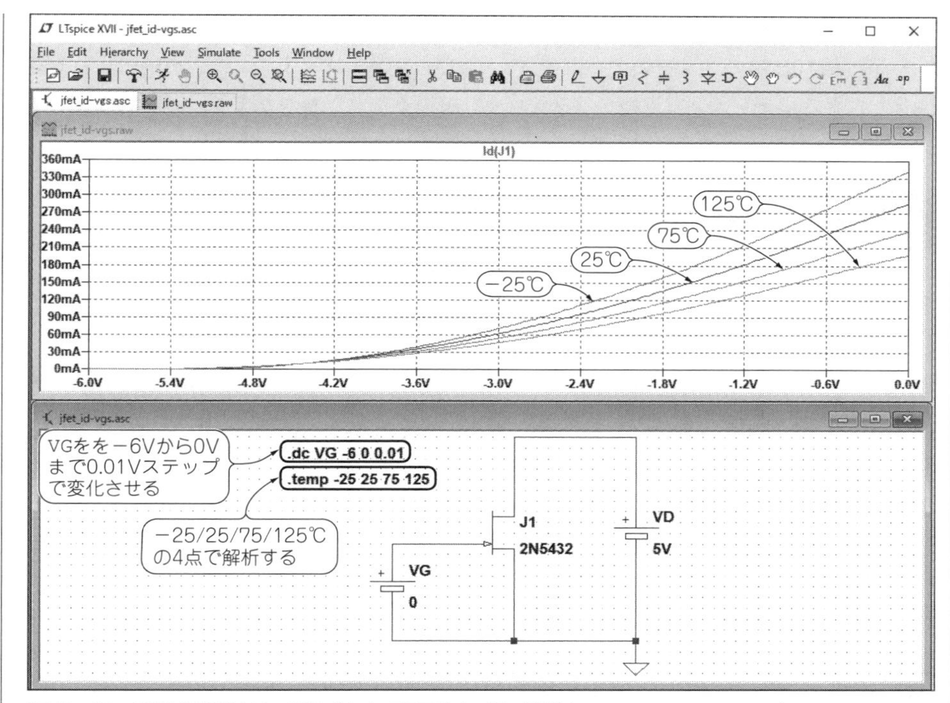

図10-17　温度を変数にして調べたJ-FETのI_D-V_{GS}特性(jfet_id-vgs.asc)

②ドレイン電流I_Dを表示する … [82]

＜説明＞

I_D - V_{DS}特性はV_{GS}をパラメータにしてV_{DS}を0 Vから所定の電圧までスイープさせてI_Cを表示したものです．

1st Sourceの変数にVDを指定して0 Vからシミュレーションしたい電圧までスイープさせ，2nd Sourceのスイープ変数にVGを指定して，希望するVGの値をLinearまたはListで指定します．1st SourceにVG，2nd SourceにVDを指定すると，所望のグラフにはなりません．

図10-18では，VDを0～20 Vまで0.01 Vステップでスイープし，VGは－3 Vから0 Vまで0.5 Vステップで増加させています．VGは負の値としていますが，VGを正にすればエンハンスメント型MOSFETのI_D - V_{DS}特性が得られます．

<シミュレーション結果>

結果は**図10-18**のグラフのとおりです．VGをパラメータとして，VDが0～20Vまで変化したときのドレイン電流のグラフが得られていることがわかります．

[194] MOSFETのR_{DS}-V_{GS}特性を求める

<操作>

①ドレインに直列に抵抗を入れ，ゲート電圧を変数にしてDCスイープ解析を行う

…[151][152]

② X軸にゲート-ソース間電圧V_{GS}，Y軸にドレイン-ソース間抵抗R_{DS}を表示する

…[82][96]

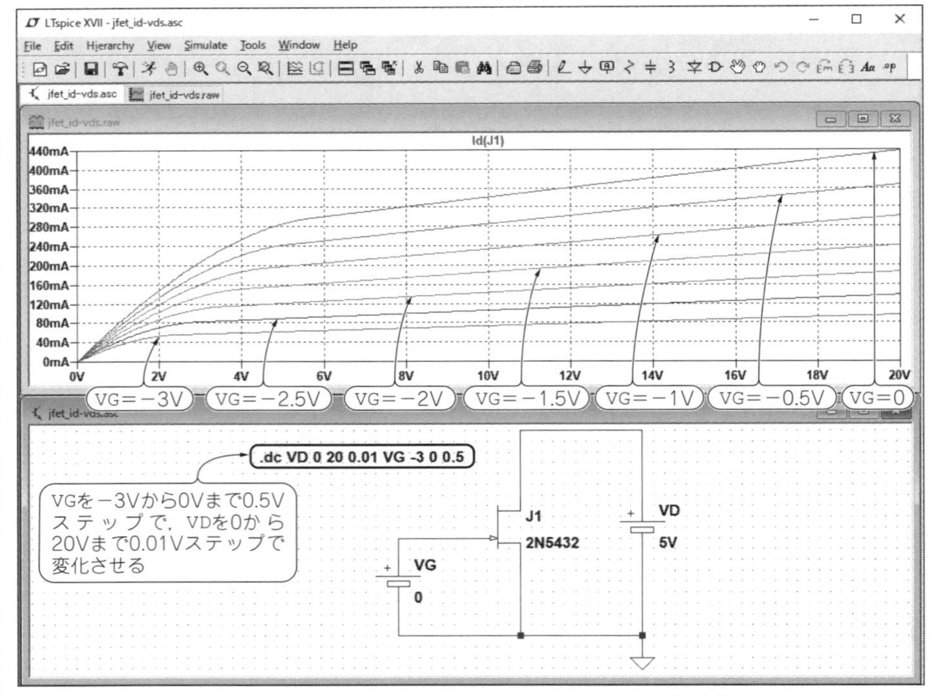

図10-18　ゲート-ソース間電圧V_Gを変数にして調べたJ-FETのI_D-V_{DS}特性(jfet_id-vds.asc)

ドレイン電位を表示する →Y軸の変数をR_{DS}に相当する式に変更する

＜説明＞

MOSFETのドレイン-ソース間抵抗R_{DS}をシミュレーションで直接求めることはできません．このためドレインと直列に抵抗を入れてその抵抗との比率からR_{DS}を求めます．

図10-19の回路において，ドレインのノード電圧$V(x)$はR1とR_{DS}の比でV_Dを分圧した値に等しいので，

$$V(x) = \frac{R_{DS}}{R_1 + R_{DS}} V_D$$

となりますが，これをR_{DS}について求めると，

$$R_{DS} = \frac{V(x)}{V_D - V(x)} R_1$$

となります．これから$V(x)$を求めることができれば，R_{DS}がわかります．

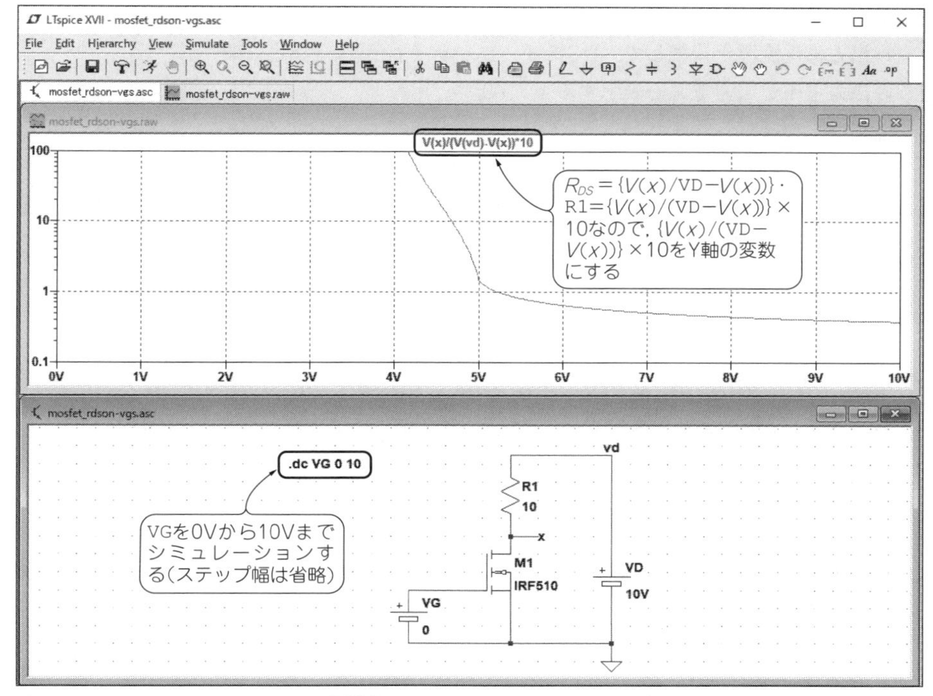

図10-19　MOSFETのR_{DS}-V_{GS}特性(mosfet_rdson-vgs.asc)

ここでは，ゲート電圧VGを0から10Vまでスイープして V(x) を求め，R_{DS}のグラフを得ることにします．VGが負の値になるように設定すれば，JFETのR_{DS}-V_{GS}特性を求まります．

<シミュレーション結果>

シミュレーションをして，V(x) を表示させます．R_{DS}を求めるためにY軸の変数を編集して {V(x)/(V(vd)-V(x))}*10 とします．このままではスケールがきちんと表示されていないので，ログ・スケールで0.1～100Ωまでの表示をさせます．シミュレーション結果を見ると，R_{DS}はV_{GS}が5Vまでは急激に小さくなりますが，5Vを越すと少しずつしか低下しないということがわかります．

[195] OPアンプの最大出力電流I_{sink}とI_{source}を求める

<操作>

① 出力に電流源を接続して，DCスイープ解析を行う … [151][152]

② 出力電圧と出力電流を表示する … [82]

<説明>

出力に電流源を接続してその電流源を変化させ，出力電圧が正常値を保てなくなったポイントが最大電流です．**図10-20**では，OPアンプの出力電圧の定常値は0Vですが，出力に接続した電流源ILのほうが最大出力電流よりも大きくなると，0Vからはずれます．

Column (10-A)

定格オーバーのシミュレーション

電子部品には，電圧，電流，消費電力，温度などの上限，つまり定格が定められています．シミュレーションではこれらによる制限を受けることはなく，現実の部品では壊れるような定格を超える条件でも動作させることができます．しかし，シミュレーションで問題が起きなくても，現実の部品では定格オーバはあってはいけません．仮に実験で壊れなかったとしても，それはメーカが余裕をもって作っているからであり，保証しているわけではありません．

<シミュレーション結果>

出力電圧V(out)と出力電流I(IL)を表示すると，I(IL)がOPアンプの最大出力電流以下であればV(out)＝0Vです．それを越えると0Vからはずれます．I(IL)がOPアンプの吸い込み側の最大電流I_{sink}を越えると，V(out)はプラス電源電圧を超え，吐き出し側の最大電流I_{source}を越えるとマイナス電圧を超えます．

プラス側とマイナス側の両方とも40mAを超えるとV(out)が0Vからはずれているので，I_{sink}，I_{source}は40mAということがわかります．

40mAを超えた領域ではV(out)が電源電圧の±15Vを超えていますが，理由はILに理想的な電流源を使っているためです．抵抗負荷でV(out)が±15Vを超えることはありません．

なおOPアンプのモデルによっては，負荷電流I_LがI_{sink}またはI_{source}を超えたときに出力電圧が電源電圧よりもはるかに高い(マイナス側の場合は低い)電圧になる可能性もあります．

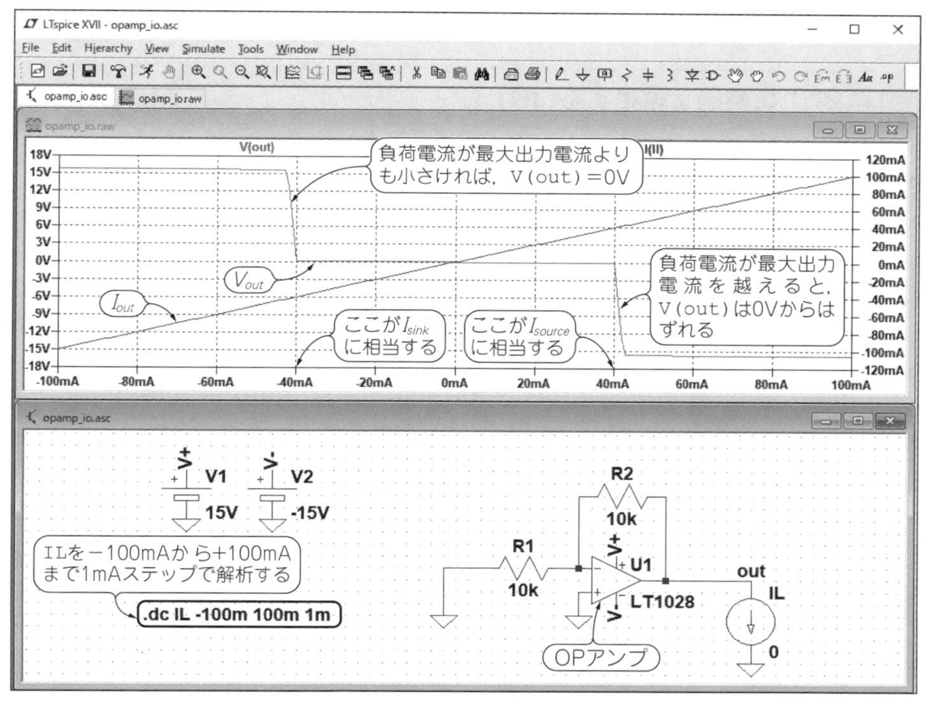

図10-20　OPアンプの最大出力電流I_{sink}とI_{source}を求める(opamp_io.asc)

第11章

オシロスコープのように波形を求める

トランジェント解析

電源投入直後や保護回路のふるまい，発振回路の起動特性を明らかにする

本章では，オシロスコープで観測できる波形を表示するトランジェント解析(.TRAN)を使う方法と，信号を構成する周波数成分を計算して表示するFFT解析(.FOUR)の使い方を紹介します．

[196] 初期値を設定する(.IC)

＜操作＞

(1) DC動作点解析の結果を用いる
　→初期値を与えずそのままシミュレーションする
(2) すべての電圧源を0に設定して，シミュレーション開始直後に定常状態に立ち上げる
　→ `.TRAN` に[startup]オプションを用いる …[155][156]
(3) 各電圧源に個別に初期値を与える
　→① [UIC]オプションを用いる …[155][156]
　　② `.IC V(<ノード1>)=<値1>[V(<ノード2>)=<値2>…]`

＜説明＞

トランジェント解析では，初期値の与え方によって結果が違ってきます．

初期値の与え方は，上記の＜操作＞に示す3つの方法があります．(1)は，DC動作点解析の結果をそのまま初期値に適用する方法です．オプションは何も付けずにそのままシミュレーションします．

(2)は，電圧源をすべて0とし，$t = 20\ \mu$sで定常値まで立ち上げる方法で，[startup]オプションを用います．これは「[155]トランジェント解析を行う①」の方法でシミュレー

ションするときは「Start external DC supply voltages at 0 V」にチェックを入れ，「[156]トランジェント解析を行う②」では，.TRANコマンドの中で[startup]を記述します．

(3)は，[UIC]オプションと.ICコマンドを使って，各電圧源に初期値を明示的に与える方法です．これは「[155]トランジェント解析を行う①」では[Skip Initial operating point solution]にチェックを入れ，「[156]トランジェント解析を行う②」では.TRANコマンドの中で[UIC]を記述します．さらに，.ICコマンドで必要なノード電圧を指定します．なお.ICコマンドでは，ノード電圧のほかにインダクタに流れる電流の初期値も設定可能です．

図11-1の回路図に示す*CR*時定数回路で，V1 = 1 Vの直流電圧を印加したときの充電特性を見てみます．**図11-1**の上側の回路はV1 = 0からスタートする場合，**図11-1**の下側のグラフはV1 = 0.5 Vからスタートする場合です．

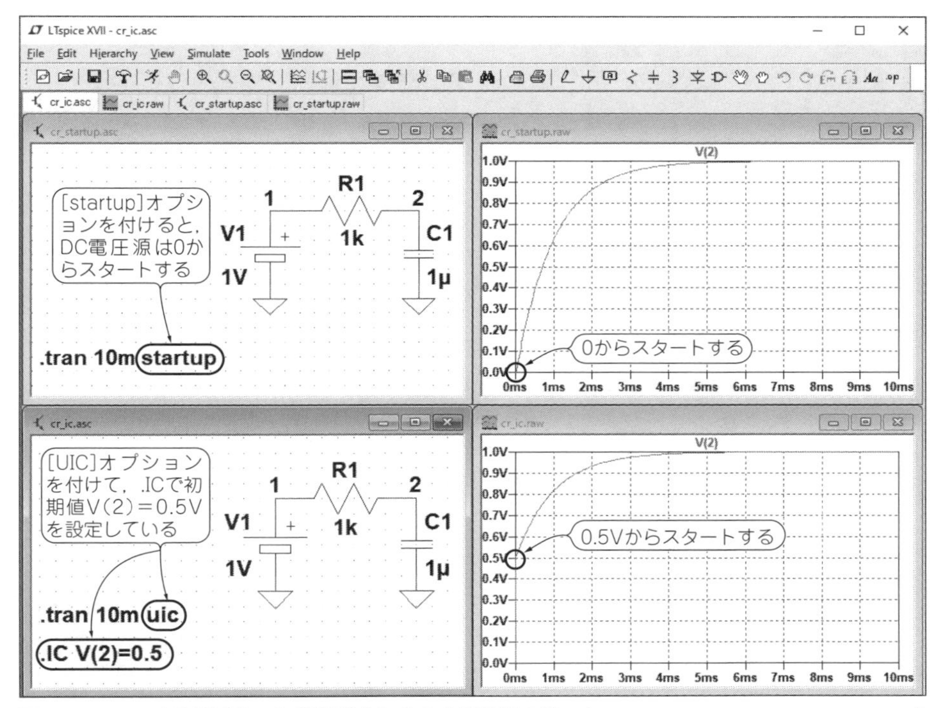

図11-1　*CR*時定数回路の初期値設定による充電特性の違い(cr_startup.asc, cr_ic.asc)

<シミュレーション結果>

<操作>(1)の方法では，DC動作点解析の結果がそのまま初期値に適用されるので，C_1両端の電圧は0 msから1 V一定の波形になります．(2)では`V1 = 0`から(**図11-1**上のグラフ)，(3)では`.IC`で指定した0.5 Vから立ち上がります(**図11-1**下のグラフ)．

[197] 抵抗をパラメータにしてMOSFETのスイッチング電流波形を求める

<操作>

① パラメータにする抵抗の値を{<パラメータ>}の形に置き換える … [164]
② `.STEP`を記述して，トランジェント解析をする … [155][156]
③ 出力電流のグラフを表示する … [82]

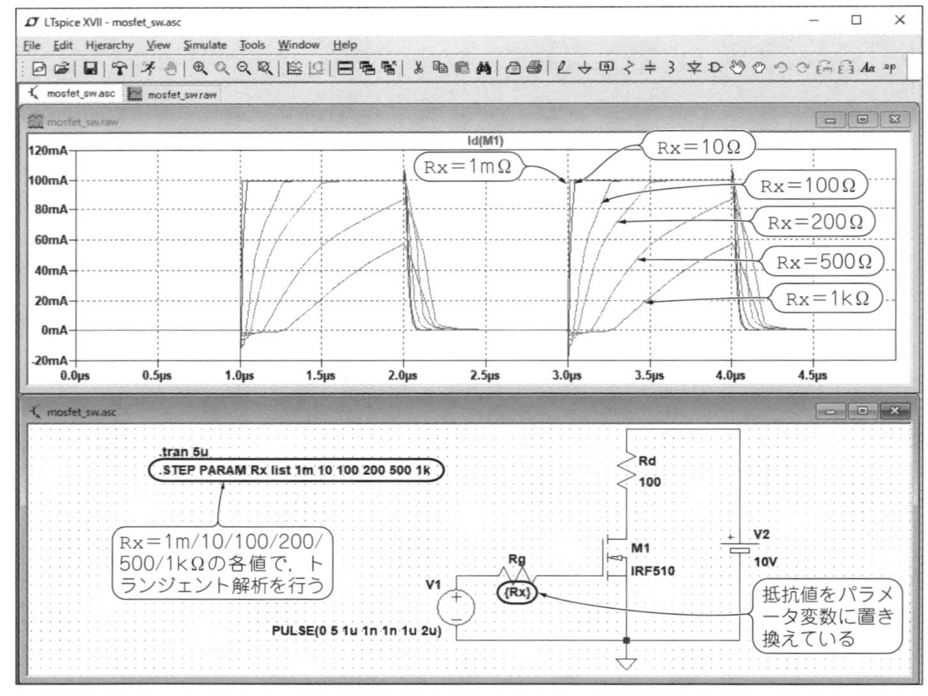

図11-2 抵抗をパラメータにしたスイッチング波形を求める(mosfet_sw.asc)

<説明>

図11-2に示すのはゲートに入れた抵抗をパラメータにしてMOSFETのスイッチング波形をシミュレーションした例です.

振幅が0～5Vで500kHzのパルス波を入力していますが，立ち上がり時間と立ち下がり時間が周期よりも十分に短くなるように設定します．具体的には，周期2μsに対して立ち上がり時間と立ち下がり時間は1nsとしています.

ゲート抵抗をパラメータにするので，Rgをパラメータ変数{Rx}で置き換えます．.stepコマンドは，

```
.STEP PARAM Rx list 1m 10 100 200 500 1k
```

として，Rg＝1m/10/100/200/500/1kΩの各値で計算しています.

<シミュレーション結果>

図11-2のシミュレーション結果より，ドレイン電流I(M1)の波形はゲート抵抗Rgの大きさによって大きく異なっているのがわかります．Rgを大きくすると，ゲート容量の影響でスピードが低下しています.

[198] 遅れ時間，立ち上がり時間，立ち下がり時間，スルーレートを求める

<操作>

① .MEASコマンドで測定したいポイント/演算を指定する … [168]

② パルス波を入力として，トランジェント解析を行う … [53][155][156]

③ 出力電圧の波形を表示する … [82]

④ SPICEエラー・ログを表示する … [172]

[備考]波形ビューでカーソル位置から値を読むことにすれば，①と④の操作は不要.

<説明>

ここでは**図11-3**のコンパレータを例に説明します．5V単電源とし，IN-端子には基準電圧(2.5V)を，IN+端子にはパルス波を与えます．パルス波の電圧は基準電圧が2.5Vなので2.0～3.0Vとし，周期は10μsとします.

立ち上がり時間や立ち下がり時間は，波形にカーソルを当てることで読み取ることができます．カーソル位置から時間を読むことも可能ですが，ここでは.MEASコマンドを使って条件指定して，正確な値を読み取ります．.MEASはシミュレーションを繰り返しながら，何度も時間を調べたいときは，カーソルより.MEASコマンドのほうが使い勝手が

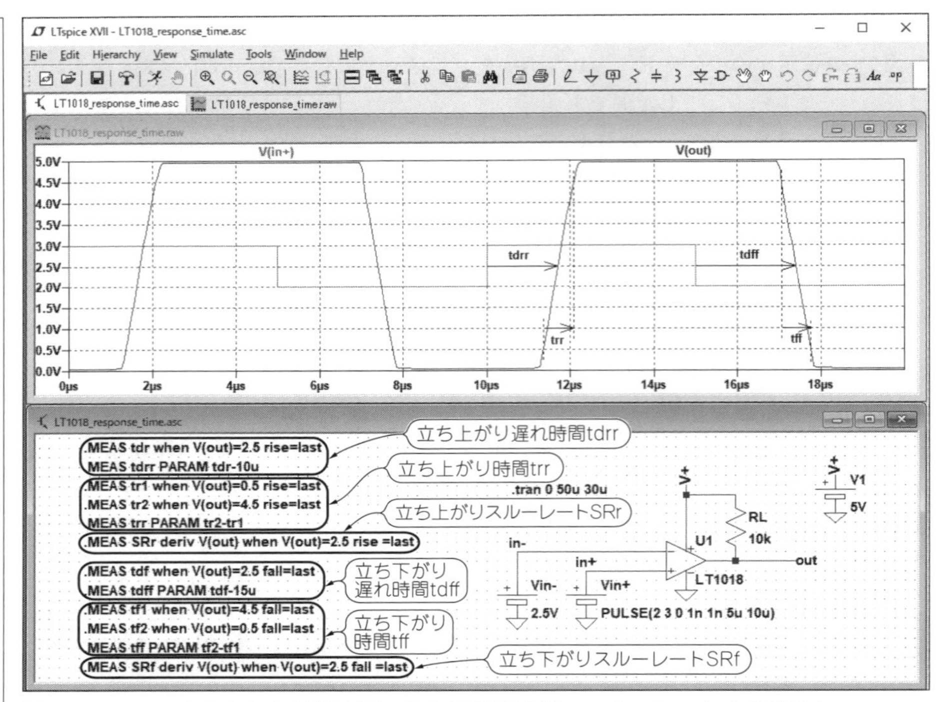

図11-3　LT1018の立ち上がり時間，立ち下がり時間，スルーレートを求める(LT1018_response_time.asc)

よく正確です．

立ち上がり遅れ時間tdrrはV(out)が2.5 Vまで立ち上がるまでの時間，立ち上がり時間trrは出力V(out)が0.5→4.5 Vになるのにかかる時間とします．立ち上がりスルーレートSRrは傾きに相当します．.MEASで測定する時間は次のようになります．

tdr：最後の立ち上がりで，V(out) = 2.5 Vになる時間

tdrr = tdr − 10 μs

tr1：最後の立ち上がりで，V(out) = 0.5 Vになる時間

tr2：最後の立ち上がりで，V(out) = 4.5 Vになる時間

trr = tr2 − tr1

SRr：最後の立ち上がりで，V(out) = 2.5 Vのときの傾き

これに対応する .MEASコマンドは，次のとおりです．

```
.MEAS tdr when V(out)=2.5 rise=last                    … (1)
.MEAS tdrr PARAM tdr-10u                               … (2)
.MEAS tr1 when V(out)=0.5 rise=last                    … (3)
.MEAS tr2 when V(out)=4.5 rise=last                    … (4)
.MEAS trr PARAM tr2-tr1                                … (5)
.MEAS SRr deriv V(out)when V(out)=2.5 rise=last        … (6)
```

(1)(3)(4)は，最後の立ち上がりでV(out)が2.5/0.5/4.5 Vになったときの時間を変数tdr/tr1/tr2に保存します．(6)は，V(out)が2.5 Vのときの傾きをSRrに保存します．(2)はtdrr = tdr − 10 μ，(5)はtrr = tr1 − tr2を計算して，その結果をtdrr/trrに保存します．

立ち下がり時間を調べるときは「rise=last」を「fall=last」に，(2)の「10u」を「15u」に変更します．

<シミュレーション結果>

単に時間やスルーレートを求めるだけならば，出力波形を表示させる必要はないのですが，計算結果が期待どおりかどうか確認したり，回路の動作イメージをつかむために，出力波形を表示することは重要です．

SPICEエラー・ログの.MEASで指定した部分は，**図11-4**のとおりです．これから次の値がわかります．

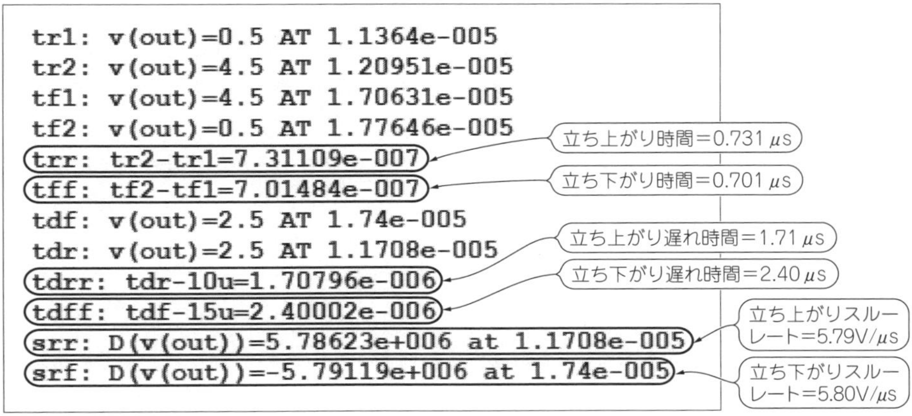
tr1: v(out)=0.5 AT 1.1364e-005
tr2: v(out)=4.5 AT 1.20951e-005
tf1: v(out)=4.5 AT 1.70631e-005
tf2: v(out)=0.5 AT 1.77646e-005
trr: tr2-tr1=7.31109e-007
tff: tf2-tf1=7.01484e-007
tdf: v(out)=2.5 AT 1.74e-005
tdr: v(out)=2.5 AT 1.1708e-005
tdrr: tdr-10u=1.70796e-006
tdff: tdf-15u=2.40002e-006
srr: D(v(out))=5.78623e+006 at 1.1708e-005
srf: D(v(out))=-5.79119e+006 at 1.74e-005
立ち上がり時間=0.731 μs
立ち下がり時間=0.701 μs
立ち上がり遅れ時間=1.71 μs
立ち下がり遅れ時間=2.40 μs
立ち上がりスルーレート=5.79V/μs
立ち下がりスルーレート=5.80V/μs

図11-4　SPICEエラー・ログに出力された各スイッチング時間とスルーレート

立ち上がり遅れ時間：1.71 μs　立ち上がり時間：0.731 μs
立ち上がりスルーレート：5.79 V/μs
立ち下がり遅れ時間：2.40 μs　立ち下がり時間：0.703 μs
立ち下がりスルーレート：5.50 V/μs

[199] 電源ON時の過渡応答を求める

＜操作＞

①トランジェント解析を行う
　(a) [startup]オプションを付けて，トランジェント解析を行う …[155][156]
　(b) 電源電圧をPWL電圧源にして立ち上がり特性をもたせ，トランジェント解析を行う …[57][155][156]
② 出力電圧の波形を表示する …[82]

＜説明＞

電源ON直後の回路の応答調べるには，電源電圧の初期値を0 Vにしておき，そこから所定の電圧まで立ち上げます．今回は**図11-5**に示す増幅回路において，出力電圧がどのような応答をするかを調べます．

＜操作＞①(a)は，トランジェント解析の[startup]オプションを用いる方法です．電源V+の初期値は0で，$t = 20$ μsで定常値に立ち上がります．

＜操作＞①(b)は，V+にPWL電源を用いて実際の立ち上がり特性に近似させる方法です．電源の立ち上がりがあらかじめわかれば，こちらのほうが現実に近くなります．ここでは，(a)の方法を用いてシミュレーションしてみます．

入力信号Vinは0のままでも過渡応答を調べることができますが，信号が出てくるタイミングがわかりません．そこで，そのタイミングがわかる程度の大きさの出力になるような正弦波信号を入れています．

＜シミュレーション結果＞

図11-5のグラフが，出力電圧V(out)と中点電圧V(vref)の立ち上がり波形です．V(vref)が立ち上がるまでにC2を充電する時間がかかるため，V(out)も定常状態になるまで時間がかかっています．V(out)の立ち上がりには，C2だけでなくCinやCsの値も関係します．またVinやCsのGND側の接続をVrefに接続しても定常的には同

じですが，立ち上がり波形は変わってきます．

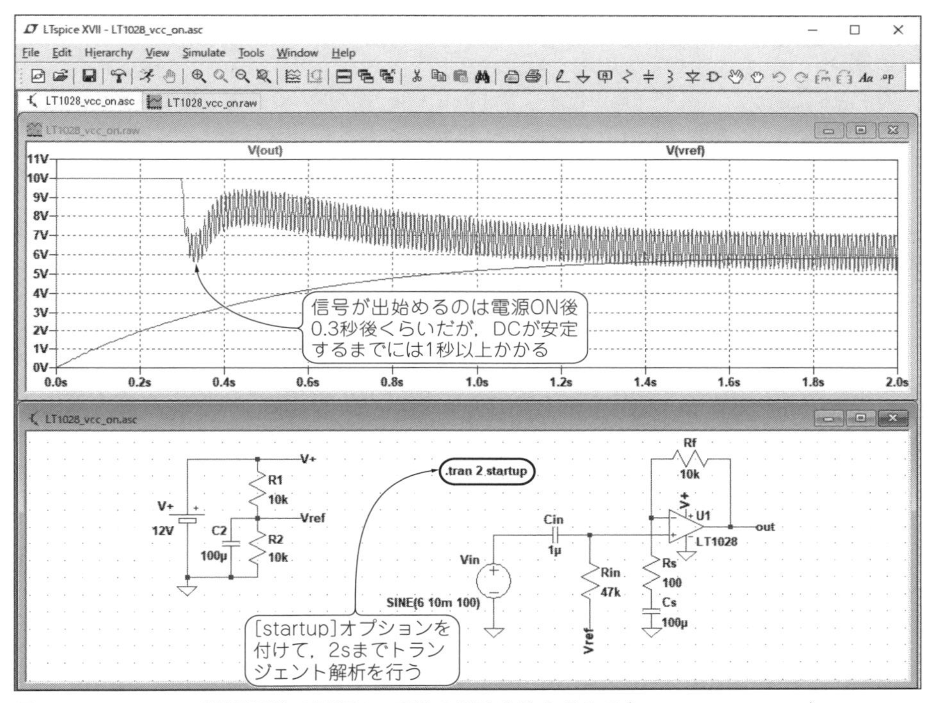

図11-5　OPアンプ増幅回路の電源ON直後の過渡応答を求める(LT1028_vcc_on)

[200] 電源の平滑コンデンサの容量とリプル電圧の関係を求める

<操作>

① 正弦波電圧源を電源とし，オフセットを電源電圧とする … [54]

② パラメータにしたいコンデンサの値を，{<パラメータ>} の形に置き換える … [164]

③ .STEPを記述する … [164]

④ .MEASコマンドで測定したいポイント/演算を指定する … [168]

⑤ トランジェント解析を行う … [155][156]

⑥ 出力電圧波形を表示する … [82]

⑦ SPICEエラー・ログを表示する … [172]

［備考］ ● 容量をパラメータとする解析を行わなければ，②③は不要
● 波形ビューでカーソル位置から値を読むことにすれば，④⑦は不要

<説明>

図11-5に示した回路で，電源電圧に含まれているリプルの漏れを求めてみます．**図11-6**の回路図で，電源電圧にリプルを重畳させるために，V+は電源電圧のオフセットをもった正弦波電源にします．入力電圧は0Vにします．中点電位Vrefの平滑用コンデンサC2の容量は，10 μF/33 μF/100 μFの3種類でシミュレーションします．

リプルの漏れの電圧値は，波形ビュー画面からカーソルで読んでもよいのですが，.MEASコマンドを使うとp-p値や実効値も簡単に求められます．.MEASコマンドを使って次のように記述します．

```
.MEAS RR_pp pp V(out)from 400m to 500m
```

これで400 ms ～ 500 msの間のp-p値が求まります．上記コマンドでppをrmsに変更すると，実効値が得られます．

<シミュレーション結果>

シミュレーション結果としては，**図11-6**の波形と**図11-7**のSPICEエラー・ログが得られます．C2の大きさによって，出力リプルの大きさは10 m ～ 100 $mV_{P\text{-}P}$程度とかなり違います．

Column（11-A）

LTspiceのヘルプをチェックしておく

メニュー：［Help］>［Help Topics］または［F1］キーでLTspiceのHELPが起動します．よく使うのは次のメニューです．

(1) 部品：［LTspiceXVII］ > ［LTspice］ > ［Circuit Elements］

(2) シミュレーション・コマンド：［LTspiceXVII］ > ［LTspice］ > ［Dot Commands］

(1)はLTspiceで使用できる部品について，(2)はシミュレーション・コマンドについて網羅しています．本書では紹介しきれないことも記載されているので，目を通してください．

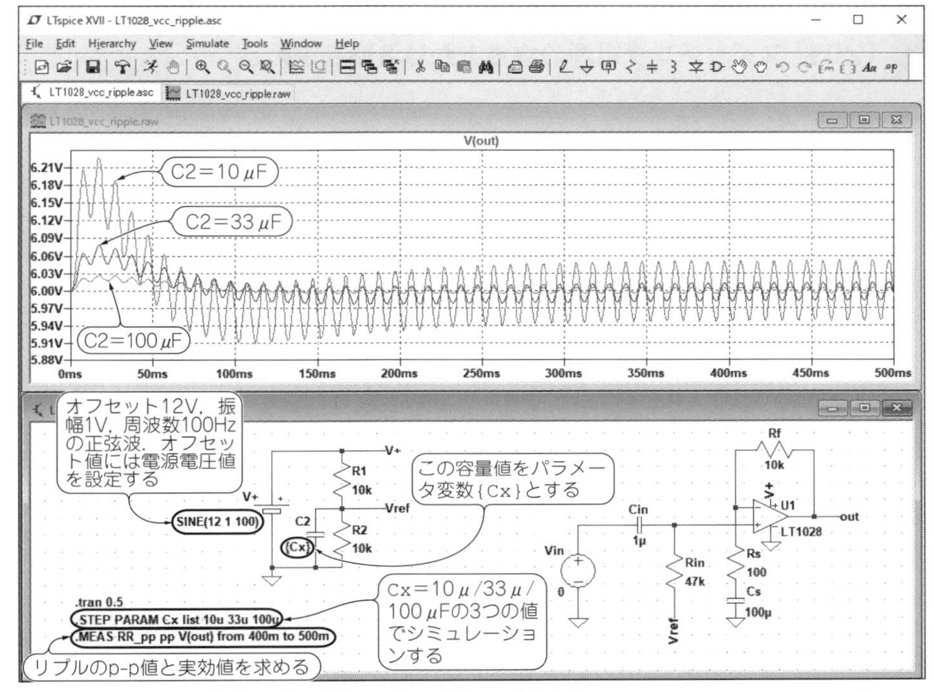

図11-6　OPアンプ増幅回路の電源リプルの漏れを求める(LT1028_vcc_ripple.asc)

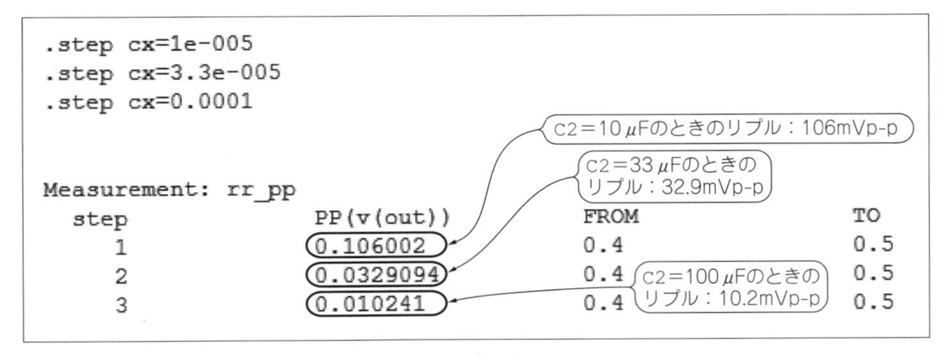

```
.step cx=1e-005
.step cx=3.3e-005
.step cx=0.0001

Measurement: rr_pp
  step        PP(v(out))     FROM       TO
     1        0.106002       0.4        0.5
     2        0.0329094      0.4        0.5
     3        0.010241       0.4        0.5
```


図11-7　SPICEエラー・ログに出力されたリプル電圧

[201] スイッチング電源の立ち上がり波形を求める

＜操作＞

① [startup] オプションを付けて，トランジェント解析を行う … [155][156]

② 出力電圧`V(out)`の波形を表示する … [82]

＜説明＞

スイッチング電源ICの電源ON時の立ち上がり波形を求めるには，[startup]オプションを付けてトランジェント解析を実行します(**図11-8**)．すると，DC電圧源の電圧は$t = 0$ sで0 V，$t = 20\ \mu$sで設定値になります．正確さを期すならば，実際の電源立ち上がりをPWL電圧源でシミュレートするとよいでしょう．

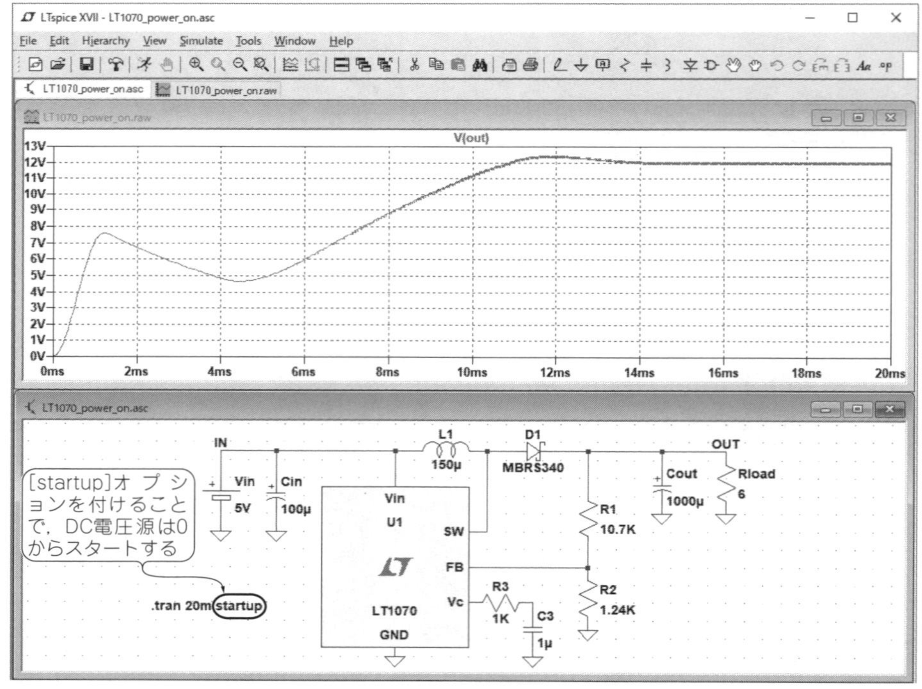

図11-8　スイッチング電源の電源ON時立ち上がり波形(`LT1070_power_on.asc`)

＜シミュレーション結果＞

[startup]オプションを付けているのでスタート時は`Vin`＝0です．このため出力電圧`V(out)`も0Vで，そこからの立ち上がり波形が観測できます．`Vin`は$t=20\ \mu s$で定常値になりますが，`V(out)`が完全に定常状態になるには，14ms以上要しています．

[202] スイッチング電源の効率を求める

＜操作＞

① 出力に抵抗`Rload`，または電流源負荷を接続する … [5]

② [steady] オプションを付けて，トランジェント解析を行う … [155][156]

③ 効率レポートを表示させる

　メニューまたは右クリック：[View]＞[Efficiency Report]＞[Show on Schematic]

　→[回路図ペインの最大化] →

　[備考]効率レポートを一度表示させれば，次からは表示したままでシミュレーション結果が反映される

＜説明＞

効率はスイッチング電源の性能を表す重要な指標ですが，LTspiceではこの効率を簡単に求めることができます．このシミュレーションは，電源の負荷に`Rload`という名前の抵抗(ほかの名前は不可)，または電流源負荷を付けて，[steady]オプションを付けてトランジェント解析を行います．

ここではLTspiceに標準登録されている回路でシミュレーションしてみます．**図11-9**は，LTspiceのmiscフォルダにあるLT1070のテスト回路を呼び出して，`.TRAN`コマンドのところに[steady]オプションを追加したものです．なおこの方法はスイッチング電源には使えますが，シリーズ・レギュレータには使えません．

＜シミュレーション結果＞

シミュレーションを実行して，メニューから[View]＞[Efficiency Report]＞[Show on Schematic]を行っただけでは，効率レポートは表示されず，波形ビューと回路図ペインが表示されるだけです．効率レポートを表示するには，回路図ペインを最大化して，さらにで適正配置を行う必要があります．こうすることで**図11-9**のような表示になります．効率レポートを見ると，効率は87.8%であることがわかりますが，この値はIC以外の部品も含めた値になっています．

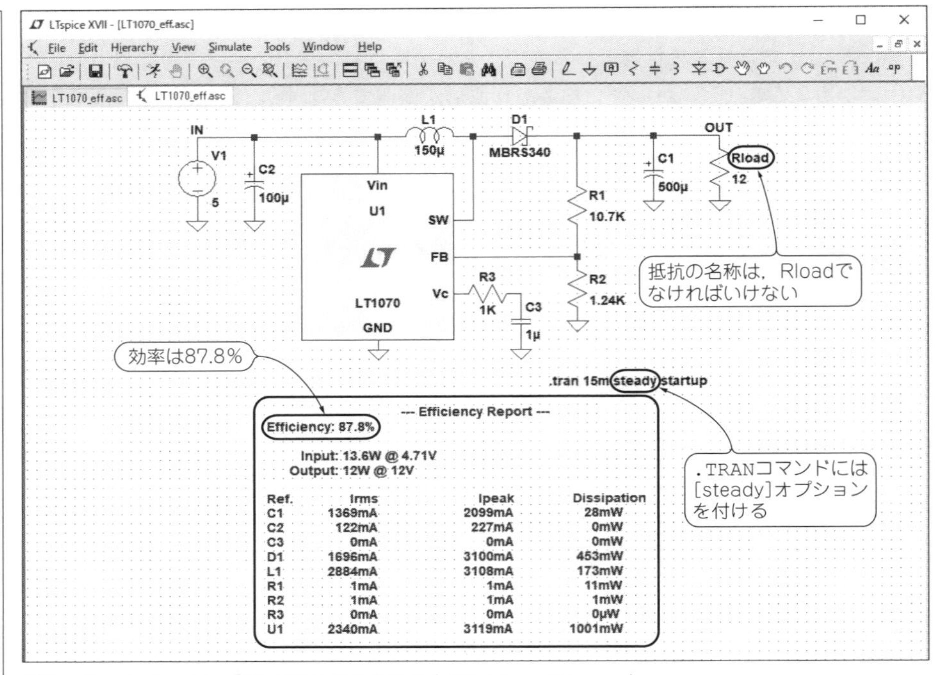

図11-9　スイッチング電源の効率を求める(LT1070_eff.asc)

＜関連項目＞

[3]部品を配置する，[46]アナログデバイセズ社製ICの応用回路を開く

[203] 負荷電流が変化したときのシリーズ・レギュレータの出力電圧安定度を求める

＜操作＞

① 負荷はPWLまたはPULSE電流源とし，その大きさを無負荷または軽負荷と重負荷の間でステップ変化する値に設定する … [53][57]

② トランジェント解析を行う … [155][156]

③ 出力電圧と負荷電流を表示する … [82][101][139]

回路図ペインと波形ビュー・ペインを左右配置にする

→出力電圧V(out)を表示する →新しいグラフ領域を追加する

→負荷電流I(Iload)を表示する →X軸を拡大する

＜説明＞

図11-10の回路は，シリーズ・レギュレータの負荷電流が急変したときの出力電圧の変化を求めるシミュレーション回路です．負荷電流I(Iload)は0 sから10 msまで0，10.01 msで3 Aまで立ち上がって20 msまで維持され，20.01 msで0に戻ります．トランジェント解析終了時間は50 msにしています．

＜シミュレーション結果＞

出力電圧V(out)と負荷電流波形I(Iload)の両方を表示するには次のように操作します．回路図ペインと波形ビュー・ペインを左右に配置してからV(out)を表示させ，新しいグラフ領域を追加して，負荷電流波形I(Iload)を加えます．ここでは，見やすい

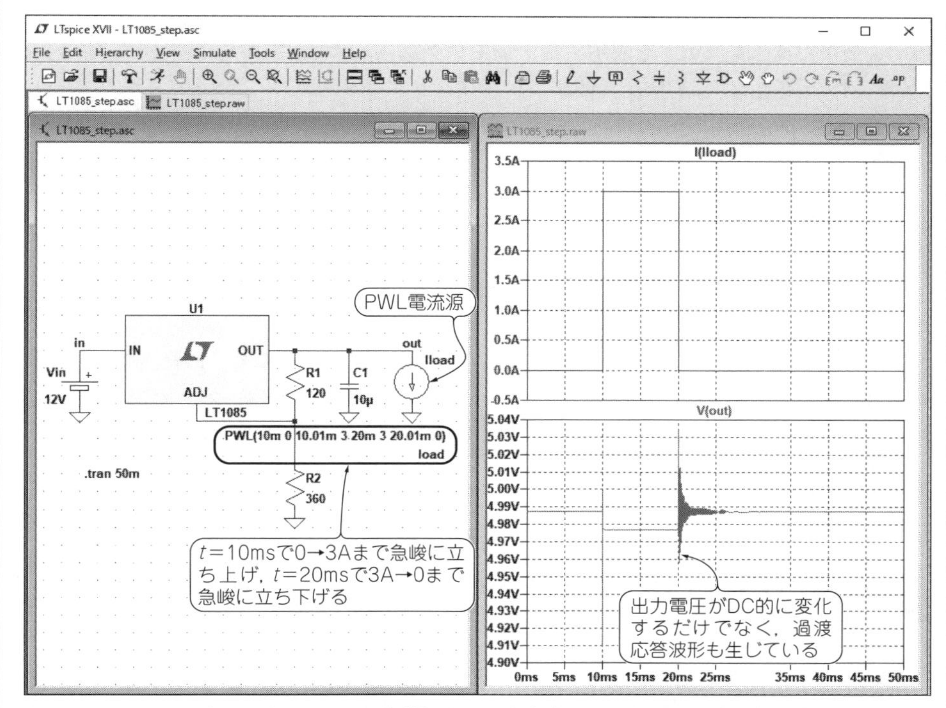

図11-10　シリーズ・レギュレータの負荷の大きさを急変させたときの出力応答を求める
(LT1085_step.asc)

ようにX軸を拡大して5 msから35 msまで表示しましたが，そうすると負荷電流が0→3 Aで0.01 Vほどの電圧低下が生じていることと，3 A→0のときに減衰振動が起きていることがわかります．

[204] 入力電圧が変化したときのシリーズ・レギュレータの出力電圧安定度を求める

<操作>

① 入力電圧はPWLまたはPULSE電流源とし，その大きさを高電圧/低電圧の間でステップ変化する値に設定する … [53][57]

② トランジェント解析を行う … [155][156]

③ 入力電圧と出力電圧の波形を表示する … [82][101][139]

回路図ペインと波形ビュー・ペインを左右配置にする

→出力電圧V(out)を表示する →新しいグラフ領域を追加する

→入力電圧V(in)を表示する

<説明>

図11-11は，シリーズ・レギュレータの入力電圧が急変したときの出力電圧をシミュレーションしたものです．入力電圧は最初12 Vで，10 m→10.01 msで12→7 V，20 m→20.01 msで7→12 V，30 m→30.01 msで12→18 V，40 m→40.01 msで18→12 Vに変化するPWL電圧源です．トランジェント解析は50 msまで行っています．

<シミュレーション結果>

入力電圧V(in)と出力電圧V(out)の両方の波形を表示するため，回路図ペインと波形ビュー・ペインを左右に配置してからV(out)を表示させ，新しいグラフ領域を追加して，入力電圧V(in)を加えます．これを見るとV(in)の立ち上がりで出力に大きなパルスが出ることがわかります．

[205] シリーズ・レギュレータの過電流保護回路の動作を見る

<操作>

① 負荷は最大電流の2倍程度まで増加していくPWL電流源として，[This is an active load] にチェックを入れる … [57]

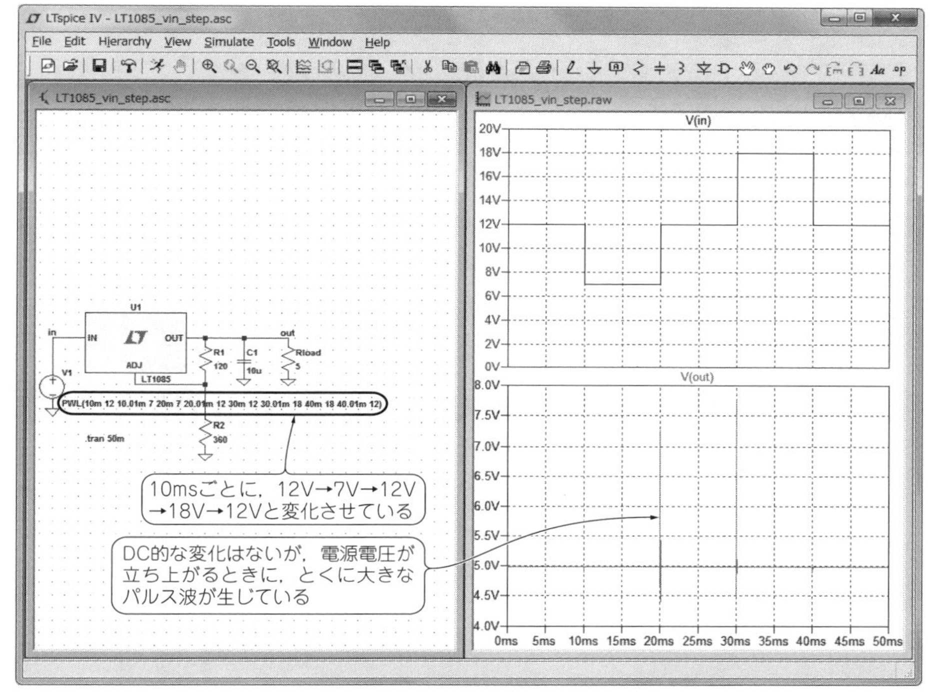

図11-11　シリーズ・レギュレータの入力電圧の変動に対する出力電圧の応答「ライン・レギュレーション」（LT1085_vin_step.asc）

② トランジェント解析を行う … [155][156]

③ 出力電圧-電流曲線を描く … [82][95]

出力電圧V(out)の波形を表示する →X軸の変数を出力電流I(Iload)にする

＜説明＞

図11-12は，過電流保護回路のふるまいをトランジェント解析で調べたものです．負荷電流源はPWL電流源として，0 Aからレギュレータの最大電流の2倍程度まで，時間とともに増加させています．このとき[This is an active load]にチェックを入れてアクティブ・ロードにしておかないと，電流の大きさがレギュレータの能力以上になったときに出力電圧が異常値になってしまいます．

＜シミュレーション結果＞

シミュレーションを実行したら出力電圧V(out)を表示させますが，この時点ではX軸

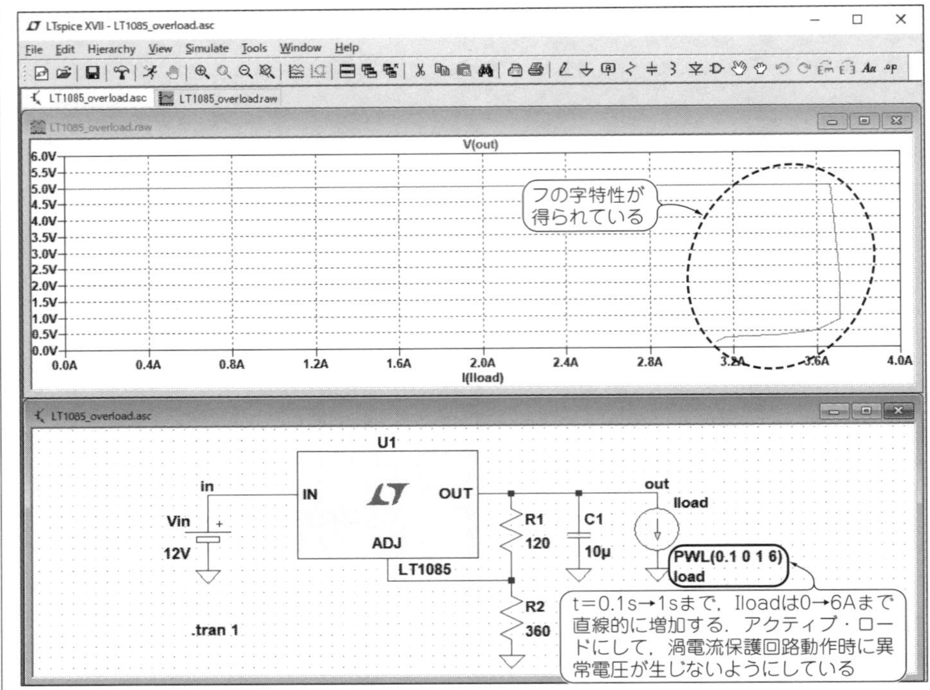

図11-12　シリーズ・レギュレータの出力電流を増していったときの保護回路の動作(LT1085_overload.asc)

は時間になっています．このためX軸の変数を出力電流I(Iload)にすると，**図11-12**のグラフに示すように出力電圧-出力電流特性が得られます．

過電流保護特性は，DCスイープ解析でも調べることができますが，このグラフのようなフの字特性はうまく得られません．

[206] リサージュ波形を表示する

<操作>

① トランジェント解析で2つの波形を用意する … [54][155][156]

② リサージュ波形を表示する … [82][95]

1つの波形を表示する→X軸をもう1つの波形に変更する

<説明>

リサージュ波形とは，単振動の2つの波形の一方をX軸，もう一方をY軸に入力して描いた2次元の波形で，トランジェント解析を行うのが前提です.

リサージュ波形は波形ビューの操作で描画します．ここでは**図11-13**の回路にあるように，振幅の等しい50 Hzと60 Hzの正弦波を用意しました．トランジェント解析時間は，2つの波形の周期の最小公倍数以上にする必要があります.

<シミュレーション結果>

シミュレーションを行った後，V(1)をX軸，V(2)をY軸にして表示します．周波数や位相を変えると波形が変化します.

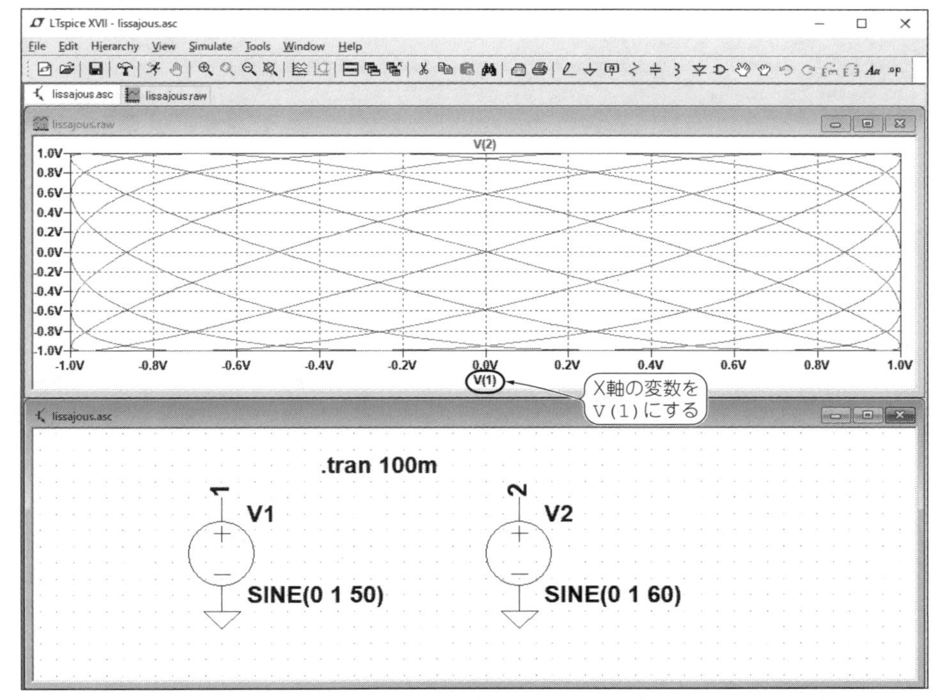

図11-13　V_1をX軸に，V_2をY軸にして波形を表示させたところ(lissajous.asc)

[207] 高調波歪率を求める

＜操作＞

① 基本波周波数の正弦波信号を入力にする … [54]
② .FOURコマンドを記述する … [157]
③ トランジェント解析を行う … [155][156]
④ 出力電圧V(out)をグラフ表示する … [82]
⑤ SPICEエラー・ログを表示する … [172]

＜説明＞

高調波歪率は，フーリエ解析を使って求めることができます．**図11-14**の回路に示すOPアンプ増幅器の1 kHzの高調波歪率を求めてみましょう．

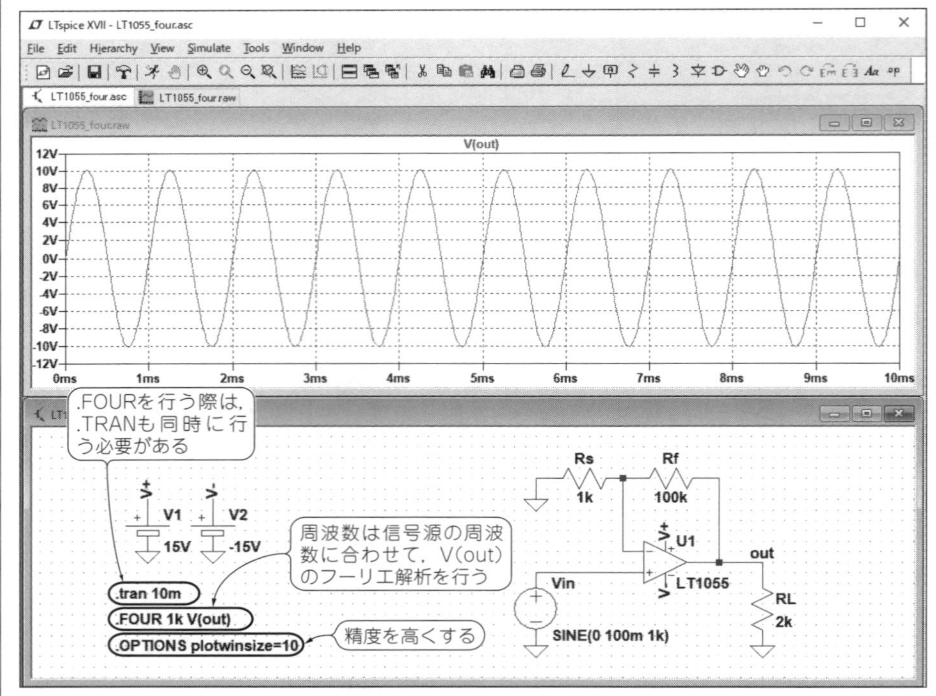

図11-14　フーリエ解析で高調波歪を求める(LT1055_four.asc)

1 kHzなので，入力信号Vinは1 kHzの正弦波とします．基本波が1 kHzで，V(out)における歪率を得たいので，.FOURコマンドは次のとおりです．

```
.FOUR 1k V(out)
```

.OPTIONS plotwinsize=10は表示精度を高めるものです．

<シミュレーション結果>

図11-14のグラフは出力波形，**図11-15**はSPICEエラー・ログのフーリエ解析に関する部分です．基本波1 kHzに対して，2次から9次までの高調波の大きさ，位相，およびそれらを合計した高調波歪率がわかります．2次～9次までの高調波歪率は0.03%ということがわかります．

Fourier components of V(out)
DC component:-5.92144e-006

Harmonic Number	Frequency [Hz]	Fourier Component	Normalized Component	Phase [degree]
1	1.000e+03	1.008e+01	1.000e+00	-1.22°
2	2.000e+03	1.235e-04	1.225e-05	152.30°
3	3.000e+03	2.533e-03	2.513e-04	178.19°
4	4.000e+03	1.028e-04	1.019e-05	76.95°
5	5.000e+03	1.200e-03	1.190e-04	-177.24°
6	6.000e+03	1.599e-04	1.586e-05	-16.76°
7	7.000e+03	6.444e-04	6.392e-05	-15.68°
8	8.000e+03	1.802e-04	1.787e-05	-95.10°
9	9.000e+03	8.134e-04	8.068e-05	-6.28°

Total Harmonic Distortion: 0.029786%

2次高調波は2kHzで基本波(1kHz)に対して1.225E−5の大きさで位相は152.3°進んでいるということ．2次高調波歪率は0.001225%と言える

3次高調波は3kHzで基本波(1kHz)に対して2.513E−4の大きさで位相は178.19°進んでいるということ．3次高調波歪率は0.02513%と言える．以下の高調波も同様

9次まで合わせた高調波歪率は0.029786%

図11-15　SPICEエラー・ログに出力された高調波歪率

[208] 周波数スペクトラムを見る

<操作>

□メニュー：[View] →◆

□[波形ビュー・ペインの上で右クリック] →[View] →◆

◆[FFT] →FFT波形選択ボックスで，観測したい変数を選択する

<説明>

トランジェント解析後，FFT解析を使うと．波形に含まれるスペクトラム(周波数成分)を求めることができます．**図11-14**の回路では，トランジェント解析した結果として正

弦波が出力されています．これをFFT解析するには，**図11-16**のようなFFT波形選択ボックスが現れたら観測したい変数を選択します．ここでは出力を見たいので，`V(out)`を選択すると，そのスペクトラムが得られます(**図11-17**)．高調波だけでなく，ノイズ・レベルも調べることができます．

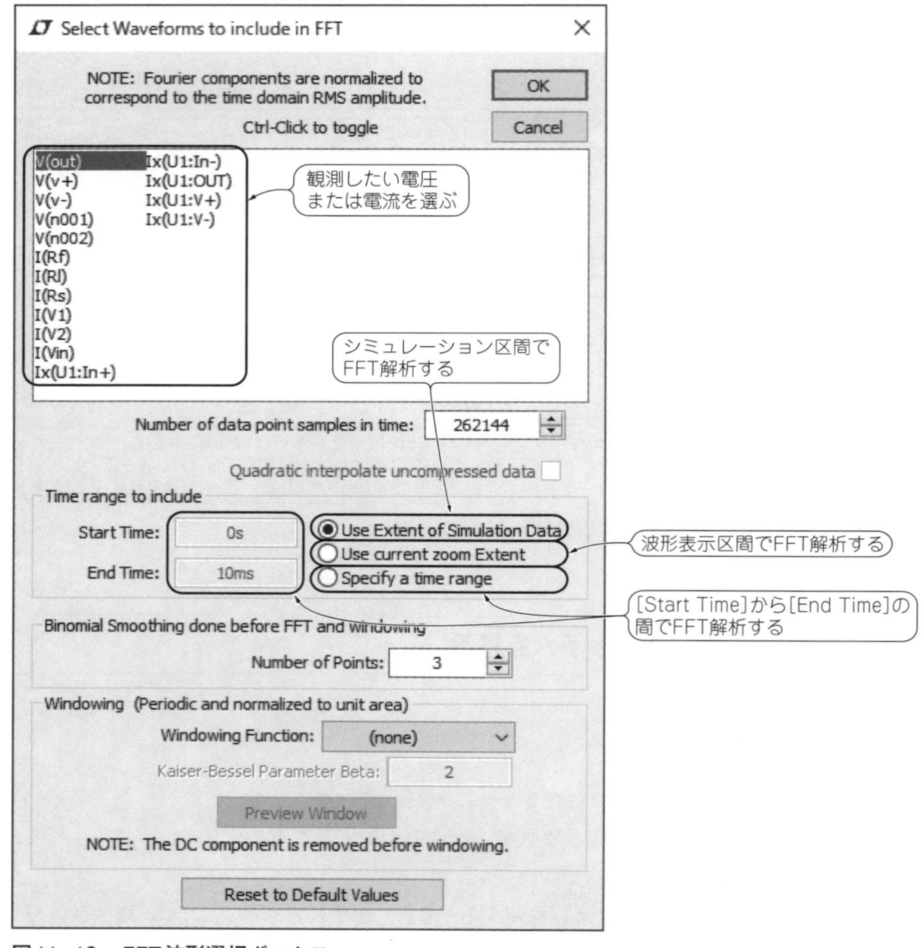

図11-16　FFT波形選択ボックス

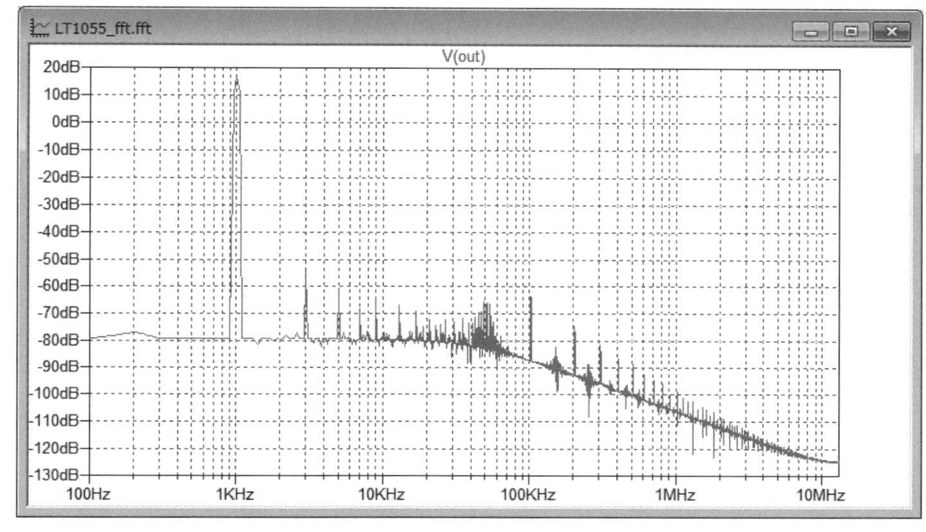

図11−17　FFT解析によって得られたスペクトラム分布

[209] 発振回路の波形を見る

<操作>

①［startup］オプションを付けてトランジェント解析を行う …［155］［156］

② 出力電圧を表示する …［82］

<説明>

発振回路は単純にトランジェント解析を行っただけではDC動作点解析の値が保持されるだけで，発振が始まらないことがよくあります．そのような場合次のような方法で発振が始まるようになります．

(1)　.TRANコマンドに［startup］オプションを付ける

(2)　.TRANコマンドに［UIC］オプションを付けて，必要に応じて.ICを設定する

(3) 特定のノードにトリガとなる信号を入れる

(1)の操作を行うと，電圧源の値が$t = 0$ sのとき0 V，$t = 20$ μsで設定値になり，実際の回路の立ち上がりに近くなります．(2)の操作を行うとDC動作点解析が実行されなくなりますが，それだけで発振が始まらないときは，発振しているときに取り得ると思われる

値(瞬時値)を.ICで設定します．(3)は，回路のインピーダンスの高いノードに，ほんの一瞬トリガ信号を入れる方法です．

図11-18に示すのはコルピッツ型発振回路です．.TRANコマンドには，(1)の[startup]オプションが付いていますが，これをやめると発振しなくなります．[startup]オプションの代わりに(2)の[UIC]オプションを付けて，

```
.TRAN 300u UIC
```

とすれば，.ICを設定しなくても発振します．

(3)の方法としては，たとえば，

```
PWL(10u 0 11u 1u 12u 0)
```

という電流源をJ1のゲートに接続して，$t = 11\ \mu$sのときのみ1 μAのパルス電流を印加すると，.TRANにオプションを付けなくても発振します．

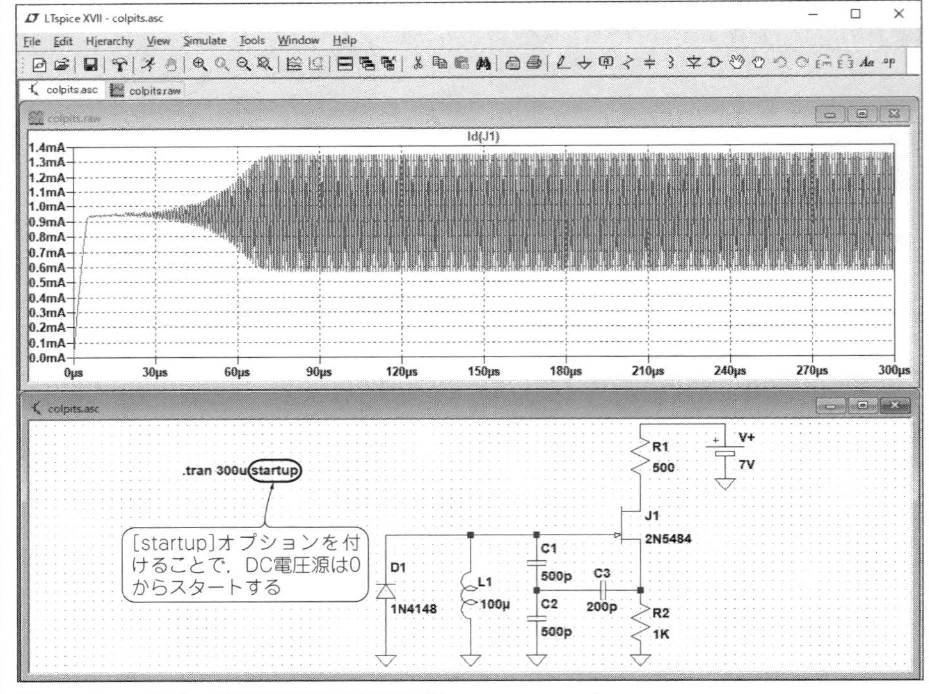

図11-18　コルピッツ型発振回路の発振波形(colpits.asc)

<シミュレーション結果>

図11-18では，[startup]オプションを付けてトランジェント解析を行いました．これを見ると$t=30\ \mu s$あたりから立ち上がり始め，70 μs程度で定常発振になることがわかります．

ただしこの立ち上がり波形は，あくまで[startup]オプションを付けたときの結果です．[UIC]オプションを利用したり，パルス電流をゲートに印加してシミュレーションすると，定常状態では同じ発振波形になりますが，立ち上がり波形はまったく違ったものになります．

[210] 発振器の周波数/周期を求める

<操作>

(1) カーソルで読み取る

① トランジェント解析を行う … [155][156]

② 出力電圧波形表示する … [82]

③ カーソルで周波数/周期を読み取る … [97][98][100]

グラフの選択した範囲を拡大する →カーソルで周波数/周期を読む

(2) .MEASで読み取る

① .MEASコマンドで測定したいポイント/演算を指定する … [168]

② トランジェント解析を行う … [155][156]

③ 出力電圧波形表示する … [82]

④ SPICEエラー・ログを表示する … [172]

<説明>

発振回路の周波数や周期は，発振波形からカーソルで直読できますが，正確な値を得るには.MEASコマンドを利用して読み取ります．

図11-18の波形で，カーソルで読み取る場合は，波形をドラッグして，1周期分の細部がはっきり見えるまで拡大します．その後1周期分をドラッグすると，ステータス・バーに周期と周波数が表示されます．

.MEASを使う場合は，

```
.MEAS dT trig when Id(J1)=1m td=200u rise=1 targ when
Id(J1)=1m td=200u rise=2… (1)
.MEAS fosc PARAM 1/dT… (2)
```

というコマンドを回路図上に置きます．

(1)は，$t = 200$ μs以降の`Id(J1)`の1回目の立ち上がりで1mAになるとき(`trig when Id(Q1)=1m td=200u rise=1`)と，2回目の立ち上がりで1mAになるとき(`targ when Id(Q1)=1m td=200u rise=2`)との時間差を`dT`に入れるという意味です．これが発振周期になります．(2)は`fosc=1/dT`と等価で，これで発振周波数を求めます．

ここでは観測ポイントは200 μsですが，これは事前にはわからないので，シミュレーションを繰り返して安定するところを見つけておきます．

<シミュレーション結果>

図11-18の回路に，上記の`.MEAS`コマンドを追加してシミュレーションを行った結果を**図11-19**に示します．波形ビューのX軸を196 μ～204 μsに拡大していますが，`.MEAS`ではここにある`dT`を測定しています．**図11-20**のSPICEエラー・ログの結果から，発振波形の周期は0.973 μs(9.73479E-7)，周波数は1.027 MHzということがわかります．

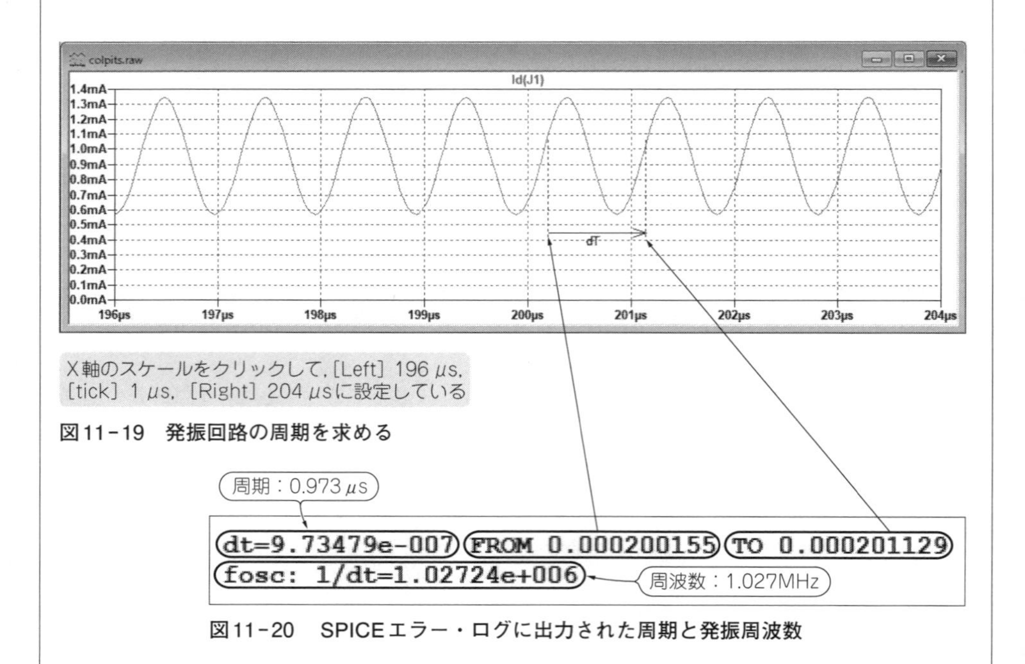

図11-19 発振回路の周期を求める

図11-20 SPICEエラー・ログに出力された周期と発振周波数

[211] 整流回路の各部電圧・電流を求める

<操作>

① トランジェント解析を行う … [54][155][156]

② 電圧・電流波形を表示する … [82][101][139]

回路図ペインと波形ビュー・ペインを左右配置にする

→ダイオードの電流I(D1)，負荷の電流I(R1)を表示する

→新しいグラフ領域を追加する

→入力交流電圧V(ac)，出力電圧V(V+)の波形を表示する

<説明>

整流回路の各部の電圧と電流の波形を見るには，トランジェント解析を実行して，見たいところの電圧や電流を表示します．ここでは**図11-21**に示す全波整流回路の各部電圧・電流波形を見てみましょう．

<シミュレーション結果>

図11-21のグラフは，ダイオードの電流I(D1)，負荷電流I(R1)，交流電圧V(ac)，出力電圧V(V+)の波形です．ただしスケールの都合上，I(R1)は10倍の大きさにしています．V(V+)は平均値で27.3 Vですが，2.26 V_{p-p}のリプルがあることがわかります．ダイオードの定常時のピーク電流は286 mAですが，1サイクル目の突入電流は917 mAに達していることがわかります．なお値は，各部を拡大してカーソルで読み取っています．平均値は，定常状態の部分だけの表示にして読んでいます．.MEASコマンドを使えば高精度に読み取ることができます．

Column(11-B)

動作電源電圧範囲外のシミュレーション

ICには，最低動作電圧や最大動作電圧，最大定格などが定められています．これらの最低動作電圧以下や最大動作電圧以上，最大定格以上の電源電圧が与えられたときのシミュレーション結果は信頼できないと考えたほうが間違いありません．これはモデルを提供しているメーカによって範囲外の扱いが違うためです．

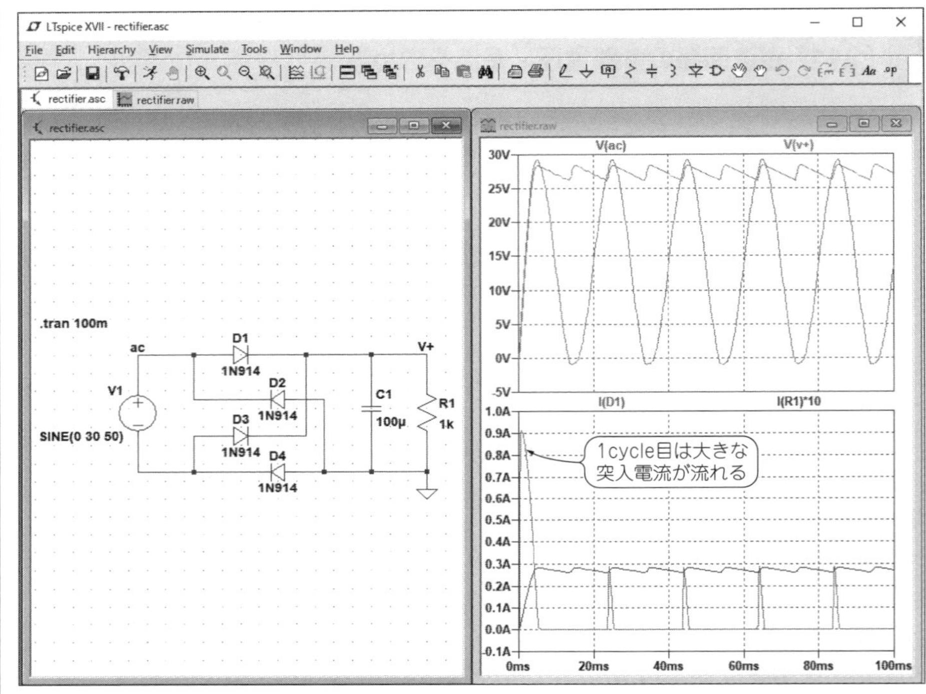

図11-21　全波整流回路の各部電圧・電流(rectifier.asc)

実際の回路では，V1は電圧源ではなくトランスなので，**図11-21**で得られた結果とは違ったものになるはずですが，おおよその目安にはなります．

＜関連項目＞

[98]カーソル位置のグラフの値を読む，[99]波形の平均値/実効値/発熱量を読む，[100]グラフの選択した範囲を拡大する

[212] リレーの逆起電力を求める

＜操作＞

① トランジェント解析を行う … [52][155][156]

② リレーの端子電圧を表示する … [82][101][139]

回路図ペインと波形ビュー・ペインを左右配置にする
　→リレー端子電圧を表示する →新しいグラフ領域を追加する
　→もう1つのリレー端子電圧を表示する

<説明>

トランジスタやMOSFETでリレーを駆動すると，リレーのインダクタンスによる逆起電力で駆動素子が壊れてしまう可能性があります．ここでは逆起電力がどの程度発生するのかを求めて，同時に逆起電力を吸収するスナバ回路の効果も調べてみます．

図11-22の回路は，MOSFETでリレーを駆動する回路で，M1側のリレーには逆起電力を吸収するダイオードが付いていますが，M2側には付いていません．これによって，M1，M2のドレイン電圧がどの程度違うか調べます．

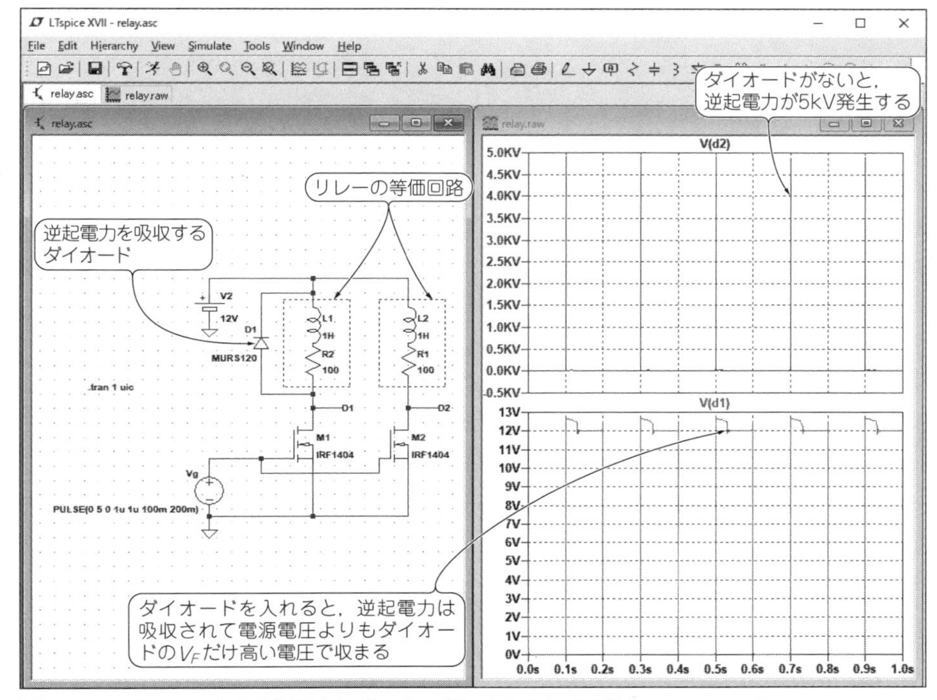

図11-22　リレーによる逆起電力とダイオードによるスナバ回路(Relay.asc)

＜シミュレーション結果＞

M1とM2の両方のドレイン電圧波形を同時に表示させるには，見やすくするために回路図ペインと波形ビュー・ペインを左右に配置します．次にV(d1)を表示させ，次に新しいグラフ領域を追加してV(d2)を表示させます．これを見るとV(d1)では電源電圧＋V_F分の電圧で収まっていますが，V(d2)は5 kVに達するパルスが生じていて，このままではM2は壊れる可能性があることがわかります．

第12章

ネットワーク・アナライザのように周波数特性を求める

AC小信号解析

ゲイン，位相，雑音，*CMRR*などの交流特性を明らかにする

前章では，時間をX軸にして電子回路の過渡応答時の振る舞いを調べるトランジェント解析を紹介しました．本章では，周波数をX軸にして利得，位相，雑音，*CMRR*，出力インピーダンスをはじめとする交流特性を調べるAC小信号解析を紹介します．

[213] 利得位相周波数特性を求める

<操作>

① 大きさが1のAC電圧源を入力信号とし，AC小信号解析を行う …[52][158][159]

② 出力電圧`V(out)`のグラフを表示する … [82]

<説明>

図12-1の回路図に示すようなOPアンプ増幅回路の利得と位相の周波数特性を求めてみましょう．利得G_Vは，

G_V = 1 + `Rf/Rs` = 1 + 100 k/1 k = 101［倍］（40.1 dB）

と計算されます．

入力信号`Vin`は，大きさ(AC Amplitude)が1のAC電圧源にします．1以外にすると，シミュレーション結果で利得を直読できなくなります．回路図中の，

```
.ac dec 20 1 10MEG
```

は，ディケード(10倍)あたり20ポイントずつ，1 Hz ～ 10 MHzまでAC小信号解析を行うという意味です．

<シミュレーション結果>

シミュレーション結果を見ると平坦部の入出力利得は40.1 dBで，計算通りになってい

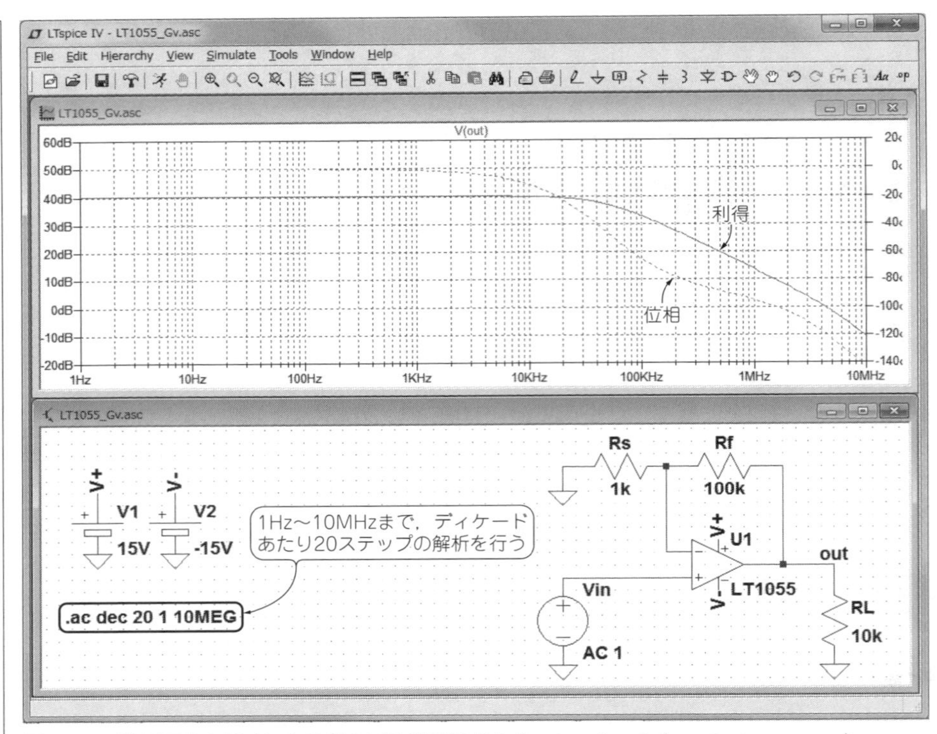

図12-1　増幅回路のゲインと位相の周波数特性をシミュレーション(LT1055_Gv.asc)

ます．周波数が高くなると，OPアンプの開ループ利得G_{VO}が低下し，これに伴って入出力利得も低下しますが，シミュレーション結果は50 kHz付近から低下し始め，約4 MHzを超えたところで0 dBとなります．**図12-1**のグラフでは，見やすくするためにY軸のスケールを変更しています．

[214] 帰還抵抗をパラメータにして利得の周波数特性を求める

<操作>

① パラメータにする帰還抵抗の値を{<パラメータ>}の形に置き換える … [164]

② .STEPを記述する … [164]

③ 大きさが1のAC電圧源を入力信号とし，AC小信号解析を行う … [52][158][159]

④ 出力電圧V(out)のグラフを表示する … [82]

<説明>

図12-1の回路は，出力からIN-端子への帰還抵抗Rfの値によって利得が変わりますが，**図12-2**に示す回路は，Rfをパラメータ変数{Rfx}に置き換えて，AC小信号解析を行ったものです.

回路図中の,

```
.STEP PARAM Rfx list 1m 9k 99k
```

は，Rf＝1m/9k/99kΩの3つの値でシミュレーションを実行するという意味で，このときの利得設定は1/10/100倍(0/20/40dB)です．Rfを1mΩにした理由は，抵抗を0Ωにすると計算エラーになるためです.

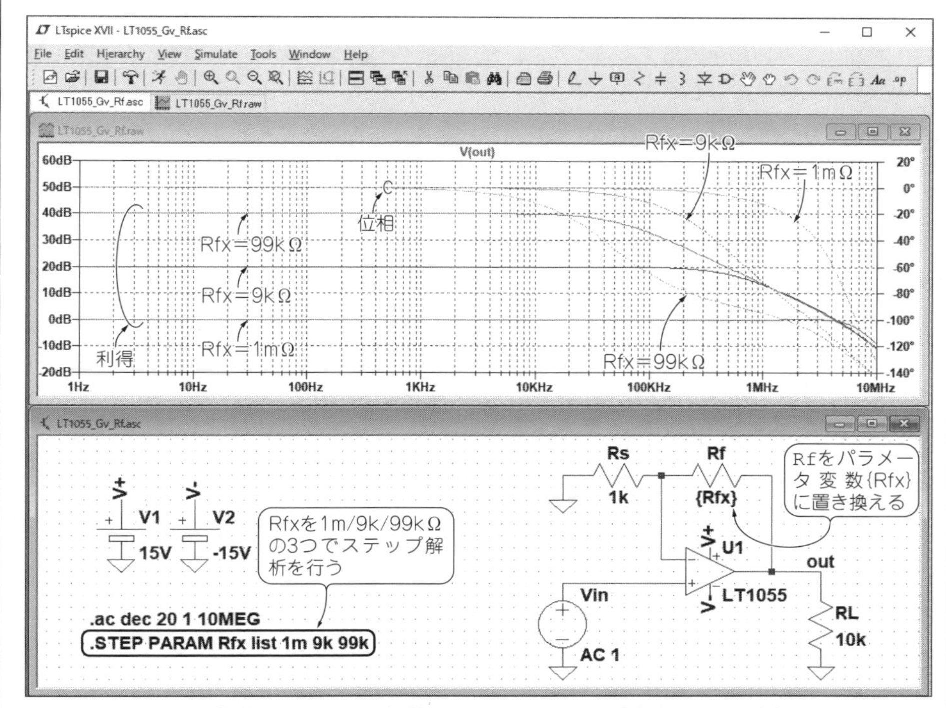

図12-2　OPアンプ増幅回路の帰還抵抗Rfと利得位相-周波数特性の関係(LT1055_Gv_Rf.asc)

<シミュレーション結果>

平坦部の利得は，計算どおり0/20/40 dBになりました．グラフは見やすくするために，Y軸のスケールを変更しています．

[215] OPアンプの開ループ特性を求める①

<操作>

① 出力からの帰還抵抗，または接地側の帰還抵抗の値に「AC=<AC抵抗値>」を追加する … [33]

② 入力信号は大きさが1のAC電圧源として，AC小信号解析を行う … [52][158][159]

③ 出力電圧V(out)のグラフを表示する … [82]

<説明>

LTspiceでは回路を変更することなく，帰還抵抗の抵抗値の記述を変更するだけで，開ループ特性を求めることができます．

図12-1の回路で開ループ特性を求める回路を**図12-3**に示します．違いは，出力からの帰還抵抗Rfの抵抗値100 kΩの後に「AC=1T」と記述している点だけです．

LTspiceはRf = 100 kΩでDC動作点解析を実行しますが，「AC=○」という記述があると，AC小信号解析時はその値で計算します．Rf/RsはOPアンプの開ループ利得よりも十分に高くする必要があり，ここでは1 TΩ(10^{12} Ω)に設定しています．R_f = 1TΩならば，R_f/R_s = 1T/1k = 10^4(180 dB)となり，開ループ利得よりも十分大きくなります．同じ考えで，Rfは100 kΩのままで，Rsの1 kΩの後に「AC=1u」としても同じ結果が得られます．

<シミュレーション結果>

開ループ利得特性は，V(out)をそのまま表示します．最大で112 dB，10 Hzを超えたところから−20 dB/decで減衰していき，4 MHzを超えたところで0 dBになり，ほぼデータシートと同じ結果になります．

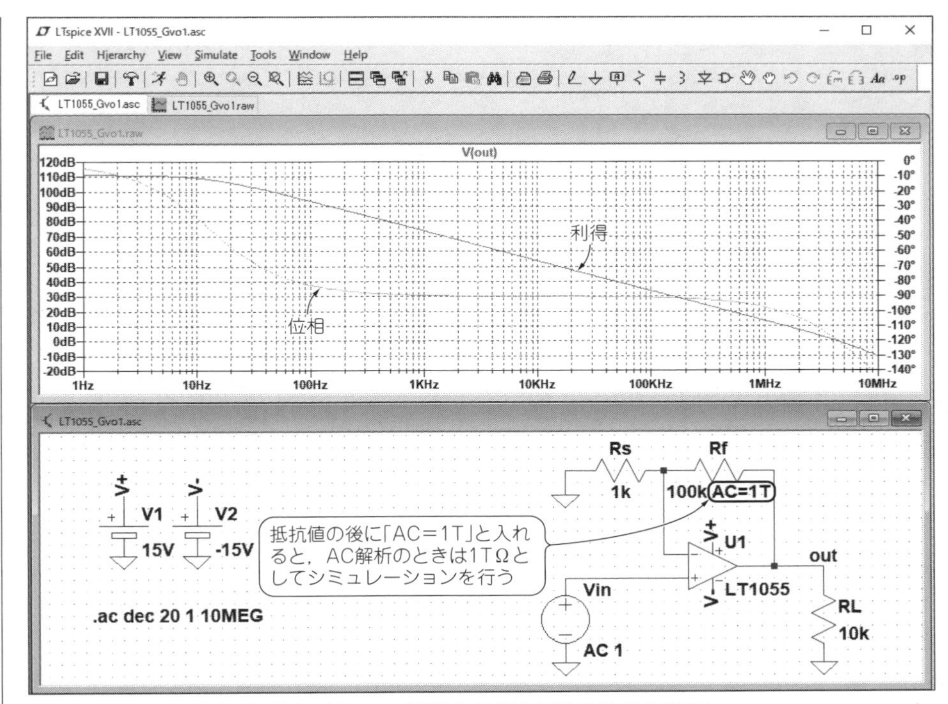

図12-3　OPアンプ増幅回路の開ループ利得と位相の周波数特性を解析(LT1055_Gvo1.asc)

[216] OPアンプの開ループ特性を求める②

<操作>

① 出力からの帰還抵抗に直列にAC電圧源を入れて，AC小信号解析を行う …［52］［158］［159］

② 開ループ利得を表示する …［82］［96］

出力電圧V(out)のグラフを表示する →Y軸の変数をV(out)/V(in-)に変更する

<説明>

「[215]OPアンプの開ループ特性を求める①」では，LTspiceの機能を使って簡単に開ループ特性を求めました．もう1つの方法として，**図12-4**の回路図のように出

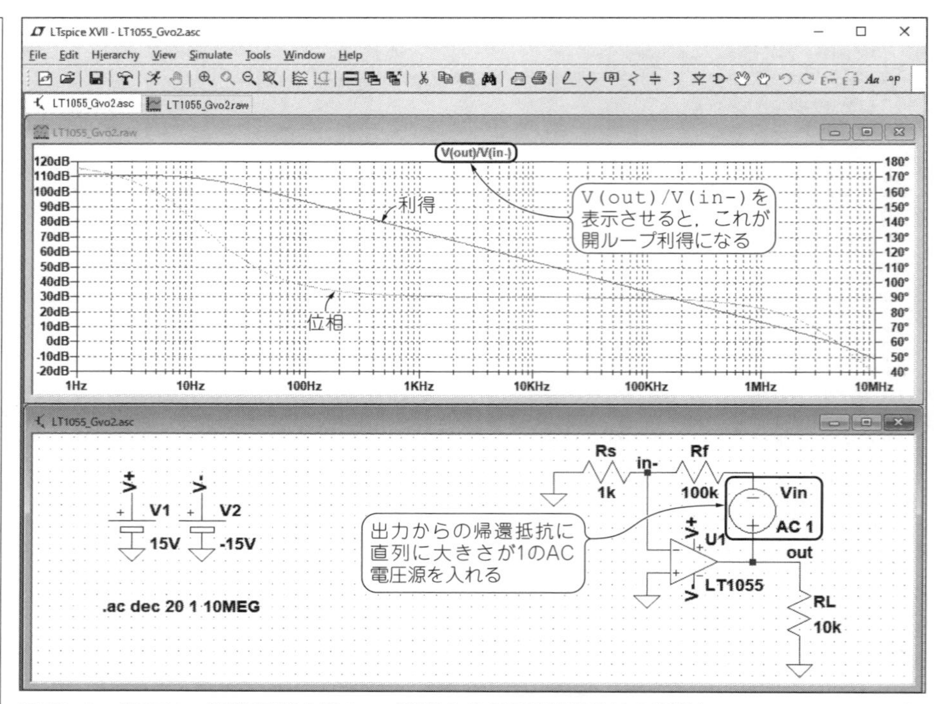

図12-4　OPアンプ増幅回路の開ループ利得と位相の周波数特性を解析(LT1055_Gvo2.asc)

力からIN−端子への帰還抵抗に直列にAC電圧源を入れてAC小信号解析を行うことでも求めることができます．開ループ利得は，出力電圧とIN−端子電圧の比(V(out)/V(in-))で表されます．

<シミュレーション結果>

図12-4のグラフがシミュレーション結果ですが，利得は**図12-3**と同じになっています．一方位相は，**図12-3**ではIN+端子から出力まで，**図12-4**ではIN−端子から出力までなので，180°ずれています．

V(out)/V(in-)は開ループ利得なので，RfやRsの値を変えてもこの特性は変わりません．

[217] 増幅回路の発振安定度を調べる

<操作>

① 出力からの帰還抵抗に直列にAC電圧源を入れて，AC小信号解析を行う

… [52][158][159]

② ループ利得をグラフ表示する … [82][96]

出力電圧V(out)のグラフを表示する →Y軸の変数をV(out)/V(g)に変更する

<説明>

増幅回路の発振安定度(発振発振のしにくさ)を調べるには，ループ利得の周波数特性を求めて，位相余裕がどのくらいあるかでおおよその判断ができます．

ループ利得を求めるには，**図12-5**の回路図に示すように，出力端子とIN-端子への帰還抵抗の間にAC電圧源を入れて，AC小信号解析を行います(**図12-4**と同じ回路)．このAC電圧源と帰還抵抗の接続点のノード名を[g]としたときに，得られるV(out)/V(g)がループ利得です．利得が0 dBとなるときの位相を位相余裕，位相が0°のときの利得を利得余裕(ゲイン余裕)と言いますが，位相余裕が45 ～ 60°以上あれば安定と判定することができます．

図12-5では，発振しやすくなる容量性負荷を出力につなぎ，帰還抵抗Rfを1 m/9 k/99 kΩの3種類でループ特性を調べました．Rfをパラメータ変数{Rfx}で置き換えて，STEPで値を設定します．

```
.STEP PARAM Rfx list 1m 9k 99k
```

これは，Rf = 1 m/9 k/99 kΩの3つの値で計算するということです．

<シミュレーション結果>

図12-5のグラフがシミュレーション結果です．シミュレーションして，V(out)を表示させ，これをV(out)/V(g)に変更しました．位相余裕は次のとおりです．

Rf	1 mΩ	9 kΩ	99 kΩ
位相余裕	9°	53°	84°

これよりRf = 99 kΩならば安定性に問題はありませんが，Rf = 9 kΩでは少し不安定になり始めます．Rf = 1 mΩでは発振する可能性が高いといえます．

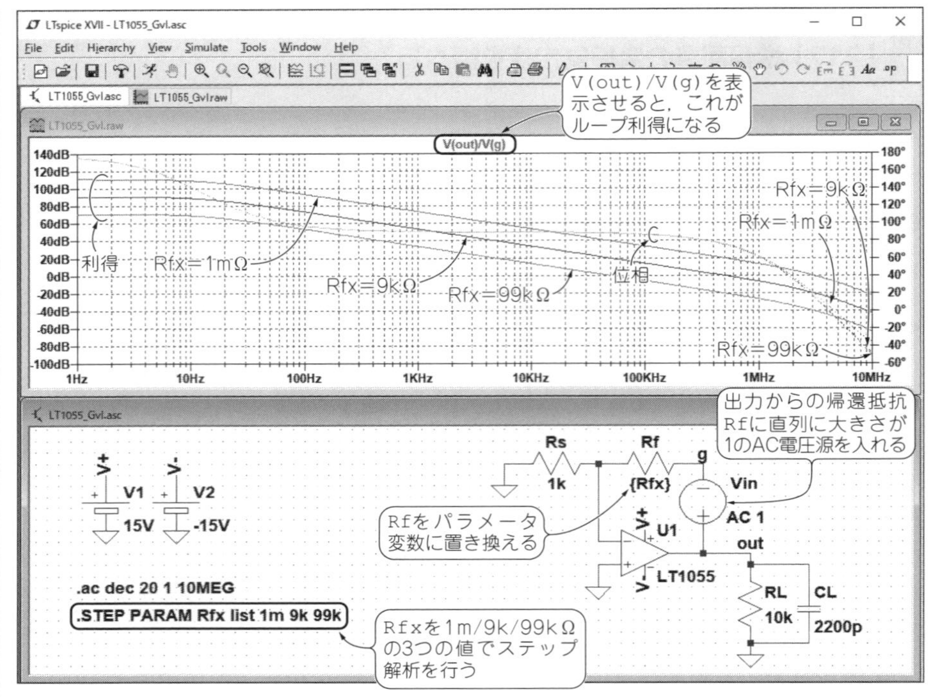

図12-5　増幅回路のループ利得(LT1055_Gvl.asc)

[218] 増幅回路の出力インピーダンスの周波数特性を求める

＜操作＞

① 入力電圧を0V(またはGND)にして，出力に大きさが1のAC電流源を接続して，AC小信号解析を行う … [52][158][159]

② 出力インピーダンスV(out)の周波数特性を表示する … [82][92]

出力電圧V(out)のグラフを表示する →Y軸をログ・スケールにする

＜説明＞

図12-1に示すOPアンプ増幅回路の出力インピーダンスの周波数特性を求めてみます．IN+端子に接続されている入力電圧Vinは0VにするかGNDに接続し，出力に接続

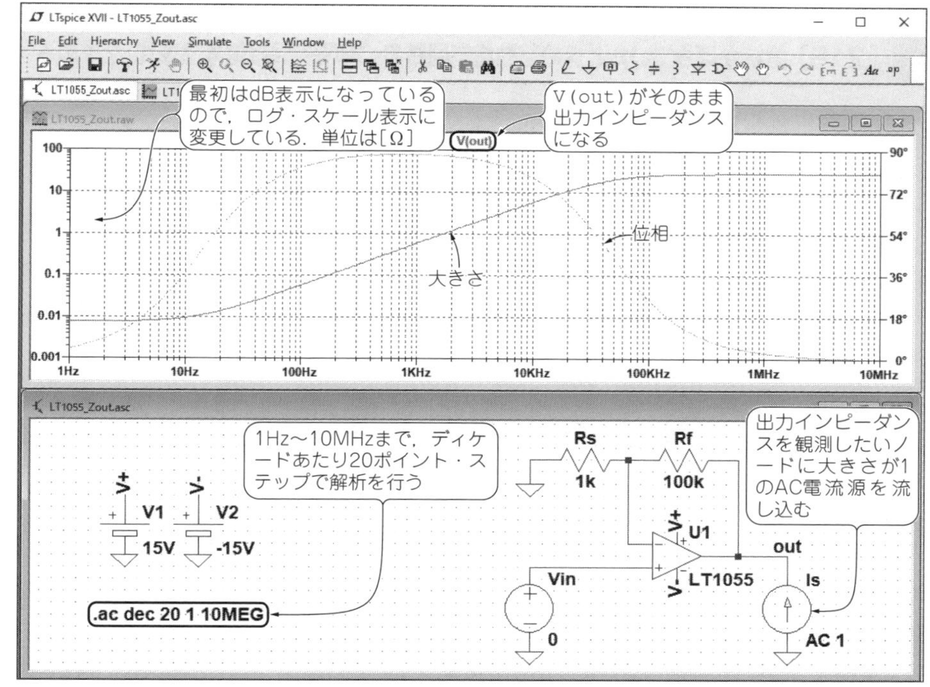

図12-6　増幅回路の出力インピーダンスの周波数特性を解析(LT1055_Zout.asc)

されている負荷抵抗に代えて，大きさが1のAC電流源を接続します(**図12-6**).

AC小信号解析を行って出力電圧を求めると，それが出力インピーダンスになります．なぜならば出力端子に流し込む電流は1なので，出力インピーダンス$Z(out)$は出力電圧に等しくなるためです($Z(out) = V(out) / I_o = V(out)$).

<シミュレーション結果>

出力電圧を表示させた直後，Y軸はdB表示になっているので，これをログ・スケールに変更します．10 Hz程度までは10 mΩ以下ですが，10 Hz以上になると10倍/decの割合で増加していき，100 kHzでは25 Ω程度でそれ以上はほぼフラットになっています．

[219] 抵抗がばらついたときの差動増幅回路の*CMRR*(同相信号除去比)を求める

＜操作＞

① 差動増幅器のIN+端子とIN−端子を接続し，そこに大きさ1のAC電圧源をつなぐ
② ばらつかせる抵抗の値を{mc(<抵抗値>,tol)}の形に置き換える … [169]
③ .STEPを記述する … [169]
④ AC小信号解析を行う … [52][158][159]
⑤ 出力電圧V(out)のグラフを表示する … [82]
　出力電圧V(out)のグラフを表示する →位相を非表示にする

＜説明＞

CMRR(同調信号除去比)とは，差動信号増幅回路のIN+端子とIN−端子に同相の信号を入れたときに，出力にどのくらい漏れてくるかというものです．理想的には0ですが，実際には部品特性やばらつきによって悪化します．

図12-7の回路は，利得100倍の差動増幅器の*CMRR*を求める回路です．通常ならば，R1とR3の左側はIN+端子/IN−端子として別の信号を入れますが，*CMRR*を求める場合はこれを接続して同じ信号を入れます．

*CMRR*は実質的には抵抗値のばらつきで決まるため，抵抗を{mc(<抵抗値>,<精度名>)}という形に置き換えて，.PARAMでパラメータ設定を行います．ここでは抵抗の精度を1％とします．

```
.PARAM tol=0.01
```

繰り返し回数は30回として，.STEPを記述します．

Column(12-A)

利得または位相の周波数特性の一方のみを表示するには

AC小信号解析を行うと振幅と位相が同時に表示されます．片方だけを表示したい場合は，非表示にしたいほうのY軸の上にカーソルをもっていき，カーソルが となったときにクリックします．ここで現れたダイアログ・ボックスにある[Don't plot the magnitude]，[Don't plot phase](群遅延を表示しているときは[Don't plot group delay])をクリックすると，クリックしたほうのデータが消えます．

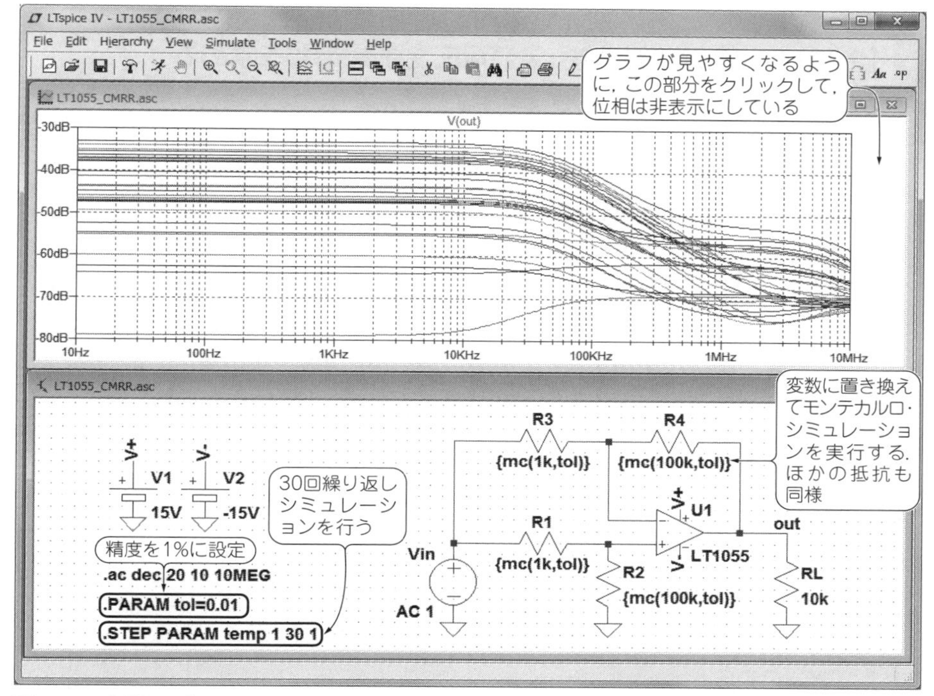

図12-7　抵抗がばらついたときの*CMRR*の周波数特性を解析(LT1055_CMRR.asc)
抵抗が1%ばらついただけで，*CMRR*は大きく変化してしまう

```
.STEP PARAM temp 1 30 1
```

<シミュレーション結果>

ばらつきのシミュレーションを実行すると，特性カーブがいくつも表示されます．利得と位相の両方を表示すると見にくいため，**図12-7**のグラフでは位相を非表示にして(**コラム12-A**参照)利得だけを表示しています．シミュレーション結果を見ると，平坦域では－33～－79 dBまで大きくばらついていて，たった1％の誤差が*CMRR*にいかに大きな影響を与えるかがわかります．

[220] 増幅回路の*PSRR*(電源電圧変動除去比)を求める

<操作>

① 電源はオフセットが電源電圧値に等しく，大きさが1のAC電圧源にする …[52]

② AC小信号解析を行う …[158][159]

③ 出力電圧をグラフ表示する …[82]

<説明>

図12-1の回路で*PSRR*(電源電圧変動除去比)を求めてみます．**図12-1**との違いは，電源電圧に変動分としてAC電圧を重畳させることと，入力電圧を0V(条件によっては抵抗を入れる)にすることです．正電源の*PSRR*を求めるために，**図12-8**の回路に示すように

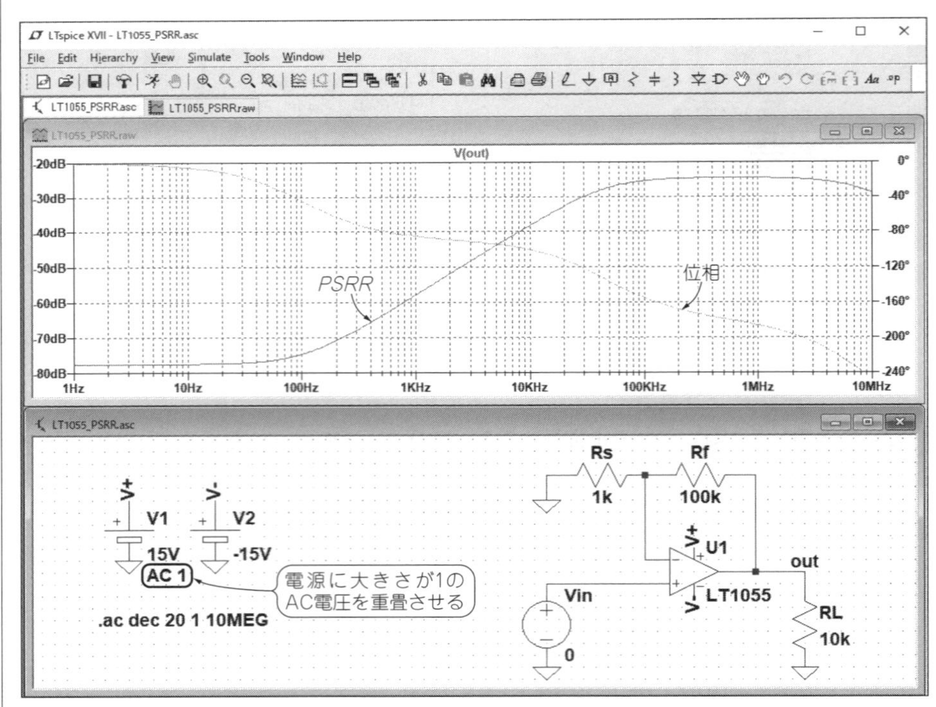

図12-8　OPアンプ増幅回路の*PSRR*(電源電圧変動除去比)の周波数特性を求める(LT1055_PSRR.asc)

大きさが1のAC電源を正電源V1に重畳させます．V+は1つの電源で直流とACの両方を設定していますが，直流電源とAC電源を別に用意して，これらを直列につないでもかまいません．

負電源の*PSRR*を調べる場合は，同様に負電源V2に大きさ1のAC電源を重畳させます．なおV1とV2の両方にAC電源を重畳させると，その位相関係によって結果が大きく変化します．

<シミュレーション結果>

図12-8のグラフがシミュレーション結果です．100 Hz近くまでは－78 dB程度でフラットですが，それ以上の周波数になると20 dB/decの傾きで上昇し，100 kHz以上で－25 dB程度でフラットになります．

[221] 増幅回路のノイズを求める

<操作>

① .MEASコマンドで測定したいポイント/演算を指定する …[168]

② 入力電圧と出力ノードを指定して，ノイズ解析を行う …[160][161]

③ 出力ノイズ・スペクトルV(onoise)をグラフ表示する …[82]

④ SPICEエラー・ログを表示する …[172]

<説明>

図12-9のヘッドホン・アンプ回路のノイズを，.NOISEを使って求めます．ノイズ解析自体ではノイズ・スペクトラムが得られるだけですが，これを周波数で積分するとノイズ電圧の実効値が得られます．シミュレーション・コマンドは次のとおりです．

```
.NOISE V(out) Vin dec 50 20 20k…(1)
.MEAS Vonoise INTEG V(onoise)…(2)
.MEAS Vinoise INTEG V(inoise)…(3)
```

(1)は，可聴帯域である20～20 kHzの，入力Vinに対する出力V(out)のノイズを求めています．(2)は，出力ノイズ密度を積分して出力ノイズ電圧を求めます．(3)は，同様に入力(換算)ノイズを求めています．

<シミュレーション結果>

出力ノード[out]をクリックするとノイズ・スペクトラムが表示されます．低域で上昇

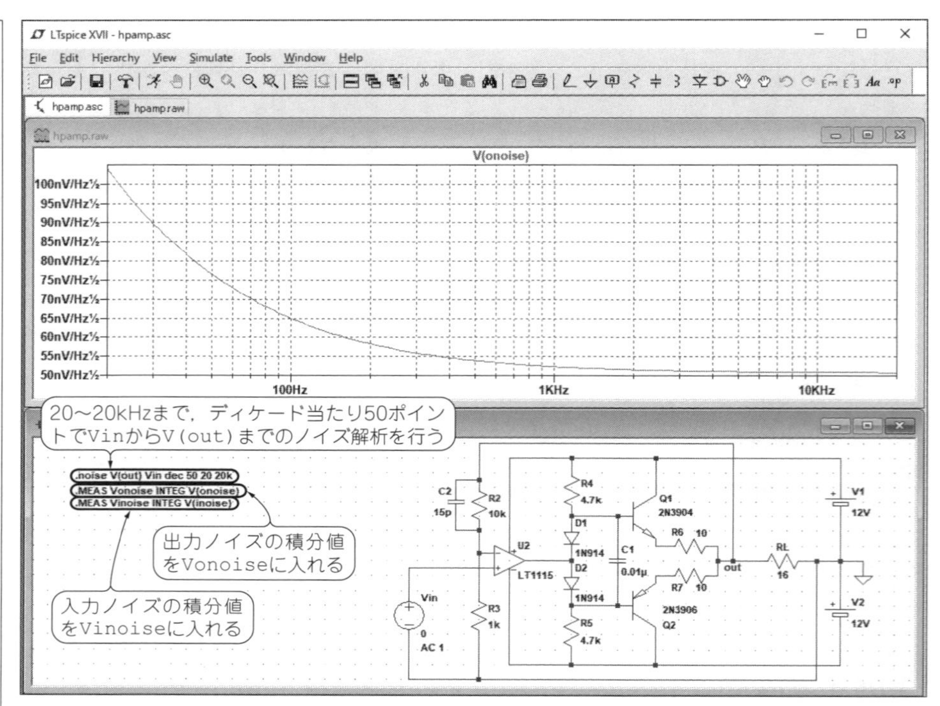

図12-9　増幅回路の出力ノイズ・スペクトラムを解析(hpamp.asc)

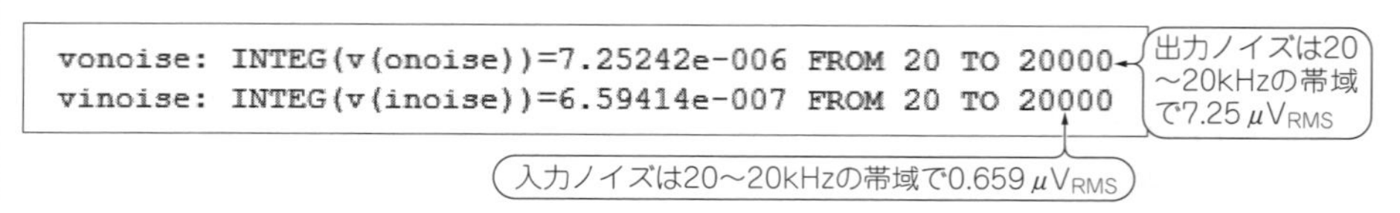

```
vonoise: INTEG(v(onoise))=7.25242e-006 FROM 20 TO 20000
vinoise: INTEG(v(inoise))=6.59414e-007 FROM 20 TO 20000
```


図12-10　SPICEエラー・ログに出力された出力ノイズ電圧と入力ノイズ電圧

していく特性となっていますが，これは典型的な1/*f*ノイズです．出力ノイズ電圧と入力(換算)ノイズ電圧はSPICEエラー・ログに出力され，それぞれ7.25 μV_{RMS}，0.659 μV_{RMS}となっています(図12-10)．

[222] フィルタのカットオフ周波数を求める

＜操作＞

① .MEASコマンドで測定したいポイント/演算を指定する …[168]

② 大きさが1のAC電圧源を入力信号にして, AC小信号解析を行う …[52][158][159]

③ 出力電圧V(out)をグラフ表示する …[82]

④ SPICEエラー・ログを表示する …[172]

＜説明＞

図12-11に示す正帰還型2次LPFでカットオフ周波数を求めてみます. この回路では, f_c = 1 kHz, Q = 0.7に設定されています.

f_cは表示されたグラフにカーソルを当てて読むことができますが, .MEASを使うとよ

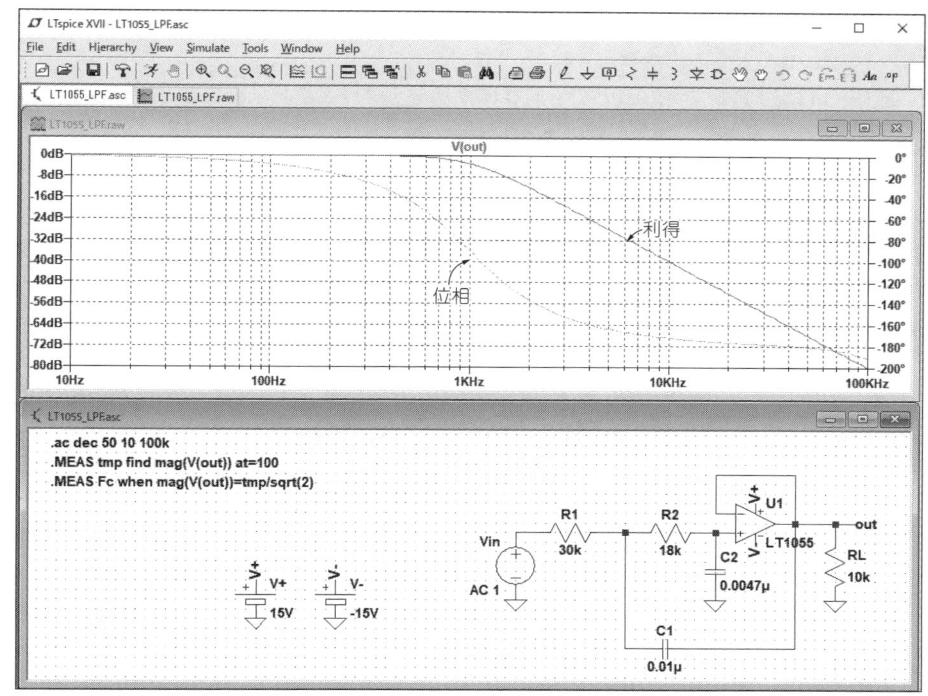

図12-11　LPFのカットオフ周波数を調べる(LT1055_LPF.asc)

```
fc: mag(v(out))=tmp/sqrt(2) AT 996.913
tmp: mag(v(out))=(-0.000734065dB,0°) at 100
```


図12-12　SPICEエラー・ログにカットオフ周波数の値が出力される

り正確に読み取ることができます．カットオフ周波数は振幅が平坦域の－3 dB($1/\sqrt{2}$)となったところの周波数ですので，これを読み取るには次のように記述します．

```
.MEAS AC tmp find mag(V(out))at=100          …(1)
.MEAS AC Fc when mag(V(out))=tmp/sqrt(2)…(2)
```

(1)は，平坦域である周波数が100 Hzの位置(at=100)におけるV(out)の振幅(mag(V(out)))をtmpという変数に入れるという意味です．

(2)は，V(out)の振幅がtmp/$\sqrt{2}$の大きさのとき(when mag(V(out))=tmp/sqrt(2))の周波数をFcという変数に入れるという意味です．これで振幅が100 Hzのときの$1/\sqrt{2}$になるときの周波数がFcに入ります．

図12-11はLPFですが，HPFでも同様にカットオフ周波数を求めることができます．またフィルタではなく，増幅回路のカットオフ周波数についても同様です．

<シミュレーション結果>

図12-11のグラフが，シミュレーションで得られた周波数特性です．SPICEエラー・ログから.MEASの結果の部分を抜き出したのが**図12-12**ですが，これよりカットオフ周波数f_cは997 Hzということがわかります．f_cだけでなく，f = 100 HzにおけるV(out)の利得(振幅)は－0.00073倍となっていて，ほぼ0 dBということもわかります．

[223] BPFの中心周波数とバンド幅を求める

<操作>

① .MEASコマンドで測定したいポイント/演算を指定する …[168]

② 大きさが1のAC電圧源を入力信号にして，AC小信号解析を行う …[52][158][159]

③ 出力電圧をグラフ表示する …[82]

④ SPICEエラー・ログを表示する …[172]

［備考］③はグラフを表示するためであり，.MEASの結果を読み取るだけなら不要

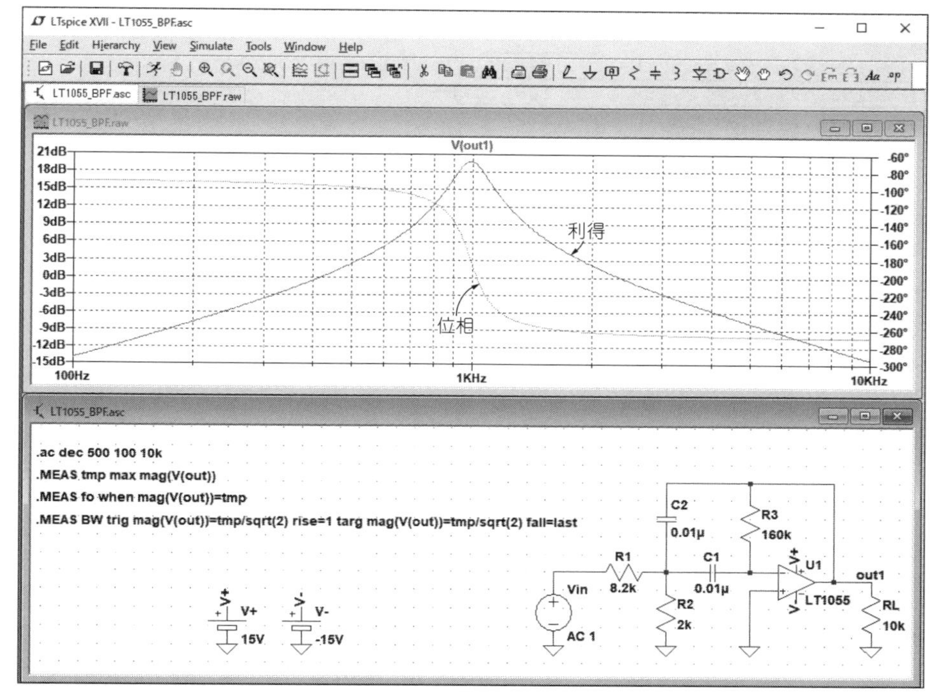

図12-13　BPFの中心周波数とバンド幅を求める(LT1055_BPF.asc)

<説明>

図12-13に示す多重帰還型BPFの中心周波数とバンド幅を求めてみます．この回路では，$f_o = 1$ kHz，$Q = 5$に設定されています．

.MEASを使って，正確にf_oと-3 dBバンド幅を求めてみます．振幅最大となる周波数が中心周波数で，そこから-3 dB($1/\sqrt{2}$)低下した2点の周波数の差分をバンド幅として読み取ります．.MEASの記述は，以下のようになります．

```
.MEAS AC tmp max mag(V(out))                                    …(1)
.MEAS AC fo when mag(V(out))=tmp                                …(2)
.MEAS AC BW trig mag(V(out))=tmp/sqrt(2) rise = 1 targ
                         mag(V(out))=tmp/sqrt(2) fall=last…(3)
```

(1)は，V(out)の振幅が最大となる値(max mag(V(out)))をtmpという変数に入

```
tmp: MAX(mag(v(out)))=(19.7845dB,0°) FROM 100 TO 10000
bw=198.577 FROM 896.935 TO 1095.51
fo: mag(v(out))=tmp AT 990.832
```


図12-14　SPICEエラー・ログにf_oとBWが出力される

れるという意味です．(2)は，V(out)の振幅がtmpの大きさのとき(when mag(V(out))=tmp)の周波数をf_oという変数に入れるという意味で，これが中心周波数になります．

(3)は，V(out)の振幅が最初の立ち上がりのtmp/$\sqrt{2}$になるとき(trig mag(V(out))=tmp/sqrt(2) rise=1)と，最後の立ち下がりがtmp/$\sqrt{2}$になるとき(targ mag(V(out))=tmp/sqrt(2) fall=last)との周波数の差分をBWに入れるという意味で，これでバンド幅が求まります．

<シミュレーション結果>

シミュレーションを実行すると，**図12-13**のグラフに示すように利得と位相の周波数特性が得られます．**図12-14**はSPICEエラー・ログから.MEASの結果の部分を抜き出したもので，中心周波数f_oは991 Hz，バンド幅BWは199 Hzということがわかります．f_oとBWだけでなく，V(out)が最大となる点の利得(振幅)もわかります．

[224] BPFの群遅延特性を求める

<操作>

①「[223] BPFの中心周波数とバンド幅を求める」でグラフを表示する

② 波形ビューの右側のY軸で右クリック →[Group Delay]

<説明>

図12-13波形ビュー・ペインにおいて，位相表示を群遅延表示に切り替えると，群遅延の周波数特性を表示することができます．右側(位相)のY軸のメモリの上でカーソルが▌となっているところで右クリックすると**図12-15**のダイアログ・ボックスが現れるので，[Group Delay]を選ぶだけです．Y軸のスケールを調整して見やすくすると**図12-16**のような表示になります．

図12-15　右側のY軸をクリックしたときのダイアログ・ボックス

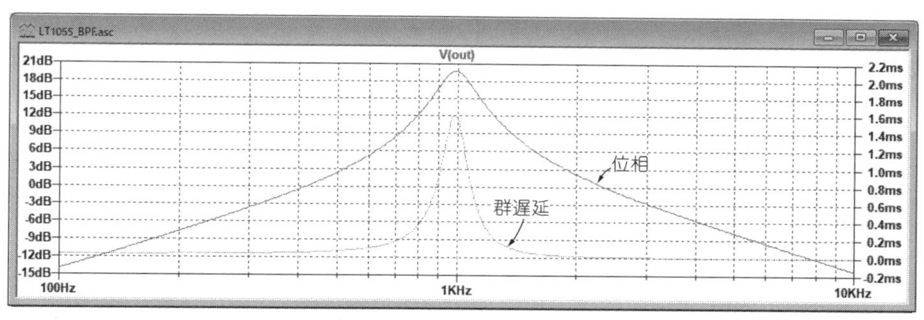

図12-16　BPFの群遅延の周波数特性を求める

[225] ノッチ・フィルタ(BEF)のノッチ周波数を求める

＜操作＞

① .MEASコマンドで測定したいポイント/演算を指定する …[168]

② 大きさが1のAC電圧源を入力信号にして，AC小信号解析を行う …[158][159]

③ 出力電圧をグラフ表示する …[82]

④ SPICEエラー・ログを表示する …[172]

[備考]③はグラフを表示するためであり，解析結果を読み取るだけならば不要

＜説明＞

図12-17の回路は，twin-Tと呼ばれる*CR*を組み合わせたフィルタで，特定の周波数成分だけを取り除きたいときに利用します．ここでは，ノッチ周波数(リジェクト周波数)は50 Hzに設定されています．

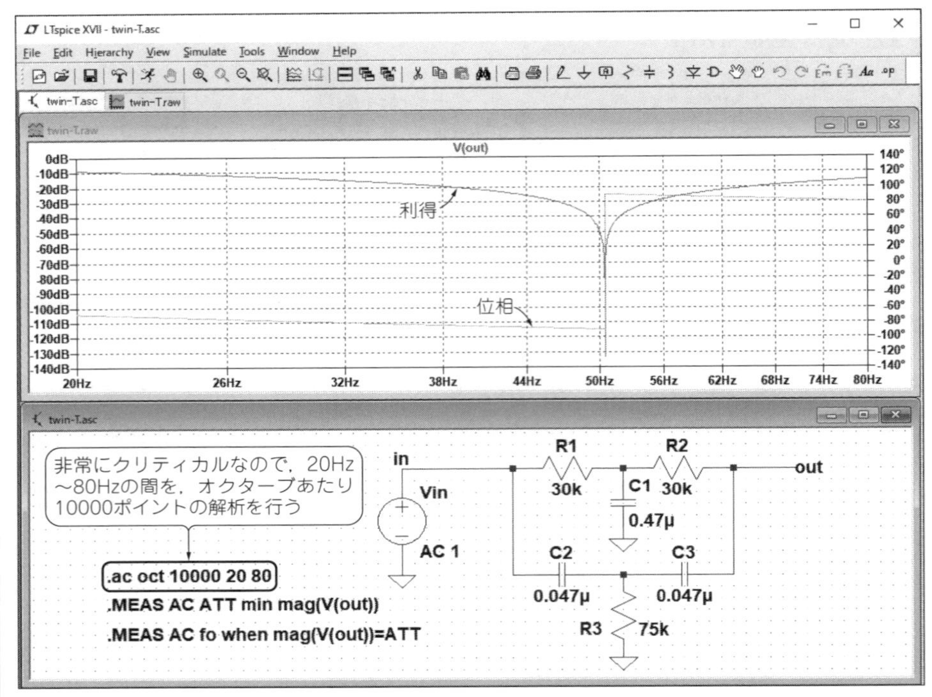

図12-17　twin-Tのノッチ周波数を求める(`twin-T.asc`)

図12-17の周波数特性からわかるように，ノッチ部は非常に狭帯域です．このような特性の場合は，AC解析の計算ポイント数を大きく設定します．ここでは，オクターブあたり10000ポイントの設定にしています．少なすぎると，ノッチ周波数と解析周波数のずれが生じて，正確なノッチ周波数が求められないだけでなく，減衰度も不足します．

このような解析では`.MEAS`を使って値を正確に読み取ります．まず`V(out)`の振幅が最小となる値を読み込み，次にその`V(out)`がその値になる周波数を読み取ります．

```
.MEAS AC ATT min mag(V(out))      …(1)
.MEAS AC fo when mag(V(out))=ATT…(2)
```

(1)は，`V(out)`の振幅が最小値(`min mag(V(out))`)を`ATT`という変数に入れるという意味です．(2)は`V(out)`の振幅が`ATT`に等しいときの周波数を`fo`という変数に入れるという意味で，これがノッチ周波数になります．

<シミュレーション結果>

シミュレーション結果は**図12-17**のグラフのとおりです．**図12-18**はSPICEエラー・

```
att: MIN(mag(v(out)))=(-133.166dB,0°) FROM 20 TO 80
fo: mag(v(out))=att AT 50.4796
```

V(out)が最小となる点の利得

f_0は50.5Hzという結果になっている

図12-18　SPICEエラー・ログに出力されたfoと最大減衰度

ログから.MEASの結果の部分を抜き出したもので，ノッチ周波数は50.5 Hzであることがわかります．V(out)が最小となる点の利得(振幅)もわかります．

[226] ノッチ・フィルタ(BEF)の周波数特性ばらつきを求める

<操作>

①大きさが1のAC電圧源を入力信号にして，AC小信号解析を行う　…[158][159]

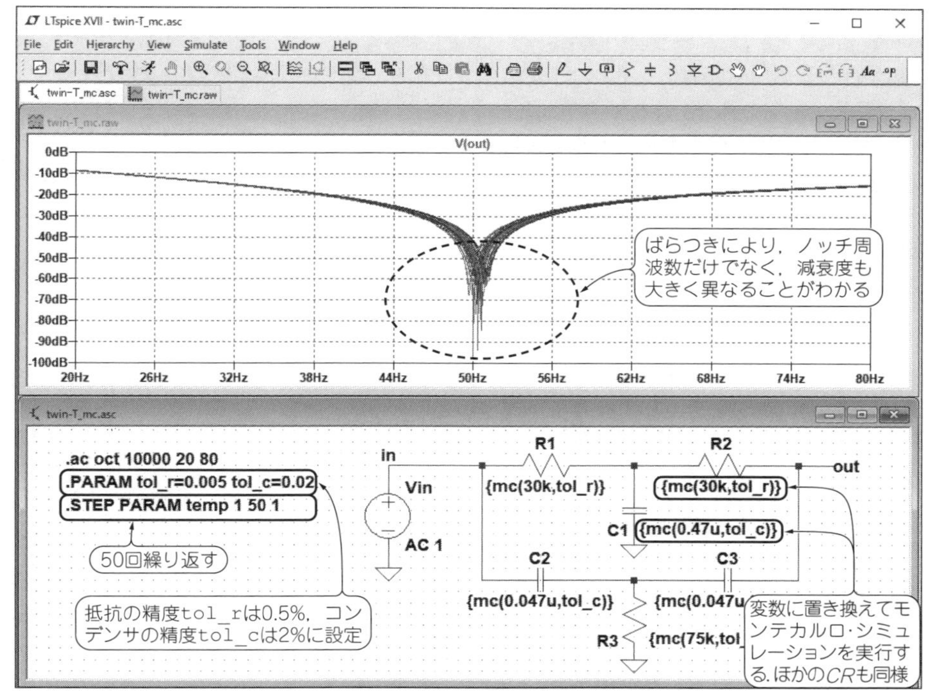

図12-19　ノッチ・フィルタ(ツインT形)の除去周波数を求める(twin-T_mc.asc)

② 出力電圧のグラフを表示する …[82][91][92]

出力電圧V(out)のグラフを表示する →位相を非表示にする

→X軸をリニア・スケールにする →X軸のスケールを変更する

<説明>

ノッチ・フィルタは，部品のばらつきによって周波数特性が大きく変化します．**図12-17**の回路で，抵抗が0.5％，コンデンサが2％ばらついたときの周波数特性をモンテカルロ・シミュレーションで求めてみましょう．

図12-19にシミュレーション回路を示しますが，抵抗とコンデンサは{mc(<値>,<精度名>)}という形に置き換えています．次に，.PARAMでパラメータ設定を行います．

```
.PARAM tol_r=0.005 tol_c=0.02
```

Column(12-B)

ネットリストの形式

ネットリストは，メニュー：[View]＞[SPICE Netlist]で表示させることができます．**図9-11(a)**の回路図のネットリストを表示させると，**図12-A**のような表示になります(行番号は説明の都合上，後から追加したもので，ネットリストにはない)．

2～5行目は各部品の接続情報と属性を表していて，6～11行目はSPICE Directiveです．2行目のトランジスタQ1で言えば，Q1はその部品の名前で，その右にあるN001というのはコレクタの接続されるノード名，N003はベースの接続されるノード名，0はエミッタの接続されるノード名です．エミッタはGNDに接続されているので0です．一番右にある2N3904は，トランジスタの型名です．これらの順番は決まっています．

ノード名がN001とかN002となっていますが，これらはLTspiceが自動的に付けた

```
 1| * C:¥Users¥……
 2| Q1 N001 N003 0 0 2N3904
 3| RB N002 N003 10k
 4| VB N002 0 1V
 5| VC N001 0 5V
 6| .model NPN NPN
 7| .model PNP PNP
 8| .lib C:¥Program Files (x86)¥LTC¥LTspiceIV¥lib¥cmp¥standard.bjt
 9| .op
10| .backanno
11| .end
```

図12-A　図9-11(a)の回路図のネットリスト

`tol_r`は抵抗の精度，`tol_c`はコンデンサの精度です．それぞれ0.5％と2％に設定しています．

```
.STEP PARAM temp 1 50 1
```

と記述して，50回繰り返し計算します．

＜シミュレーション結果＞

ばらつきのシミュレーションでは特性カーブが多数表示され，位相も表示すると非常に見にくくなるため，位相は非表示にします．X軸はリニア・スケールにして除去周波数付近(40～60 Hz)を拡大します．

図12-19のグラフがシミュレーション結果ですが，最大減衰量は平均で－60 dB程度で，**図12-17**のような結果(－133 dB)は得られていません．減衰する周波数も49.7 Hz～

ものです．自分でノードにラベルを付けると，そのラベル名がノード名になります．ネットリストを見ることがわかっている場合は，最初から重要なノードにはわかりやすい名前のラベルを付けておきます．

3行目は抵抗`RB`です．これは一端がノード`N002`ともう一端がノード`N003`に接続されて，抵抗値が10 kΩという意味です．

4行目の`VB`は＋側がノード`N002`に接続され，－側がノード`0`(GND)に接続され，電圧が1 Vという意味です．`VC`も同様に，`VB`は＋側がノード`N001`に接続され，－側がノード`0`(GND)に接続される5 Vの電圧源という意味です．

このように，1行ごとにそれぞれの部品の接続関係と属性が記述されるので，2～5行目がわかれば，**図9-11(a)**の回路図がわからなくても自分でこの回路を書き出すことができます．この手法を用いると，メーカ提供のサブサーキット・モデルの回路を知ることができます．

6～11行目はいずれもSPICE Directiveでそれぞれが意味をもっています．6行目と7行目はトランジスタのデフォルトのモデル設定です．8行目はトランジスタのモデルを読み込んでいて，この`standard.bjt`の中にLTspiceに登録されているトランジスタのモデルが入っています．

9行目はDC動作点解析の命令です．

10行目と11行目はLTspiceが自動的に生成するリストで，10行目はLTspiceの内部で使われるものなので特に気にする必要はありませんが，各端子の電流を見ることができるようにするものです．11行目はネットリストの最後を表しています．

51.1 Hzの範囲でばらついています．なお，これは一様分布のばらつきシミュレーション結果ですが，gauss関数を使って正規分布でシミュレーションを行うとまた違った結果になります．

第13章

LTspice XVIIで追加された機能を見る

LTspice XVIIの新機能

新機能を使いこなす

第12章まではLtspice Ⅳ/ XVII共通の機能でしたが，本章では新しくなったLTspice XVIIで新しく追加された機能について紹介します．

LTspice XVIIは64bit化され(32bitもあり)高速化されたことと，UNICODE化されて多言語が扱えるようになったのが一番大きな変化ですが，その他にもいくつか追加された機能があります．

また新規機能というわけではありませんが，モデルやシンボルのファイルがこれまではLTspiceの実行ファイルの置かれたフォルダにありましたが，LTspice XVIIではWindowsのユーザー領域(ドキュメント)にLTspice XVIIというフォルダが作られて，そこに置かれるようになりました．これによってWindowsのセキュリティによる制限がなくなり，使い勝手が向上しています．

さらにモデルについても，従来は旧リニア・テクノロジー(現アナログ・デバイセズ)社製ICしか用意されていませんでしたが，最新のLTspice XVIIではアナログ・デバイセズ社製ICが追加されました．より多くの製品が使えるようになり，利便性が向上しています．

[227] 日本語のラベルを付ける

＜操作＞

「[11]ラベルを付ける」参照

＜説明＞

Ltspice Ⅳではラベルに日本語は使えませんでしたが，LTspice XVIIでは日本語が使えるようになりました．使い方は英数字の場合とまったく同じで，当然シミュレーションも

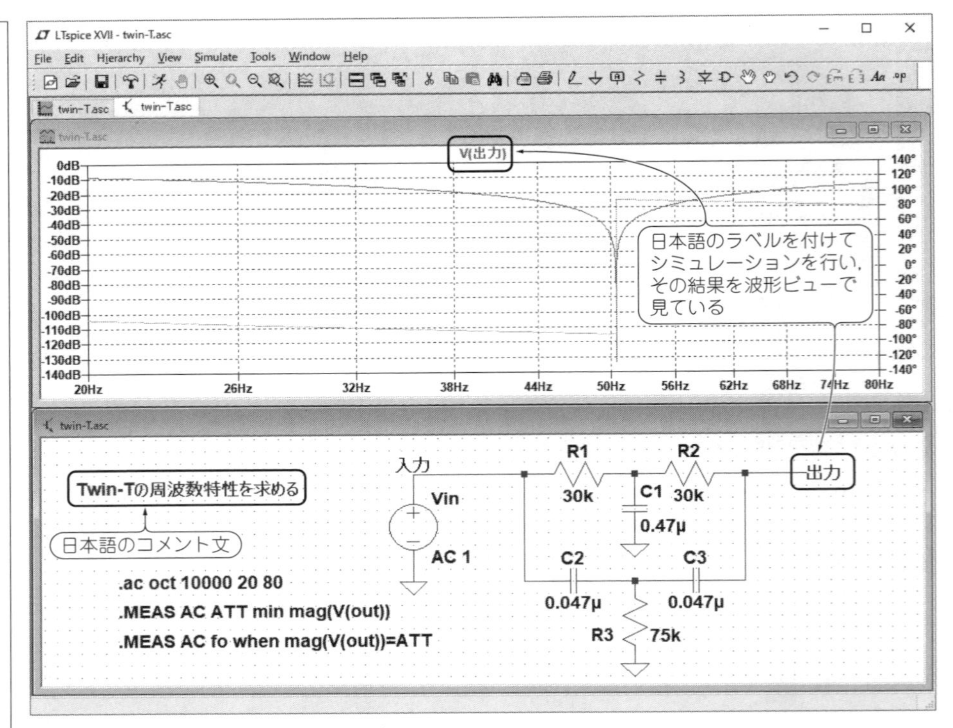

図13-1　日本語のラベルとコメントを入れる

行うこともできます．入出力ポートについても同じように日本語が使えます．

図12-17のTwin-Tで，「in」と「out」というラベルを，「入力」と「出力」というラベルにしてシミュレーションを行った結果を**図13-1**に示します．ラベル名が日本語になっていても，英数字の場合と同じようにシミュレーションできて，波形ビューにおいても正常に表示されていることがわかります．

＜関連項目＞

[11]ラベルを付ける，[14]入出力ポートのラベルを付ける

[228] 回路図上に日本語のコメント文を置く

<操作>

「[21]回路図上にコメント文を置く/移動/コピー/削除する」参照

<説明>

Ltspice IVでは日本語でコメントを入れると文字化けしてしまいましたが，LTspice XVIIでは日本語が使えるようになりました．使い方は英数字の場合とまったく同じです．

図13-1には日本語のコメントも入れています．文字化けせずに，きちんと表示されていることがわかります．

<関連項目>

[21]回路図上にコメント文を置く/移動/コピー/削除する

[229] モデル登録ファイルの保存先のパスを設定する

<操作>

□メニュー：[Tools]＞[Control Panel] →[Sym. & Lib. Search Paths]タグ
→[Library Search Path]にフルパスを設定する

<説明>

初期状態でモデル登録ファイルのパスが通っているのは，ドキュメントの`LTspiceXVII¥lib¥cmp`，`LTspiceXVII¥lib¥sub`，それに回路図が置いてあるフォルダだけのため，それ以外のフォルダに置くと，`.LIB`や部品のモデルを登録する際にフルパスを記述する必要があります．このためControl Panelでパスを設定しておくと，記述するのはファイル名のみで済むので便利です．複数のパスを設定したい場合は，改行して記述します．

図13-2に，ドキュメントの`LTspiceXVII¥lib¥mylib`をモデル登録ファイルの保存先としてパス設定した例を示します．

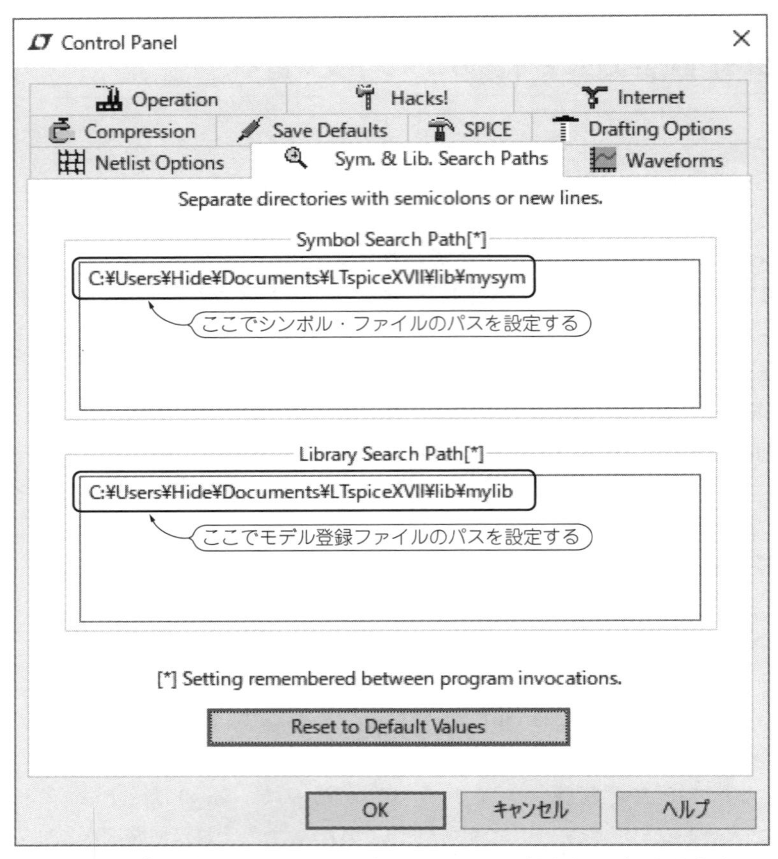

図13-2　モデル登録ファイル，シンボル・ファイルの保存先のパスを設定する

＜関連項目＞

[112]モデルを登録してシミュレーションできるようにする，[115]アナログデバイセズ社製以外のOPアンプを使う，[116]アナログデバイセズ社製以外のOPアンプを登録する，[117]アナログデバイセズ社製以外のMOSFETのモデルを使う

[230] シンボル・ファイルの保存先のパスを設定する

<操作>

□メニュー：[Tools]>[Control Panel] →[Sym. & Lib. Search Paths]タグ
→[Symbol Search Path]にフルパスを設定する

<説明>

Control Panelでシンボル・ファイルのパスを設定しておくと，パスを設定したフォルダの中にあるシンボルを選ぶことができます．

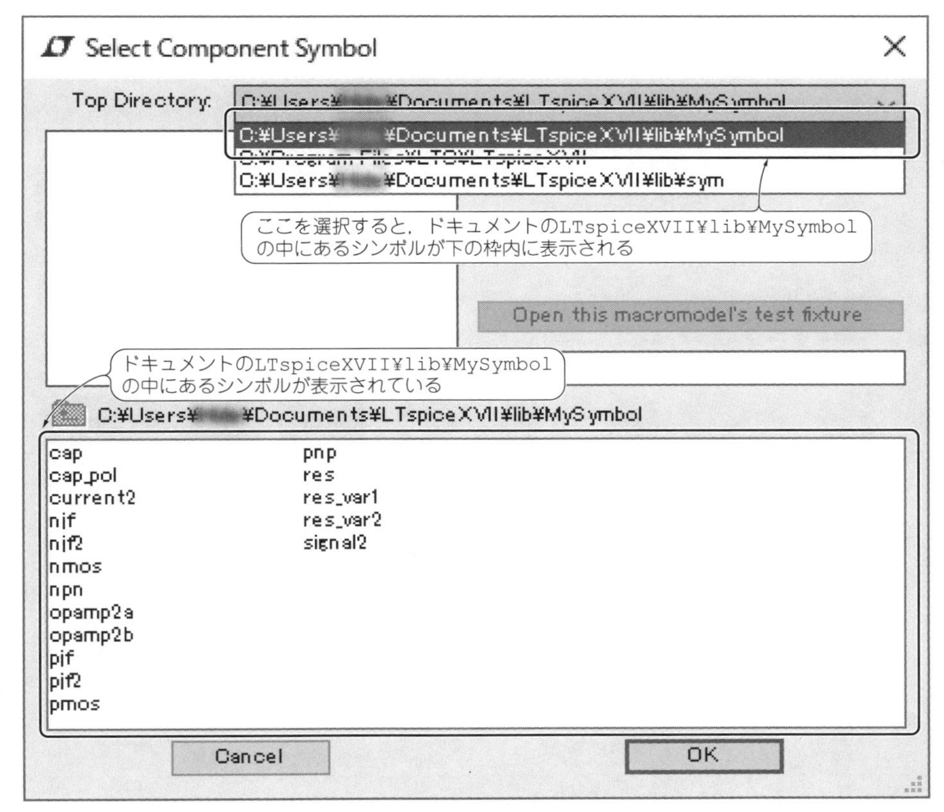

図13-3　Symbol Search Pathを設定したときの部品選択ボックス

図13-3では，ドキュメントの`LTspiceXVII¥lib¥MySymbol`をシンボル・ファイルのパスとして設定した場合です．このように設定すると，部品選択ボックスのTop Directoryにそのパスが表示されるので，それを選択するとその中にあるシンボルが下の枠内に表示されて，回路図に置くことができるようになります．

＜関連項目＞

[3]部品を配置する，[135]サブサーキットを読み込む

Column(13-A)

回路図ファイルのアイコンに回路図が表示される

LTspice XVIIでは回路図ファイル(`*.asc`)を開くときにアイコン表示にしていると，**図13-A**のようにアイコンに回路図が表示されるようになりました．アイコンの大きさなので細かなところまではわかりませんが，だいたいどのような回路かというのがファイルを開かなくてもわかるというのはとても便利です．一度LTspice XVIIでこの表示をさせると，次からはLtspice IVやWindowsのエクスプローラで開いても，同じように回路図のアイコンで表示されます．

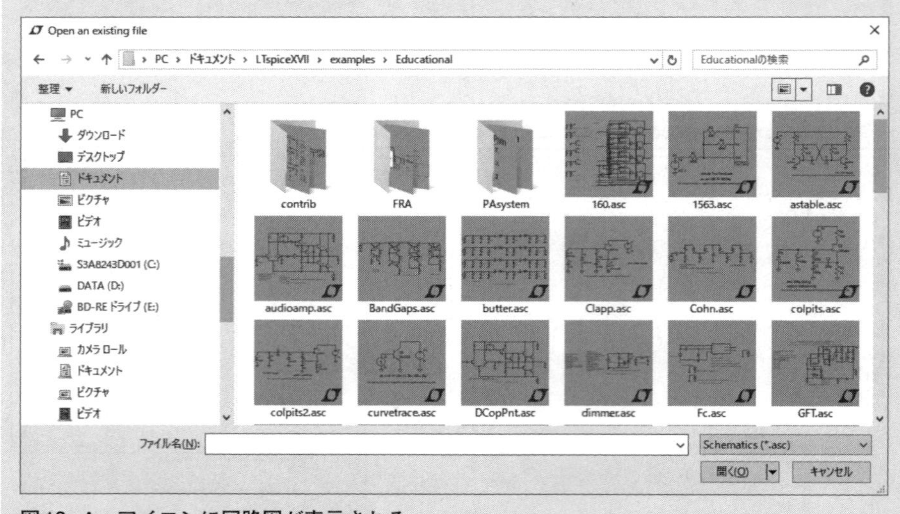

図13-A　アイコンに回路図が表示される

Column (13-B)

IGBTのモデル

IGBTのシンボルは，Ltspice ⅣとLTspice XVIIのいずれにもあるので，一見変わっていないように見えますが，部品の種類を示す部品名(instName)がLtspice ⅣではU，LTspice XVIIではZになっており，属性エディタを開いてPrefixを見ると，Ltspice Ⅳではサブサーキットを示すXになっていて，LTspice XVIIではMESFETを示すZになっています．

このため，これまではIGBTのシンボルは用意されていても使えるのはサブサーキット・モデルでしたが，LTspice XVIIではネイティブ・モデルが使えるようになり，精度の高いシミュレーションが期待できるようになりました．

2017年9月時点ではまだこれに対応する実際のモデルは提供されていませんが，今後リリースされるのではないかと思われます．

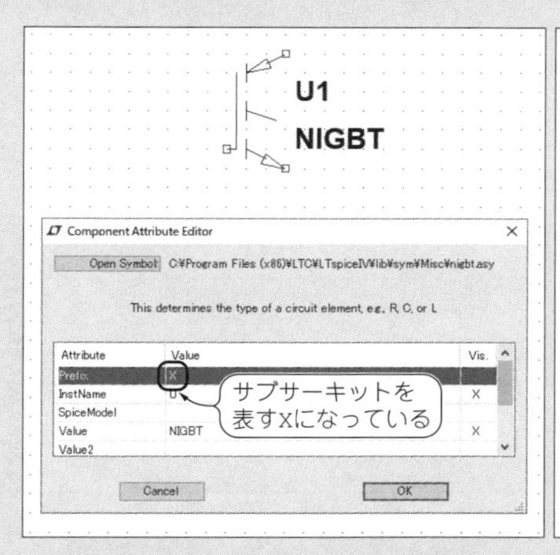

(a) Ltspice Ⅳ

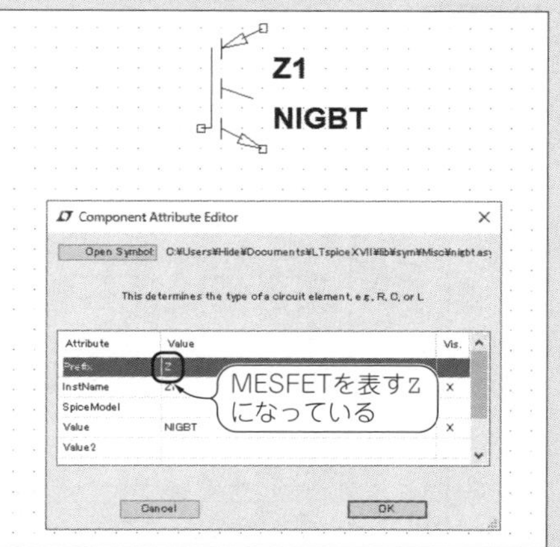

(b) LTspice XVII

図13-B　IGBTのシンボルと属性エディタ画面

[231] フローティング・ウィンドウ(ペイン)にする

<操作>

□各ペインで右クリックする →[Float Window]にチェックを入れる

<説明>

回路図ペイン，波形ビュー・ペイン，シンボル作成画面(ペイン)は，初期状態ではLTspiceのウィンドウの外に出すことはできませんが，[Float Window]にチェックを入れると外に出すことができます．

図13-4に，**図12-17**の回路図ペインと波形ビュー・ペインをフローティング・ウィンドウにして，LTspiceのウィンドウの外に出した例を示します．これを見ると，回路図ペイン，波形ビュー・ペインそれぞれがLTspiceのウィンドウの外に出ているのがわかりますが，これはデスクトップ上の任意のところに置くことができます．

<関連項目>

[225]ノッチ・フィルタ(BEF)のノッチ周波数を求める

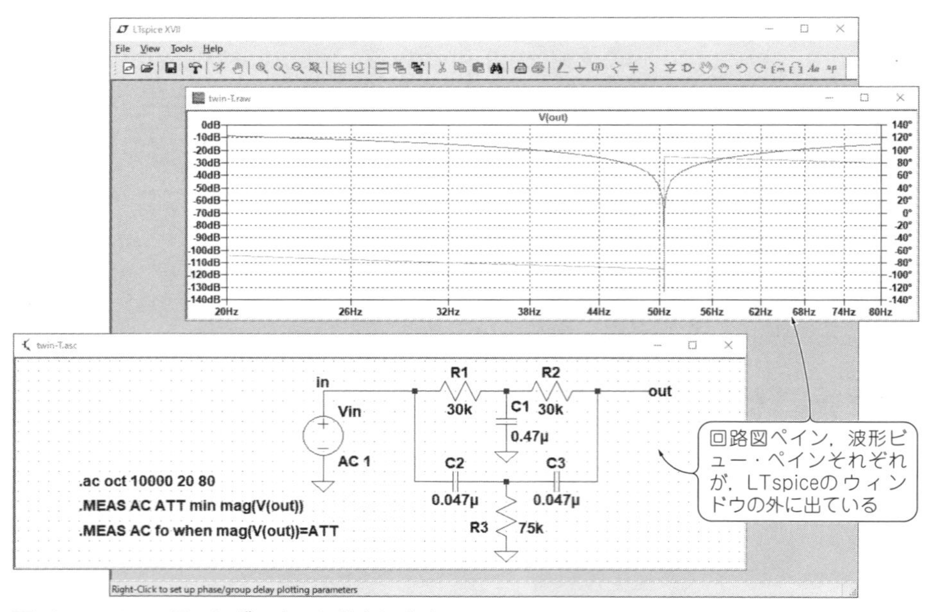

図13-4　フローティング・ウィンドウにする

[232] 条件設定パネルを使ってMEASURE条件を設定する(.MEAS)

＜操作＞

□回路図上にある「.MEAS」の上で右クリックする

[備考]最初はSPICE Directive入力ボックスを使って，回路図に.MEASを置く．

＜説明＞

.MEASを使って特定の条件に合致する値を求める方法は[168]で詳しく説明していますが，すべてコマンドによるものなのでなかなかわかりにくかったというのが実際のところだと思います．LTspice XVIIでは，コマンド入力による方法とは別に，.MEASの条件設定パネルが用意され，これに必要な値を入れていくことで.MEASの条件を設定することもできます．

図13-5は，「[209]発振回路の波形を見る」の回路で，「[210]発振器の周波数/周期を求める」で設定した，

```
.MEAS dT trig when Id(Q1)=1m td=200u rise=1 targ when Id(Q1)=1m
td=200u rise=2
```

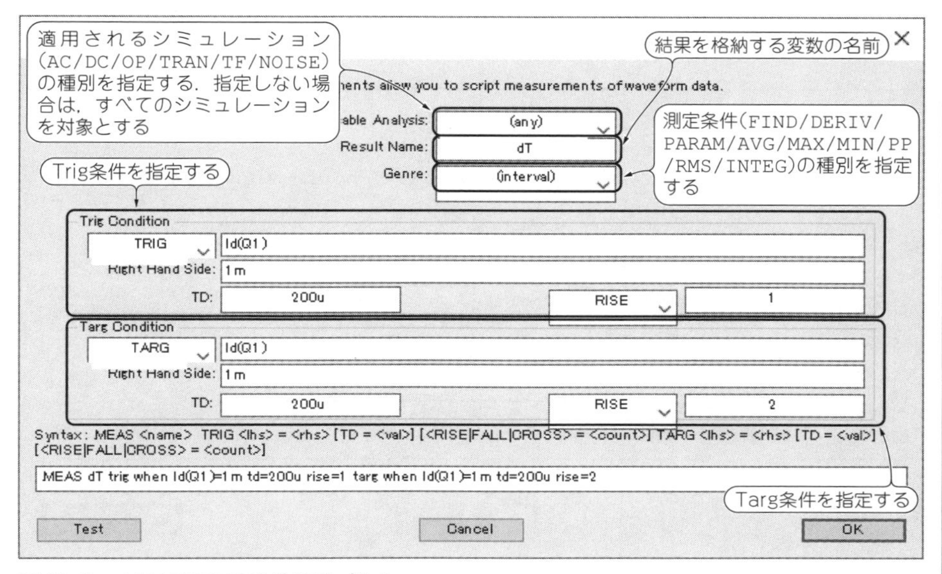

図13-5 .MEASUREの条件設定パネル

を，条件設定パネルで表示させたものです．これを見ると，.MEASコマンドのそれぞれが条件設定パネルのどこに相当するのかわかると思います．なお[Genre]を変更すると，その下の部分もそれに伴って変化します．

<関連項目>

[168]特定条件に合致する値を求める，[209]発振回路の波形を見る，[210]発振器の周波数/周期を求める

[233] 条件設定パネルを使ってステップ条件を設定する(.STEP)

<操作>

□回路図上にある「.STEP」の上で右クリックする

[備考]最初はSPICE Directive入力ボックスを使って，回路図に.STEPを置く．

<説明>

Ltspice Ⅳでは，.STEPのステップ条件はSPICE Directive入力ボックスから直接記述するしかできませんでしたが，LTspice XVIIではステップ条件を設定するパネルから行うことができるようになりました．

図13-6は，「[187]定電圧ダイオードのV_Z-I_Z特性(温度パラメータ)を求める」のステ

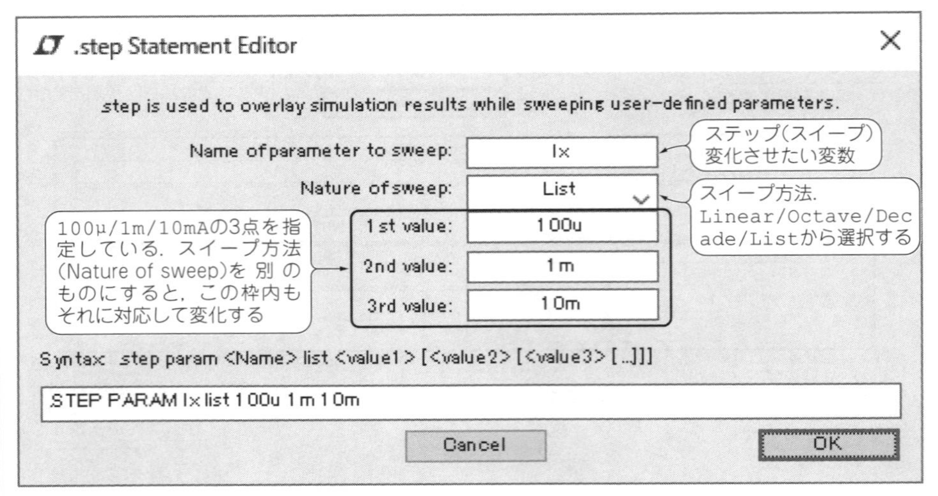

図13-6　.STEPの条件設定パネル

ップ条件設定パネルです．ここで，Ixはステップ(スイープ)変化させたい変数，Listはスイープ方法(Linear/Octave/Decade/Listから選択)，その下の100u/1m/10mというのは設定する値です．スイープ方法やその下の値の設定については，DCスイープ解析やAC小信号解析の設定と同じですので，そちらを参照してください．

＜関連項目＞

[148]SPICE Directive入力ボックスを開く，[151]DCスイープ解析を行う①，
[158]AC小信号解析を行う①

[234] パラメータ設定パネルを使ってパラメータを設定する(.PARAM)

＜操作＞

□回路図上にある「.PARAM」の上で右クリックする

[備考]最初はSPICE Directive入力ボックスを使って，回路図に.STEPを置く．

＜説明＞

Ltspice Ⅳでは，.PARAMによるパラメータ設定はSPICE Directive入力ボックスから直接記述するしかできませんでしたが，LTspice XVIIでは設定パネルから行うことができるようになりました．

図13-7は，「[226]ノッチ・フィルタ(BEF)のばらつきを求める」の抵抗とコンデンサのばらつきを設定するパラメータ設定パネルです．パネル上で，tol_r=0.005(0.5%)，tol_c=0.02(2%)に設定されています．これらはこの部分をダブルクリックすることで編集することができます．さらにパラメータを追加する場合は，この図で反転している

Column(13-C)

ダイオードの逆回復特性

LTspice Ⅳでもダイオードの逆回復特性はシミュレーションすることができましたが，LTspice XVIIになってその精度が上がりました．2017年9月時点で提供されているモデルでは，逆回復特性を示すパラメータVpは使われていませんが，自分でVpを設定して，同じ回路でダイオードの逆回復特性をシミュレーションして比較してみると面白いと思います．

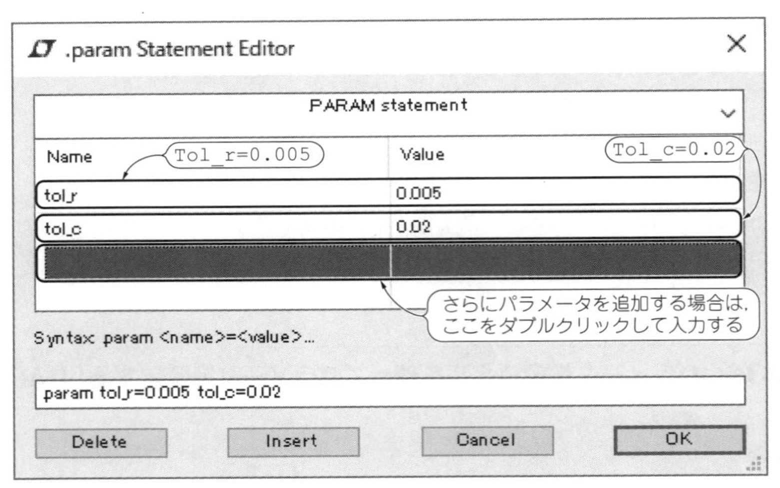

図13-7　.PARAMのパラメータ設定パネル

Nameの部分をダブルクリックして変数を設定して，Valueの部分に値を入れます．

＜関連項目＞

[148]SPICE Directive入力ボックスを開く，[226]ノッチ・フィルタ(BEF)のばらつきを求める

Appendix〈逆引き一覧表〉（目次項目として記載されていない項目を記載しています）

編	項　目	記述先
操作編	部品選択ボックスを開く	[3]部品を配置する
	文字を縦にする	[4]部品の名前，値などを編集する
	属性エディタ(アトリビュート・エディタ)を開く	[5]部品の属性を編集する
	回路図に置かれている部品のシンボルを開く	[5]部品の属性を編集する
	部品の名前，数値，型番を移動する	[6]部品または選択範囲を移動する
	入出力ポートのラベルを回転させる	[14]入出力ポートのラベルを付ける
	図形を変形させる	[22]回路図上に図形を描く/移動/コピー/削除する
	LTspiceに登録されているRCLを編集する	[43]コンデンサ/インダクタのメーカ・型番を指定する
	FM変調波を作る	[55]SFFM電源の属性を指定する
	トリガ機能を使う	[60]特定の条件のときのみ波形を出す電圧源を作る， [65]減衰振動波を作る，[66]エクスポネンシャル波を作る， [68]リンギングのあるパルス波を作る
	理想電圧増幅器/減衰器を作る	[76]電圧制御電圧源の倍率を設定する
	理想的トランスコンダクタンス・アンプを作る	[78]電圧制御電流源を使う
	理想電流増幅器を作る	[79]電流制御電流源を使う
	電力波形の正負を反転する	[85]電力波形を表示する
	波形の極性を反転する	[96]Y軸の変数を編集する
	カーソル移動のX軸/Y軸の差分を読む	[97]カーソル位置の値を読む
	トランジェント解析の波形から周波数を求める	[98]カーソル位置のグラフの値を読む， [210]発振器の周波数/周期を求める
	2つのカーソル座標の差分を読む	[98]カーソル位置のグラフの値を読む
	平均電力を読む	[99]波形の平均値/実効値/発熱量を読む
	波形ビューのグラフを初期状態に戻す	[100]グラフの選択した範囲を拡大する
	グラフ上のテキスト文字に色を付ける	[102]グラフ上にテキスト文字を書き込む
	AD社製以外のコンパレータを使う	[115]AD社製以外のOPアンプを使う
	サブサーキットで記述されたモデル・パラメータ・ファイルを使う	[117]AD社製以外のMOSFETのモデルを使う
	シンボルを構成するパーツを変形させる	[125]シンボルを描く/移動/コピー/削除する
	グラフのラインや波形を太い線にする	[143]波形ビュー画面の各種設定を行う
	グラフの角度の単位［ラジアン］/［度］を切り替える	[143]波形ビュー画面の各種設定を行う
	グラフの抵抗の単位［Ω］/［ohm］を切り替える	[143]波形ビュー画面の各種設定を行う

編	項　目	記述先
シミュレーション編	指定したX軸のときのシミュレーション値を求める	[168]特定条件に合致する値を求める，[222]フィルタのカットオフ周波数を求める
	指定したシミュレーション値になるときのX軸の値を求める	[168]特定条件に合致する値を求める，[198]遅れ時間，立ち上がり時間，立ち下がり時間，スルーレートを求める，[210]発振器の周波数/周期を求める，[222]フィルタのカットオフ周波数を求める，[223]BPFの中心周波数とバンド幅を求める，[225]ノッチ・フィルタ(BEF)のノッチ周波数を求める
	波形の平均値，最大値，最小値，peak to peak値，実効値，積分値を求める	[168]特定条件に合致する値を求める，[200]電源の平滑コンデンサの容量とリプル電圧の関係を求める，[221]増幅回路のノイズを求める，[223]BPFの中心周波数とバンド幅を求める，[225]ノッチ・フィルタ(BEF)のノッチ周波数を求める
	モンテカルロ・シミュレーションを行う	[169]抵抗/コンデンサ/インダクタの値をランダムにばらつかせる，[183]抵抗ばらつきの動作点への影響を求める，[226]ノッチ・フィルタ(BEF)周波数特性のばらつきを求める
	一度閉じたDC動作点解析の結果を再表示する	[177]接続点の直流電圧や部品に流れる直流電流を求める
	MOSFETのI_D-V_{GS}特性(温度パラメータ)を求める	[192]J-FETのI_D-V_{GS}特性を求める
	MOSFETの出力特性(I_D-V_{DS}特性)を求める	[193]J-FETのI_D-V_{DS}特性を求める
	J-FETのR_{DS}-V_{GS}特性(温度パラメータ)を求める	[194]MOSFETのR_{DS}-V_{GS}特性を求める
	過電流保護回路のフの字特性を求める	[205]シリーズ・レギュレータの過電流保護回路の動作を見る
	フーリエ解析(.FOUR)を行う	[207]高調波歪率を求める
	FFT解析を行う	[208]周波数スペクトラムを見る
	整流回路の突入電流を調べる	[211]整流回路の各部電圧・電流を求める
	整流回路のリプル電圧を調べる	[211]整流回路の各部電圧・電流を求める
	スナバ回路の効果を調べる	[212]リレーの逆起電力を調べる
	ループ利得を求める	[217]増幅回路の発振安定度を調べる
	出力ノイズを求める	[221]増幅回路のノイズを求める
	入力換算ノイズを求める	[221]増幅回路のノイズを求める
	ノイズ・スペクトラムを求める	[221]増幅回路のノイズを求める
	HPFのカットオフ周波数を求める	[222]フィルタのカットオフ周波数を求める
	LPFのカットオフ周波数を求める	[222]フィルタのカットオフ周波数を求める
	周波数特性のグラフ表示を利得のみにして，位相は表示させない	[コラム12-A]利得または位相の周波数特性の一方のみを表示するには
	周波数特性のグラフ表示を位相のみにして，利得は表示させない	[コラム12-A]利得または位相の周波数特性の一方のみを表示するには

Appendix〈シンボル一覧表〉

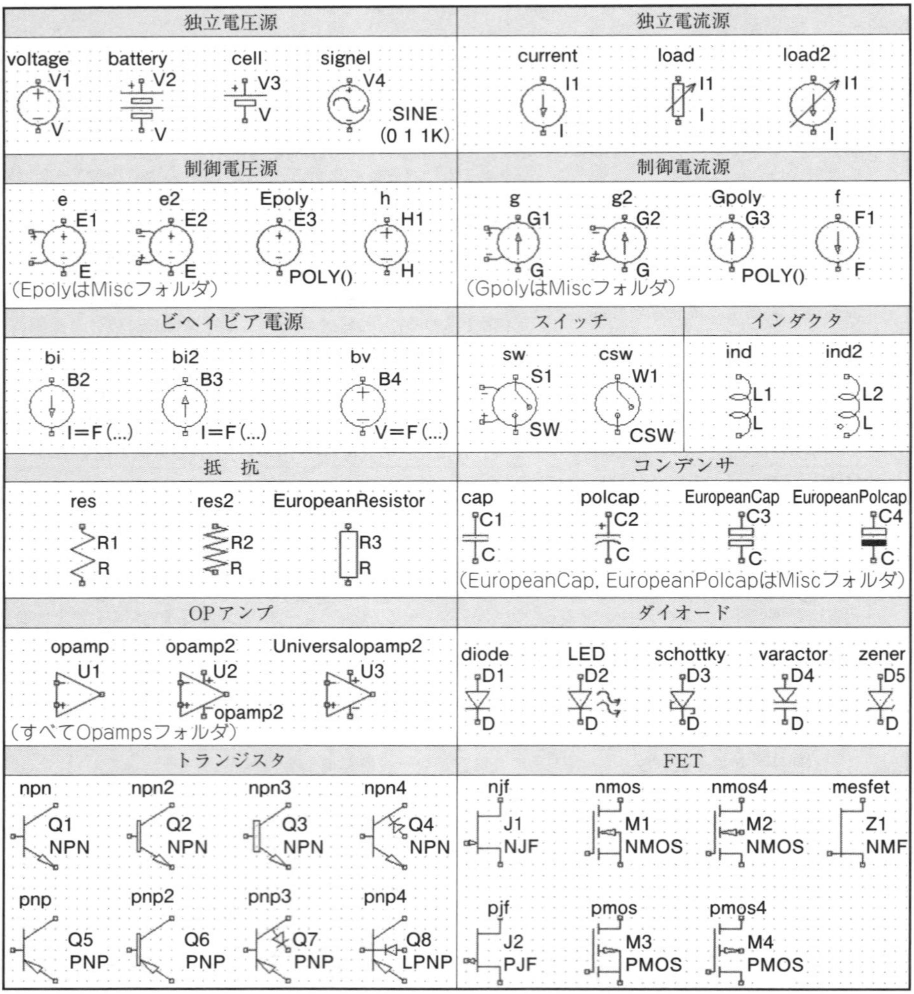

独立電圧源

voltage V1 V　battery V2 V　cell V3 V　signel V4 SINE (0 1 1K)

独立電流源

current I1 I　load I1 I　load2 I1 I

制御電圧源

e E1 E　e2 E2 E　Epoly E3 POLY()　h H1 H

(EpolyはMiscフォルダ)

制御電流源

g G1 G　g2 G2 G　Gpoly G3 POLY()　f F1 F

(GpolyはMiscフォルダ)

ビヘイビア電源

bi B2 I=F(...)　bi2 B3 I=F(...)　bv B4 V=F(...)

スイッチ

sw S1 SW　csw W1 CSW

インダクタ

ind L1 L　ind2 L2 L

抵　抗

res R1 R　res2 R2 R　EuropeanResistor R3 R

コンデンサ

cap C1 C　polcap C2 C　EuropeanCap C3 C　EuropeanPolcap C4 C

(EuropeanCap, EuropeanPolcapはMiscフォルダ)

OPアンプ

opamp U1　opamp2 U2 opamp2　Universalopamp2 U3

(すべてOpampsフォルダ)

ダイオード

diode D1 D　LED D2 D　schottky D3 D　varactor D4 D　zener D5 D

トランジスタ

npn Q1 NPN　npn2 Q2 NPN　npn3 Q3 NPN　npn4 Q4 NPN

pnp Q5 PNP　pnp2 Q6 PNP　pnp3 Q7 PNP　pnp4 Q8 LPNP

FET

njf J1 NJF　nmos M1 NMOS　nmos4 M2 NMOS　mesfet Z1 NMF

pjf J2 PJF　pmos M3 PMOS　pmos4 M4 PMOS

シンボル(他にもあり，バージョン・アップによっても変更追加される可能性あり)

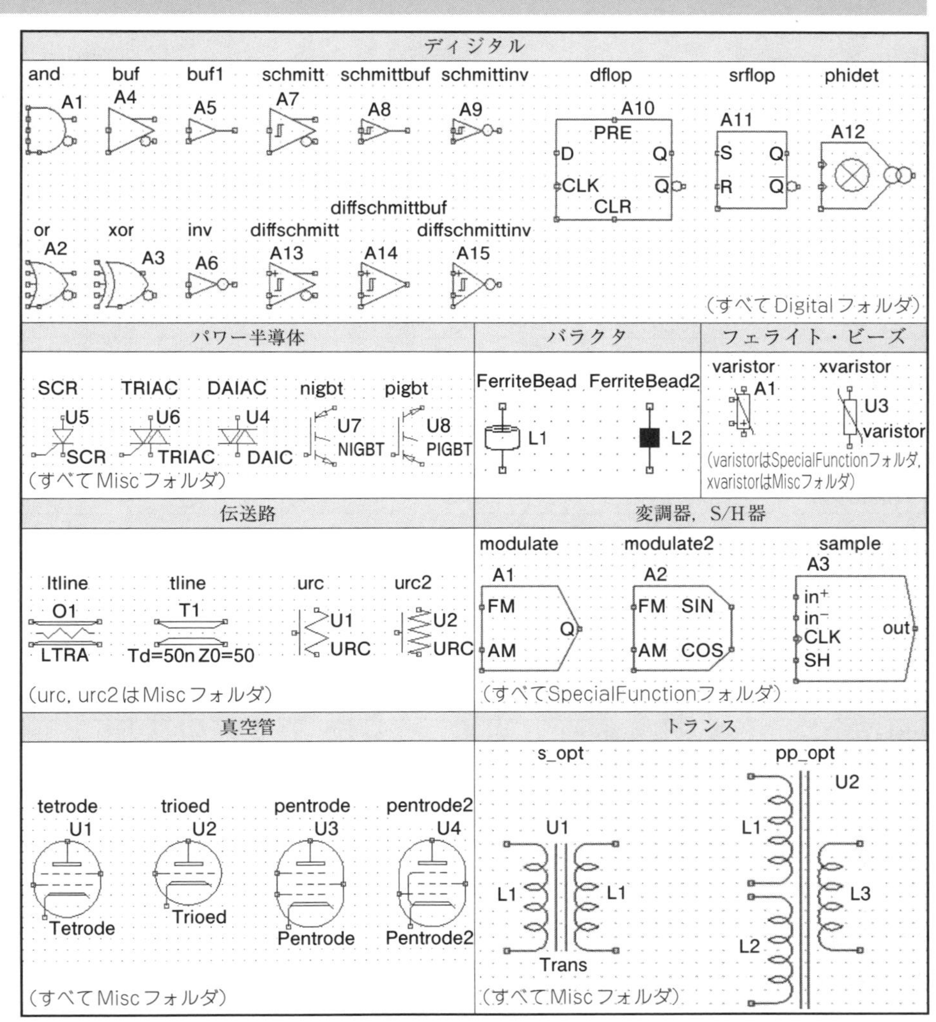

シンボル（他にもあり，バージョン・アップによっても変更追加される可能性あり）

Appendix 〈関数一覧表〉

Function Name	Description	.PARAM	Arbitrary behavioral voltage or current sources	Waveform Arithmetic
abs(x)	Absolute value of x	○	○	○
absdelay(x,t[,tmax])	x delayed by t. Optional max delay notification tmax.	×	○	×
acos(x)	Real part of the arc cosine of x, e.g., acos(-5) returns 3.14159, not 3.14159+2.29243i	○	○	○
arccos(x)	Synonym for acos()	○	○	○
acosh(x)	Real part of the arc hyperbolic cosine of x, e.g., acosh(.5) returns 0, not 1.0472i	○	○	○
asin(x)	Real part of the arc sine of x, e.g., asin(-5) returns -1.57080, not -1.57080+2.29243i	○	○	○
arcsin(x)	Synonym for asin()	○	○	○
asinh(x)	Arc hyperbolic sine	○	○	○
atan(x)	Arc tangent of x	○	○	○
arctan(x)	Synonym for atan()	○	○	○
atan2(y, x)	Four quadrant arc tangent of y/x	○	○	○
atanh(x)	Arc hyperbolic tangent	○	○	○
buf(x)	1 if x>.5, else 0	○	○	○
cbrt(x)	Cube root of (x)	○	×	×
ceil(x)	Integer equal or greater than x	○	○	○
cos(x)	Cosine of x	○	○	○
cosh(x)	Hyperbolic cosine of x	○	○	○
d()	Finite difference-based derivative	×	×	○
ddt(x)	Time derivative of x	×	○	×
delay(x,t[,tmax])	Same as absdelay()	×	○	×
exp(x)	e to the x	○	○	○
fabs(x)	Same as abs(x)	○	×	×
flat(x)	Random number between -x and x with uniform distribution	○	×	×
floor(x)	Integer equal to or less than x	○	○	○
gauss(x)	Random number from Gaussian distribution with sigma of x.	○	×	×
hypot(x,y)	sqrt(x**2+y**2)	○	○	○
idt(x[,ic[,a]])	Integrate x, optional initial condition ic, reset if a is true.	×	○	×
idtmod(x[,ic[,m[,o]]])	Integrate x, optional initial condition ic, reset on reaching modulus m, offset output by o.	×	○	×
if(x,y,z)	If x>.5, then y else z	○	○	○

Function Name	Description	.PARAM	Arbitrary behavioral voltage or current sources	Waveform Arithmetic
int(x)	Convert x to integer	○	○	○
inv(x)	0. if x>.5, else 1.	○	○	○
limit(x,y,z)	Intermediate value of x, y, and z	○	○	○
ln(x)	Natural logarithm of x	○	○	○
log(x)	Alternate syntax for ln()	○	○	○
log10(x)	Base 10 logarithm	○	○	○
max(x,y)	The greater of x or y	○	○	○
mc(x,y)	A random number between x*(1+y) and x*(1-y) with uniform distribution.	○	×	×
min(x,y)	The smaller of x or y	○	○	○
pow(x,y)	Real part of x**y, e.g., pow(-.5,1.5) returns 0., not 0.353553i	○	○	○
pwr(x,y)	abs(x)**y	○	○	○
pwrs(x,y)	sgn(x)*abs(x)**y	○	○	○
rand(x)	Random number between 0 and 1 depending on the integer value of x.	○	○	○
random(x)	Similar to rand(), but smoothly transitions between values.	○	○	○
round(x)	Nearest integer to x	○	○	○
sdt(x[,ic[,assert]])	Alternate syntax for idt()	×	○	×
sgn(x)	Sign of x	○	○	○
sin(x)	Sine of x	○	○	○
sinh(x)	Hyperbolic sine of x	○	○	○
sqrt(x)	Real part of the square root of x, e.g., sqrt(-1) returns 0, not 0.707107i	○	○	○
table(x,a,b,c,d,...)	Interpolate a value for x based on a look up table given as a set of pairs of points.	○	○	○
tan(x)	Tangent of x.	○	○	○
tanh(x)	Hyperbolic tangent of x	○	○	○
u(x)	Unit step, i.e., 1 if x>0., else 0.	○	○	○
uramp(x)	x if x>0., else 0.	○	○	○
white(x)	Random number between -.5 and .5 smoothly transitions between values even more smoothly than random().	×	○	○
!(x)	Alternative syntax for inv(x)	×	○	×
~(x)	Alternative syntax for inv(x)	×	○	×

Appendix〈演算子一覧表〉

Operand	Description	.PARAM	Arbitrary behavioral voltage or current sources	Waveform Arithmetic
&	Convert the expressions to either side to Boolean, then AND.	○	○	○
|	Convert the expressions to either side to Boolean, then OR.	○	○	○
^	Convert the expressions to either side to Boolean, then XOR.	○	○	○
>	True if expression on the left is greater than the expression on the right, otherwise false.	○	○	○
<	True if expression on the left is less than the expression on the right, otherwise false.	○	○	○
>=	True if expression on the left is less than or equal the expression on the right, otherwise false.	○	○	○
<=	True if expression on the left is greater than or equal the expression on the right, otherwise false.	○	○	○
+	Floating point addition	○	○	○
-	Floating point subtraction	○	○	○
*	Floating point multiplication	○	○	○
/	Floating point division	○	○	○
**	Raise left hand side to power of right hand side, only real part is returned, e.g., -2**1.5 returns zero, not 2.82843i	○	○	○
!	Convert the following expression to Boolean and invert.	×	○	○
@	Step selection operator	×	×	○

Appendix〈部品一覧表〉

部品名	Prefix	シンボル
抵抗	R	res, res2, Misc¥EuropeanResister
コンデンサ	C	cap, polcap, Misc¥(eanCap, EuropeanPolcap)
インダクタ	L	ind, ind2
相互インダクタ	K	なし(SPICE directiveで回路図上に記述する)
ダイオード	D	diode, zener, schottky, varactor, LED
トランジスタ	Q	npn, npn2, npn3, npn4, pnp, pnp2, pnp4, lpnp
JFET	J	njf, pjf
MOSFET	M	nmos, nmos4, pmos, pmos4
MESFET	Z	mesfet
電圧源	V	voltage, Misc¥(battery, cell, signal)
電流源	I	currenet, load, load2
電圧制御電圧源	E	e, e2, Misc¥Epoly
電流制御電圧源	H	h
電圧制御電流源	G	g, g2, Misc¥Gpoly
電流制御電流源	F	f
ビヘイビア電圧源	B	bv
ビヘイビア電流源	B	bi, bi2
電圧制御スイッチ	S	sw
電流制御スイッチ	W	csw
無損失伝送路	T	tline
有損失伝送路	O	ltline
一様分布*RC*伝送路	U	Misc¥(urc, urc2)
スペシャル・ファンクション	A	Digital¥(and, or, xor, buf, buf1, inv, schmitt, schmtbuf, schmtinv, diffschmitt, diffschmtbuf, difschmtinv, dflop, srflop, phidet), SpecailFunctions¥(modulate, modulate2, sample, varistor)
サブサーキット	X	

Appendix〈シミュレーション・コマンド一覧〉(一部)

- 本書で取り上げているシミュレーション・コマンドの中で，本文中に書式の説明のないコマンドを載せています．
- これら以外に多数のシミュレーション・コマンドが用意されていますので，それらについてはヘルプ([LTspiceIV]>[LTspice]>[Dot Commands])を参照してください．
- 関連項目は，「第1部 操作編」「第2部 シミュレーション編」の項目番号です．

<table>
<tr><th colspan="2">.IC</th></tr>
<tr><td>書式</td><td>.IC [V(<ノード1>)=<電圧値1>[V(<ノード2>)=<電圧値2>…]][I(<インダクタ1>)=<電流値1>[I(<インダクタ2>)=<電流値2>…]]</td></tr>
<tr><td>例</td><td>.IC V(1)=0.7 V(2)=10I(L1)=10m</td></tr>
<tr><td>説明</td><td>トランジェント解析におけるノード電圧，インダクタの電流の初期値を設定します．ここで設定した初期値を有効にするには，.tranでオプションのUICを付ける必要があります．</td></tr>
<tr><td>関連項目</td><td>[155] [156] [196] [209]</td></tr>
<tr><th colspan="2">.INCLUDE</th></tr>
<tr><td>書式</td><td>.INCLUDE<パス名></td></tr>
<tr><td>例</td><td>.INCLUDE MyModel1.lib .INCLUDE C:¥Program Files(x86)¥LTC¥LTspiceIV¥lib¥mylib¥MyModel2.lib</td></tr>
<tr><td>説明</td><td>ファイルを読み込みます．.INCと省略することが可能です．回路図を置いているフォルダ，またはlib/subフォルダに置いてあるファイルならばファイル名のみで読み込めますが，それ以外のフォルダのファイルはフルパスで指定する必要があります．モデルファイルを読み込むコマンドに.LIBがありますが，.INCLUDEでも読み込むことができます．</td></tr>
<tr><td>関連項目</td><td>[110] [112] [115] [117] [118]</td></tr>
<tr><th colspan="2">.MEASURE</th></tr>
<tr><td>書式</td><td>.MEAS[SURE] [AC|DC|OP|TRAN|TF|NOISE]<name>[<FIND|DERIV|PARAM><expr>][WHEN<expr>|AT=<expr>]][TD=<val1>][<RISE|FALL|CROSS>=[<count1>|LAST]].MEAS[AC|DC|OP|TRAN|TF|NOISE]<name>[<AVG|MAX|MIN|PP|RMS|INTEG><expr>][TRIG<lhs1>[VAL]=]<rhs1>][TD=<val1>][<RISE|FALL|CROSS>=<count1>][TARG<lhs2>[[VAL]=]<rhs2>][TD=<val2>][<RISE|FALL|CROSS>=<count2>]</td></tr>
<tr><td>例</td><td>.MEAS TRAN Vx1 find V(out)at=1m.MEAS TRAN Px2 find V(out)*I(Vout)when V(1)=3*V(2).MEAS TRAN Vx3 avg V(1)trig V(2)val=1.5 td=1.1u fall=1 targ V(2)val=1.5td=1.1u fall=1.MEAS AC tmp max mag(V(out)).MEAS AC BW trig mag(V(out))=tmp/sqrt(2)rise=1targ mag(V(out))=tmp/sqrt(2) fall=last.MEAS NOISE Vno integ V(onoise)</td></tr>
<tr><td>説明</td><td>シミュレーション結果から，指定した条件に合致する値をSPICEエラーログ上に表示します．回路図上で指定しますが，シミュレーションには影響を与えるものではありません．</td></tr>
<tr><td>関連項目</td><td>[168] [198] [200] [210] [221] [222] [223] [225]</td></tr>
<tr><th colspan="2">.MODEL</th></tr>
<tr><td>書式</td><td>.MODEL<モデル名><type>(<パラメータ1>=<値1><パラメータ2>=<値2><パラメータ3>=<値3>…)</td></tr>
<tr><td>例</td><td>.MODEL 1N914 D(Is=2.52n Rs=.568 N=1.752 Cjo=4p M=.4 tt=20n Iave=200m Vpk=75 mfg=OnSemi type=silicon)</td></tr>
</table>

.MODEL(つづき)

説明	デバイスのモデルと種類を指定して，パラメータを設定します．具体的なパラメータについてはLTspiceのヘルプやその他書籍・文献等を参考にしてください．
備考	(下表)

デバイス種類	type
ダイオード	D
NPNトランジスタ	NPN
PNPトランジスタ	PNP
N-ch JFET	NJF
P-ch JFET	PJF
N-ch MOSFET	NMOS
P-ch MOSFET	PMOS
N-ch MESFET	NMF
P-ch MESFET	PMF
縦型二重拡散型パワーMOSFET	VDMOS
電圧制御スイッチ	SW
電流制御スイッチ	CSW
Uniform Distributed RC Line	URC
Lossy Transmission Line	LTRA

関連項目	[81] [111] [112] [113] [117] [118] [119] [120] [121] [コラム7-A] [166]

.NODEALIAS

書式	.NODEALIAS<ノード名1>=<ノード名2>[<ノード名3>=<ノード名4>…]
例	.NODEALIAS 100=101 ref1=ref2
説明	配線がなくても，「=」で結んだノード同士を接続します．
関連項目	[16]

.NODESET

書式	.NODESET V(<ノード1>)=<電圧値1>[V(<ノード2>)=<電圧値2>…]
例	.NODESET V(1)=0.7 V(2)=1.4 V(3)=2.5
説明	DC動作点解析をする際，あらかじめ近い電圧を最初に与えておくものです．これによって収束できなかった回路が収束したり，収束時間が短くなる効果があります．インピーダンスの高いノードをセットすると効果的です．
関連項目	[コラム9-C]

.OPTIONS

書式	.OPTIONS<パラメータ1>=<値1>[<パラメータ2>=<値2><パラメータ3>=<値3>…]
例	.OPTIONS temp=75
説明	.OPTIONSで使えるパラメータは非常に多いため，ここでは比較的使用頻度の高いと思われるものを次に記します．これ以外にも多数ありますので，LTspiceのヘルプを参照してください．

.OPTIONS（つづき）	
説明	（下記）

誤差に関するオプション

大きくすると計算誤差は大きくなりますが，計算速度が上がり，収束しやすくなります．

abstol	1pA	絶対電流誤差
vntol	1 μV	絶対電圧誤差
chgtol	10fC	絶対電荷誤差
reltol	0.001	相対誤差
trtol	1	トランジェント誤差

繰り返し回数制限に関するオプション

収束しない場合や回路が安定に達しない場合に，これを増やすことで改善できる場合があります．

ITL1	100	DC繰り返し計算回数制限
ITL2	50	DC伝達曲線繰り返し計算回数制限
ITL4	10	トランジェント解析の時間繰り返し回数制限

波形表示データ圧縮に関するオプション

plotabstol	1nA	波形表示圧縮に対する絶対電流誤差
plotvntol	10 μV	波形表示圧縮に対する絶対電圧誤差
plotreltol	0.0025	波形表示圧縮に対する相対誤差
plotwinsize	300	波形表示ウィンドウのデータ圧縮ポイント数 0にすると圧縮しない

関連項目	[コラム9-C] [176] [207]

.PARAM	
書式	.PARAM<パラメータ1>=<値1>[<パラメータ2>=<値2><パラメータ3>=<値3>…]
例	.PARAM x=1y=2
説明	回路図の中でパラメータ名で置き換えられている変数をここで指定した値で置き換えます．
関連項目	[34] [108] [167] [169] [183] [219] [226]

.STEP	
書式	.STEP<変数><開始値><終了値><増加分> .STEP<oct|dec><変数><開始値><終了値><区間ポイント数> .STEP list<設定値1>[<設定値1>…]
例	.STEP V1 1 10 0.5 .STEP dec I1 1u 1m 10 .STEP TEMP list -25 25 75 .STEP PARAM {Rx} 900 1.1k 50 .STEP NPN 2N3904(BF)100 400 20
説明	指定した変数をステップ的に変化させてシミュレーションを行います．変数をパラメータとしたシミュレーションを行うときに使います．
関連項目	[162] [163] [164] [165] [166] [167] [169] [180] [181] [183] [186] [188] [197] [200] [214] [217] [219] [226]

INDEX

索引

【記号】

*.asc —— 108, 176, 213
*.fft —— 108
*.fra —— 214
*.log —— 108, 174
*.net —— 108
*.plt —— 108, 133, 175
*.raw —— 108, 174, 213, 214
.AC —— 180, 194, 195
.AC dec —— 196
.AC lin —— 196
.AC list —— 195
.AC oct —— 196
.asy —— 168
.DC —— 184, 186, 217, 230
.DC TEMP —— 230
.FOUR —— 193, 262, 263
.FUNC —— 134
.IC —— 191, 192, 244, 245, 246, 265, 266
.INC —— 140
.LIB —— 137, 140, 143, 145, 150, 152
.MEAS —— 206, 208, 213, 247, 251, 252, 267, 269, 285, 287, 288, 289, 291, 292, 305
.MEAS…deriv…when —— 249
.MEAS…derive…when —— 207
.MEAS…find —— 288
.MEAS…find…at —— 206
.MEAS…find…when —— 207
.MEAS…PARAM —— 209, 249, 267
.MEAS…trig…targ —— 208, 209, 267, 289
.MEAS…when —— 207, 209, 249, 288, 289, 292
.MEASURE —— 129, 206
.MODEL —— 113, 114, 115, 116, 138, 139, 140, 141, 150, 152, 155, 156
.NODEALIAS —— 40
.NODESET —— 216
.NOISE —— 196, 198, 285
.OP —— 180, 183, 199, 217
.OPTIONS —— 90, 215, 216, 263
.PARAM —— 55, 134, 204, 205, 210, 226, 282, 294, 307
.STEP —— 202, 204, 210, 222, 223, 229, 230, 246, 251, 274, 282, 306
.STEP PARAM —— 202, 203, 210, 223, 226, 230, 234, 247, 275, 279, 283, 295
.STEP TEMP —— 199, 200, 201
.STEP TEMP list —— 199, 200, 201
.SUBCKT —— 145, 150, 151, 161
.TEMP —— 200, 201, 224, 225, 234
.TF —— 187, 189, 228
.TRAN —— 180, 189, 191, 192, 193, 244, 245, 255, 256, 262, 265, 266
[1st Source] タブ —— 201, 202
[2nd Source] タブ —— 202
[AC Analysys] タブ —— 194
[DC op pnt] タブ —— 183
[DC sweep] タブ —— 184
[DC Transfer] タブ —— 187, 188
[Noise] タブ —— 196
[Transient] タブ —— 189
{mc(…)} —— 55, 210, 226, 282, 294

【数字】

1st Source —— 236, 239
2nd Source —— 200, 236, 239

【A】

Abstol —— 216
AC 小信号解析 —— 73, 123, 125, 128, 180, 194, 195, 206, 207, 208, 209, 211, 215, 273, 275, 279, 280, 282, 284, 287, 288, 291, 293, 307
Additional PWL Points —— 82
Advanced —— 72
Amplitude —— 76, 78, 89, 90, 92, 94, 98, 102, 105
Attached Cursol —— 129
Attribute —— 33
Automatically delete .raw files —— 21

【B】

BETA —— 155
Beta —— 156

BF —— 154
bi —— 62, 87
bi2 —— 62, 87
Bi-Direct —— 39, 167, 168
Bottom —— 123
BOTTOM —— 161
Browse —— 84, 174
bv —— 62, 87
BV —— 157
【C】
Carrier Freq —— 78
chgtol —— 216
Color Scheme —— 177
com —— 168
Comment —— 44, 182
Comparators —— 66
Control Panel —— 299, 301
Convert 'μ' to 'u' —— 174
Cpar —— 73
csw —— 113
【D】
Data trace width —— 177
DC offset —— 76, 78
DC value —— 71
DC オフセット電圧 —— 76, 78
DC スイープ解析 —— 184, 187, 199, 200, 201, 202, 215, 217, 219, 220, 221, 222, 223, 224, 225, 229, 230, 231, 232, 234, 235, 237, 238, 240, 242, 260, 307
DC小信号伝達関数解析 —— 187, 189, 211, 228, 233, 234
DC動作点解析 —— 73, 180, 182, 183, 191, 192, 211, 216, 217, 226, 227, 244, 265, 295
dec —— 198
Decade —— 195, 197
Default Color —— 122
Delete Point —— 82
Description —— 146, 147
Digital —— 70
Don't reset T = 0 when steady stage is detected —— 190
dTmax —— 191
【E】
e —— 108, 114
e2 —— 108
Edit Simulation Cmd —— 184, 187, 189, 194, 196
Epoly —— 109, 114
【F】
f —— 112
Fall Delay —— 80, 95
Fall Tau —— 80, 95, 97
FFT解析 —— 263
FFT波形選択ボックス —— 263, 264
FilterProducts —— 67
Freq —— 76, 89, 90, 92, 94, 98, 102, 105
【G】
g —— 111
g2 —— 111
Gmin —— 216
Gpoly —— 111
Grid —— 126
【H】
h —— 113
Highlight Net —— 40
Hot Keys —— 177, 178
How to netlist this text —— 182
【I】
I = F(…) —— 87, 88
Iave —— 158
Icrating —— 158
Ih —— 114, 115
IKF —— 154
Ilimit —— 114
in —— 168
Increment —— 186
Input —— 39, 167, 168, 196
Input_impedance —— 228
Insert Point —— 82
InstName —— 33
Interval End —— 129
Interval Start —— 129
Ipk —— 158
Irms —— 158
It —— 114
ITL1 —— 216
ITL2 —— 216
ITL4 —— 216
【K】
k —— 23
【L】
Label —— 161
LAMBDA —— 155
LEFT —— 123, 161

Library Search Path —— 299
lin —— 198, 200
Line —— 164
Linear —— 195, 197
List —— 195, 197, 198
List All Inductors in Databese —— 65
Logarithmic —— 125
Lser —— 114
【M】
Maximum Timestep —— 190
mfg —— 158
Misc —— 69, 70
MN —— 149
ModelFile —— 146, 147
Modulation Index —— 78
【N】
Name of 1st Source to Sweep —— 186
Ncycles —— 74, 75, 76, 90
Netlist —— 173, 178
Netlist Order —— 161
nodiscard —— 190, 191, 192
NONE —— 37, 160
Number of points —— 195, 196
Number of points per xxx —— 186
numdgt —— 215
【O】
oct —— 198
Octave —— 195, 197
Offset —— 161
ON時間 —— 74
ON電圧 —— 74, 75
opamp2 —— 143, 145, 146
Opamps —— 66
Open Plot Defs —— 177
Open Schematic —— 170
Open Symbol —— 146, 170
Open this macromodel's test fixture —— 68
Optos —— 70
out —— 168
Output —— 39, 167, 168, 188, 196
output_impedance —— 228
output_impedance_at —— 234
【P】
Peak Current —— 160
Phi —— 76, 90
pi —— 23, 64
Place Component —— 178
plot.defs —— 134, 136
plotwinsize —— 90, 215, 263
POLY ( ) —— 109
Poly ( ) —— 111
Port Type —— 37, 39, 167, 168
Power Rating —— 56, 160
PowerProducts —— 67
p-p値 —— 208, 252
Prefix —— 33, 150
PWL FILE —— 83
PWL repeat for N (…) endrepeat —— 86
PWL time_scale_factor —— 106
PWL value_scale_factor —— 106, 107
PWL (…) repeat for N (…) endrepeat —— 86, 101, 102
【Q】
q —— 23
Qg —— 158
Quantity Plotted —— 126
Quit and Edit Database —— 65
【R】
R＝F (…) —— 62
RD —— 156
References —— 67
reltol —— 216
Reset to Default Values —— 178
Resistance —— 56
RIGHT —— 123, 161
Rise Delay —— 80
Rise Tau —— 80, 95, 97
Rload —— 255, 256
RMS Current Rating —— 160
Roff —— 114
Ron —— 114, 158
RS —— 156
Rser —— 73
【S】
Schematic —— 173, 178
Select Capacitor —— 64
Select Inductor —— 64
Selected Item —— 174
Selected Item Color Mix —— 174
Series Resistance —— 72
Show Grid —— 51
Show on Schematic —— 48
Signal Freq —— 78
Skip Initial operating point solution —— 191, 245

Source —— 188
SpecialFunctions —— 67
SPICE Directive —— 40, 94, 115, 137, 138, 151, 182, 200, 201, 226, 228, 294
SPICE Directive入力ボックス —— 180, 182, 183, 186, 187, 189, 191, 192, 193, 195, 198, 199, 200, 202, 204, 305, 306, 307
SpiceLine —— 33, 59
SpiceLine2 —— 33
SpiceModel —— 33, 114, 115, 116
SPICE エラー・ログ —— 206, 247, 249, 251, 262, 263, 267, 268, 285, 287, 288, 290, 291, 292
SPICEモデル —— 33, 143, 149
standard.bjt —— 141, 153, 154, 295
standard.dio —— 141, 153, 156
standard.jft —— 141, 153, 154
standard.mos —— 141, 153, 156
Start external DC supply voltages at 0V —— 190, 245
Start Frequency —— 195, 196
Start Value —— 186
startup —— 190, 191, 192, 244, 245, 250, 254, 255, 265, 266, 267
Status Bar —— 172
steady —— 190, 191, 192, 255
step —— 191, 192
Step the load current source —— 191
Stop Frequency —— 195, 196
Stop simulating if steady state is detected —— 190
Stop Time —— 190
Stop Value —— 186
Store .raw .plt and .log data fi les in a specifi c directory —— 174
sw —— 113
Sym. & Lib. Search Paths —— 301
Symbol —— 178
Symbol Search Path —— 301
【T】
tc1 —— 57, 58, 59
tc2 —— 57, 58, 59
Tdelay —— 74, 76, 90, 91, 94
temp —— 23, 59, 199, 200, 201, 202
Tfall —— 74, 76, 91, 94, 95, 97, 98, 99, 100, 102, 105
Theta —— 76, 93, 94, 98
This is an active load —— 73, 74, 258, 259
Tick —— 123
time —— 23, 64, 88
Time to Start Saving Data —— 190
Tolerance —— 56, 160
Ton —— 74, 94, 95, 97, 98, 100, 102, 105
Toolbar —— 172
TOP —— 122, 160
Tperiod —— 74, 76, 92, 94, 95, 97, 98, 100, 102, 105
Transfer_function —— 228
TRIGGER —— 86, 87, 93, 94
Trise —— 74, 76, 91, 94, 95, 97, 98, 100, 102, 105
trtol —— 216
Tstart —— 191
Tstep —— 191
Tstop —— 191
Type of Sweep —— 186, 195, 196
【U】
UIC —— 191, 192, 244, 245, 265, 266, 267
UNDO —— 130
Use radian measure in waveform expressions —— 177
【V】
V＝F(…) —— 87, 88
VAF —— 153
Value —— 33, 57, 59, 88, 108, 109, 111, 112, 113, 149
value —— 114, 143, 146, 147
value＝{…} —— 109, 110, 111, 112, 113, 114
Value2 —— 33
Vceo —— 158
Vds —— 158
Vertical Text —— 33, 161
Vh —— 114, 115
View —— 172
Vinitial —— 74, 80, 91, 94, 95, 97, 98, 100, 102, 105
Vis. —— 33, 59
vntol —— 216
Voltage Rating —— 160
Von —— 74, 91, 94, 95, 97, 98, 100, 102, 105
Vpk —— 158
Vpulsed —— 80, 95, 97
Vser —— 114
Vt —— 114
VTO —— 155, 156

【W】
WaveForm —— 173, 178
white —— 90
Window Tabs —— 172
【X】
X —— 33, 57, 59, 149
【あ】
アトリビュート・エディタ —— 33
アンダーシュート —— 96, 97
【い】
位相 —— 76
位相余裕 —— 279
【お】
オーバーシュート —— 96, 97
【か】
開始温度 —— 199, 200
開始周波数 —— 195, 197, 198
開ループ利得 —— 274
回路図ペイン —— 47, 68, 117, 157, 173, 219, 220, 222, 223, 224, 225, 229, 231, 234, 255, 256, 257, 258, 269, 271, 272, 304
カットオフ周波数 —— 287
【き】
キャリア周波数 —— 78
【く】
区間ポイント数 —— 195, 197, 198, 215
繰り返し回数 —— 74, 76
繰り返し計算回数 —— 216
群遅延特性 —— 194
【け】
計算精度 —— 215
減衰係数 —— 76
減衰振動波 —— 93, 97
【こ】
高調波 —— 193, 263, 264
高調波歪率 —— 193, 262, 263
効率レポート —— 255
コメント文 —— 182
【さ】
最小値 —— 208
最大ステップ時間 —— 190, 191, 215
最大値 —— 208
サブサーキット —— 33, 137, 148, 149, 161, 162, 165, 166, 167, 168, 169, 170, 295
【し】
実効値 —— 208
シミュレーション設定パネル —— 181, 183, 184, 187, 189, 194, 196, 197, 199, 200, 201, 228
周期 —— 74, 75, 247
周波数 —— 76, 77
周波数特性 —— 194, 196, 273, 279, 280, 288, 290, 293
終了温度値 —— 199, 200
終了時間 —— 190, 191
終了周波数 —— 195, 196, 198
出力インピーダンス —— 188, 280
出力ノイズ密度 —— 196
出力抵抗 —— 228
初期ステップ時間 —— 191
初期電圧 —— 74, 80
条件設定パネル —— 305, 306
振動周波数 —— 97
振幅 —— 76, 77, 78
シンボル —— 31, 37, 39, 54, 57, 60, 61, 62, 64, 66, 67, 68, 70, 72, 74, 76, 79, 80, 82, 83, 85, 86, 88, 108, 109, 111, 112, 113, 114, 140, 143, 145, 149, 157, 158, 159, 161, 162, 163, 164, 165, 166, 167, 168, 169, 170, 182
シンボル・エディタ —— 158, 171
シンボル・エディタ画面 —— 34
シンボル形状 —— 39, 57, 70, 163
シンボル作成画面 —— 157, 162
シンボル属性 —— 76
シンボル名 —— 31, 62, 170
【す】
スイープ方法 —— 195, 197, 198
ステップ条件設定パネル —— 306
【せ】
積分値 —— 208
線路電流 —— 88, 188, 193, 197, 206, 207, 208, 214, 217, 220, 222, 223, 224, 226
【そ】
増加温度 —— 199, 200
属性エディタ —— 32, 33, 34, 54, 58, 59, 88, 143, 146, 147, 149
【た】
立ち上がり時間 —— 74, 75, 247
立ち上がり時定数 —— 80
立ち上がりまでの遅延時間 —— 80
立ち下がり時間 —— 74, 75, 247
立ち下がり時定数 —— 80, 81
立ち下がりまでの遅延時間 —— 80
端子電流 —— 88, 211

ダンピング係数 —— 93
【ち】
遅延時間 —— 74, 76, 77
中心周波数 —— 288, 290
【て】
電圧制御スイッチ —— 113, 114
電圧制御電圧源 —— 108, 220
電圧制御電流源 —— 111, 113
伝達関数 —— 187, 189, 228
電流制御スイッチ —— 113
電流制御電圧源 —— 113
電流制御電流源 —— 112
【と】
トランジェント解析 —— 64, 73, 89, 90, 101, 180, 189, 190, 191, 192, 193, 208, 214, 215, 216, 244, 246, 247, 250, 251, 254, 255, 256, 257, 258, 259, 260, 261, 262, 263, 265, 267, 269, 270
【に】
入力インピーダンス —— 188
入力抵抗 —— 228
【ね】
ネットリスト —— 48, 108, 162, 173
【の】
ノイズ解析 —— 196, 198, 211, 285
ノード電圧 —— 188, 193, 196, 206, 207, 208, 217, 220, 222, 223, 224, 226
ノッチ周波数 —— 291, 292
【は】
波形ビュー・ペイン —— 117, 133, 173, 219, 220, 222, 223, 224, 225, 229, 231, 234, 256, 257, 258, 269, 271, 272, 304
パラメータ設定パネル —— 307
パルス電圧 —— 80
バンド幅 —— 288, 290
【ひ】
ビヘイビア抵抗 —— 62, 63, 64
ビヘイビア電圧源 —— 33, 62, 87, 90, 91, 97, 102, 103, 105, 109
ビヘイビア電流源 —— 33, 62, 87, 90
表現式 —— 206, 207
【ふ】
フーリエ解析 —— 193, 262, 263
部品選択ボックス —— 31,32,66,67,69,147, 150, 158, 164, 170, 178, 302
フローティング・ウィンドウ —— 304
【へ】
平均値 —— 208
変調周波数 —— 78
変調度 —— 78
【ほ】
保存開始時間 —— 190, 191
【も】
モデル —— 31, 70, 113, 114, 115, 137, 138, 139, 140, 141, 143, 149, 150, 152, 153, 154, 155, 156, 158, 165, 228, 243, 269
モデル・パラメータ —— 115, 141, 142, 143, 150, 152, 153
モデル登録ファイル —— 138, 139, 140, 147, 154
モデル名 —— 114, 115, 116, 139, 153, 164
モンテカルロ・シミュレーション —— 55, 210, 226, 283, 293, 294
【ら】
ラベル —— 36, 37, 38, 39, 40, 41, 42, 43, 65, 66, 88, 104, 167, 188, 198, 295, 297, 298
ラベル設定ボックス —— 37, 38
【り】
リジェクト周波数 —— 291
利得余裕 —— 279
リンギング波 —— 97
【る】
ループ利得 —— 279
【操作系】
[Draw] > [Arc] —— 159
[Draw] > [Circle] —— 159, 164
[Draw] > [Line] —— 159
[Draw] > [Line Style] —— 159
[Draw] > [Rect] —— 159
[Draw] > [Text] —— 159
[Edit Simulation Cmd] —— 181
[Edit] > [Add Pin/Port] —— 159, 161
[Edit] > [Attributes] > [Edit Attributes] —— 146
[Edit] > [Capacitor] —— 31
[Edit] > [Component] —— 31, 170
[Edit] > [Delete] —— 36
[Edit] > [Diode] —— 31
[Edit] > [Drag] —— 34
[Edit] > [Draw Wire] —— 37
[Edit] > [Draw] > [Arc] —— 45
[Edit] > [Draw] > [Circle] —— 45
[Edit] > [Draw] > [Line] —— 45

[Edit] > [Draw] > [Line Style] —— 45
[Edit] > [Draw] > [Rectangle] —— 45
[Edit] > [Duplicate] —— 35
[Edit] > [Inductor] —— 31
[Edit] > [Label Net] —— 37, 38
[Edit] > [Mirror] —— 35
[Edit] > [Move] —— 34
[Edit] > [Place BUS Tap] —— 42
[Edit] > [Place GND] —— 38
[Edit] > [Redo] —— 44
[Edit] > [Resistor] —— 31
[Edit] > [Rotate] —— 35
[Edit] > [SPICE Analysis] —— 181
[Edit] > [SPICE Directive] —— 138, 140, 143, 149, 182
[Edit] > [Text] —— 44
[Edit] > [Undo] —— 43
[File] > [New Schematic] —— 30
[File] > [Open] —— 30, 50, 158, 214
[File] > [Save] —— 30, 162, 169
[File] > [Save As] —— 30, 146, 162, 169
[File] > [Save Plot Settings] —— 133
[File] > [Save Plot Settings As] —— 133
[Help] > [Help Topics] —— 252
[Hierarchy] > [Create a New Symbol] —— 157
[Hierarchy] > [Open Schematic] —— 171
[Hierarchy] > [Open this Sheet's Symbol] —— 168
[LTspiceXVII] > [LTspice] > [Circuit Elements] —— 252
[LTspiceXVII] > [LTspice] > [Dot Commands] —— 252
[Plot Settings] > [Add Plot Pane] —— 130
[Plot Settings] > [Add Traces] —— 119
[Plot Settings] > [Autorange Y-axis] —— 125
[Plot Settings] > [Delete Active Pane] —— 130
[Plot Settings] > [Delete Traces] —— 120
[Plot Settings] > [Edit Plot Defs File] —— 134
[Plot Settings] > [Grid] —— 126
[Plot Settings] > [Manual Limits] —— 123, 125
[Plot Settings] > [Mark Data Points] —— 122
[Plot Settings] > [Notes & Annotations] —— 131, 132
[Plot Settings] > [Open Plot Settings File] —— 133
[Plot Settings] > [Reload Plot Settings] —— 133
[Plot Settings] > [Save Plot Settings] —— 133
[Plot Settings] > [Select Steps] —— 121
[Plot Settings] > [Visible Traces] —— 117, 233, 234
[Simulate] > [Edit Simulation Cmd] —— 181
[Simulate] > [Run] —— 183
[Tool] > [Copy bitmap to Clipboard] —— 48
[Tool] > [Export Netlist] —— 48
[Tools] > [Color Preferences] —— 173
[Tools] > [Control Panel] —— 21, 174, 176, 177, 178, 299, 301
[Tools] > [Copy bitmap to Clipboard] —— 136
[View] > [Bill of Materials] —— 48, 49
[View] > [Efficiency Report] —— 255
[View] > [FFT] —— 214, 263
[View] > [Mark Unconn. Pins] —— 51
[View] > [Pan] —— 47
[View] > [Set Probe Reference] —— 118
[View] > [Show Grid] —— 51
[View] > [SPICE Error Log] —— 201, 206, 213
[View] > [SPICE Netlist] —— 48, 294
[View] > [Zoom Area] —— 46
[View] > [Zoom Back] —— 46
[View] > [Zoom to Fit] —— 47
[Window] > [Tile Vertically] —— 172

〈著者略歴〉

青木 英彦（あおき ひでひこ）

1956年　栃木県生まれ

1979年　北海道大学 電気工学科卒業

(株)東芝で長らくアナログLSIの開発に従事，現在東芝エレベータ(株)勤務．

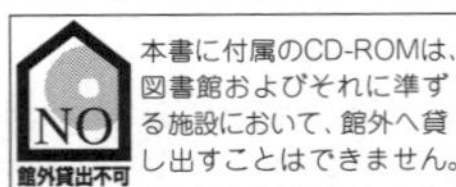

部品モデル作成から信号源設定まで！
アナログ・パフォーマンスを調べ尽くす
電子回路シミュレータLTspice XVIIリファレンスブック　CD-ROM付き

2018年5月1日　初版発行
2023年10月1日　第3版発行

著　者　青木英彦
発行人　櫻田洋一
発行所　CQ出版株式会社

〒112-8619　東京都文京区千石4-29-14
電話　編集　03-5395-2123
　　　販売　03-5395-2141

ISBN978-4-7898-4954-8
定価はカバーに表示してあります

乱丁，落丁本はお取り替えします

DTP・印刷・製本　三晃印刷株式会社
カバー・表紙デザイン　千村 勝紀
Printed in Japan